U0943135

行动导向教学法应用成果教材

普通高等职业教育“十二五”规划教材

植物与植物生理

（适用于种植类各专业）

王宝库　主编

中国轻工业出版社

图书在版编目（CIP）数据

植物与植物生理/王宝库主编. —北京：中国轻工业出版社，2016.9
行动导向教学法应用成果教材
普通高等职业教育“十二五”规划教材
ISBN 978-7-5019-8220-2

Ⅰ. ①植… Ⅱ. ①王… Ⅲ. ①植物学-高等职业教育-教材②植物生理学-高等职业教育-教材 Ⅳ. ①Q94

中国版本图书馆CIP数据核字（2011）第059814号

责任编辑：王 淳
策划编辑：王 淳 责任终审：滕炎福 封面设计：锋尚设计
版式设计：宋振全 责任校对：吴大鹏 责任监印：马金路

出版发行：中国轻工业出版社（北京东长安街6号，邮编：100740）
印 刷：三河市万龙印装有限公司
经 销：各地新华书店
版 次：2016年9月第1版第2次印刷
开 本：720×1000 1/16 印张：16.50
字 数：390千字
书 号：ISBN 978-7-5019-8220-2 定价：29.50元
邮购电话：010-65241695 传真：65128352
发行电话：010-85119835 85119793 传真：85113293
网 址：http://www.chlip.com.cn
Email：club@chlip.com.cn
如发现图书残缺请直接与我社邮购联系调换
161024J2C102ZBW

编写委员会

主任委员

张立华　辽宁职业学院

副主任委员

苏允平　辽宁职业学院
李凤光　辽宁职业学院
吴会昌　辽宁职业学院
李　军　乌兰察布职业学院
邹佩文　沈阳农业大学高职学院
贺玉琢　铁岭市东升现代农业有限责任公司
刘俊杰　辽宁省农科院食用菌研究所

委　员　（按姓氏笔画排序）

于文越　王宝库　卢锡纯　冯　燕　刘　军　祁　勇　李丽霞
杨桂梅　娄汉平　高　丹　桂松龄　郭　玲　崔兰舫

教材编写人员

主　　编　王宝库（辽宁职业学院）
副 主 编　潘国才（辽宁职业学院）
王淑梅（辽宁职业学院）
吴丽敏（辽宁职业学院）
耿　直（吉林工商学院）
编　　者　（按姓氏笔画排序）
马野夫（辽宁职业学院）
刘宇珠（辽宁职业学院）
李向应（乌兰察布职业学院）
张丽敏（阜新高等专科学校）
杨　明（辽宁职业学院）
审　　稿　王佐友（辽宁职业学院）

网络课程编制人员

负责人、编制人　王宝库（辽宁职业学院）
网 页 制 作　项立明（辽宁职业学院）

编写与使用说明

本教材为辽宁省职业技术教育学会科研规划课题“行动导向教学法在植物课上的应用研究”（项目批准号：LZZ0905）的成果教材。

行动导向教学是以培养人的综合职业能力为目标，以职业实践活动为导向，在学生主动和全面学习中，以理论与实践的统一，达到脑力劳动和体力劳动的统一，体验完整工作过程的教学途径和手段。它遵循的是“为行动而学习”的原则，让行动成为学习的起始点，让学生“通过行动来学习”。为增强教师授课趣味性，使课堂生动有趣及激发学生的学习兴趣，教学内容的传授主要由教师通过某种教学活动让学生先体验、先理解而后在从中找出结论。一般情况下教师不会把答案或权威的观点直接传达给学生，而是由师生的互动、学生与学生之间的合作来完成。

本教材要求教师在教学过程中只起咨询、指导与解答疑难问题的作用。学生通过具体任务的实施，就能了解和把握完成任务的每一个环节及其基本要求和整个过程的重点、难点。本教材的每一个任务就是一个教学单元，为培养学生独立与协调的工作能力，锻炼学生的自主学习能力，从而提高学生的整体认知水平，在实施每一个任务前，按表1要求完成学生的自然分组。

本次教材改革不仅有助于课堂气氛的活跃，而且还可以激发学生的学习兴趣和想象空间。其目的就在于通过课堂情境的创建，使学生人人都能成为参与课堂教学的主体，并在课堂教与学的互动过程中获得健康成长。在课堂上给学生创造个体施展的空间，从而让他们更自由地翱翔于知识的海洋；教师激励学生去发现、去探索、去领悟，而使课堂真正回归教育的本位。所以本教材按表2的要求，对学生完成每个教学任务的情况进行综合评价；也要求教师按表3精神进行本课程课时分配和各教学单元先后顺序的安排。

编者

2011年02月

作者简介：王宝库，男，辽宁沈阳市人，辽宁职业学院副教授，研究方向：植物及植物生理、课程设计；邮箱：Baokuwang22@163.com

表1 分组签及对应的任务编号

组号	30张分组签上的编码	分组签对应的任务编号
一	[一、1、（1）；一、2、（2）；一、3、（3）；二、1、（4）；二、2、（5）；二、3、（6）；三、1、（7）；三、2、（8）；三、3、（9）；四、1、（10）；四、2、（11）；四、3、（12）；五、1、（13）；五、2、（14）；五、3、（15）；]×2 课前每名学生取分组签一张，一级编码相同的是一组（每组六人），学生按前二级编码相同的找到学友，二级编码最小的两人中产生一名组长，再按三级编码入座	课程引导；1.1；1.2；1.3；1.4；1.5；1.6；1.7；1.8；1.9；1.10；2.1；2.2；2.3；2.4；2.5；2.6；2.7；4.2
二	一、1；一、2；一、3；一、4；一、5；一、6；二、1；二、2；二、3；二、4；二、5；二、6；三、1；三、2；三、3；三、4；三、5；三、6；四、1；四、2；四、3；四、4；四、5；四、6；五、1；五、2；五、3；五、4；五、5；五、6 课前每名学生取分组签一张，一级编码相同的是一组（每组六人），各组按二级编码顺序坐好，其最小的是组长	2.8；3.1；3.2；3.3；1；4.3；4.4；4.5；5.1；5.2；5.3；5.4；5.5

表2 单元学生的综合评价表

班级：　　　　姓名：

考核项目		独立操作	参与小组讨论	知识准确度
技术要求		准确无误完成实验步骤	有团队意识、团结气氛	对引导文内容的完成
评分细则（满分100）		操作的实验步骤无明显失误	积极参与；以讨论内容为中心有争有让	对引导文中问题的回答完整无误
权重		40%	20%	40%
评分	自我评价20%			
	小组评价30%			
	教师评价50%			
合　计				
考核总评成绩				

表3　　　　**授课进度与课时分配表**

课次	学时	任务标号	授课题目		
1	2	导文	课程引导		
2	2	1.1	光学显微镜的结构、使用及保养		
3	4	1.2	植物细胞及细胞结构的观察		
4	2	1.3	原生质的化学组成及细胞叶绿体、有色体和淀粉粒的观察		
5	2	1.4	植物细胞的繁殖及细胞有丝分裂的观察		
6	2	1.5	植物的组织及组织特征的观察		
7	2	2.1	种子和幼苗及种子形态、结构观察		
8	2	2.2	根的形态与功能及根形态的观察		
9	2	1.6	根尖、根的结构和根瘤、菌根及根结构的观察		
10	2	2.3	茎的形态与功能及茎形态的观察		
11	2	1.7	植物茎的结构及其观察		
12	2	2.4	叶形态与功能及叶形态的观察		
13	2	1.8	植物叶的解剖结构及其观察		
14	2	2.5	植物营养器官的变态及其观察		
15	2	2.6	植物的花、花序及其形态观察		
16	2	1.9	花药和子房的结构及其观察		
17	4	2.7	开花、传粉、受精与果实结构、类型观察		
18	2	3.1	植物细胞酶及淀粉酶提取与活力检验		
19	2	1.10	植物细胞吸水及质壁分离现象的观察		
0	2	4.2	植物根系吸水、叶片的蒸腾作用及蒸腾速率的测定		
21	2	4. 1	植物体内水分的运输及水势的测定		
2	2	3.2	植物对矿质元素的吸收、运输与利用及根系对离子的交换吸附		
23	2	4.3	光合作用及叶绿素的定量测定		
24	2	3.3	叶绿体和光合色素及其提取与检验		
25	4	3.4	光合作用过程及其需光、CO_2和放氧的检验		
26	2	5.1	同化产物的运输和分配及相关生理现象的分析		
27	4	4.4	植物的呼吸及呼吸速率的测定		
28	2	5.2	粮种蔬菜贮藏条件的拟定及呼吸作用的实践应用		
29	4	3.6	植物生长物质及其对根和芽生长影响的检验		
30	2	3.5	植物休眠与萌发及种子生命力的快速检验		
31	2	5.3	植物的营养生长及其状态分析		
32	2	5.4	植物的成花生理及相应生产措施的生理分析		
33	2	5.5	种子、果实成熟及其脱落生理原因分析		
34	4	3.7	植物的逆境生理及寒害对植物影响的检验		
教学实习	6	3.8	植物分类的基础知识及蜡叶标本的采集与制作		
	4	3.9	植物的主要类群及野生资源植物的识别和简易检验法		
	2	2.8	栽培植物的形态描述		
	6	4.5	影响光合作用与作物产量的因素、叶面积系数的测定		
任务	80	教学实习	18	总合计	98

前　言

“行动导向”教学模式的引入，加快了以能力为本位的教学模式的建立。从学制的缩短到本课程学时的减少，以及培养具有关键能力人才目标的确定，都加速了“行动导向”教学改革的进程。参与“行动导向”教学模式改革实验的教师们，在吸取德国“双元制”和加拿大“CBE”教改实验经验的基础上，将旧的教学模式进行了改革，并把原来的学科体系，改革成本教材的，以能力培养为主线并包含原学科体系内涵的能力教育体系。教师们充分发挥学术智慧，为课程结构改革付出了大量的创造性劳动。

本次改革旨在培养学生的关键能力；提高授课效率和教学效果；并贯彻专业基础知识“够用、适用、实用”的原则；在内容论述和结构上，力求简明扼要，重点突出；并树立寓学科体系于操作技能之中，寓学生要求于教学内容之中，寓行动导向于教学方法之中，寓养成教育于教学环节之中，寓思想教育于日常生活之中，寓理论教学于实践教学之中，寓整体教学于学生欢乐之中的教学思想。

本教材是按照专业需要的线索，融汇了原学科体系知识，形成了涵盖专业能力培养所应知应会的，以项目任务（每任务包括：知识和技能要求、情境（情景）设计、支撑知识、拓展知识、任务实施方法与步骤和巩固训练等部分）形式体现的知识体系。紧紧围绕着从微观的细胞结构到植物的各部器官结构和植物的生长、发育的知识体系，抓住涵盖植物体各部，微观结构和宏观结构及各结构相应的生理机能中的各项技能及相应的操作技巧。充分利用“行动导向”的教学方法，注重按社会需要培养学生的关键能力，使学生成为全面发展的应用型人才。

辽宁职业学院的各级领导非常重视“行动导向”教改实验，并对本书编写的指导思想、基本原则、主要内容、单元结构等做了总体策划和具体设计组稿与审定。也有幸得到阜新高等专科学校、吉林工商学院和乌兰察布职业学院的大力支持。具体分工：课程引导、项目 1 由王宝库执笔，项目 2 由吴丽敏、王淑梅、耿直执笔，项目 3 由潘国才、张丽敏执笔，项目 4 由李向应、马野夫执笔，项目 5 由杨明、刘宇珠执笔；书稿完成后由王宝库通稿整理；耿直完成了电子稿插图的修整和与图注的组合；教授王佐友审阅定稿，并提出了许多宝贵意见。在此一并致谢！各位编者在编写过程中，博采众家之长，参考了大量生物界同仁的书刊和资料，并作了引用，由于篇幅所限未加注内容出处，在此对被引用和参考资料的原作者表示最诚恳的谢意。

由于我们水平所限，加之组稿时间又特别仓促，不当之处，恳切期望使用本教材的广大教师和学生不吝指正。

编者

2011年03月

目　录

课 程 引 导

1　知识和技能要求

- 叙述本门课程训练学生的五项技能。
- 正确讲述本门课程教给学生的四项基本知识。

2　情境（情景）设计

问题的提出

1）通过本门课程的学习你将获得哪五项技能训练？

2）你将围绕哪四项基本知识学习？

3）用一句话描述植物的多样性。

4）人类离开植物还能生存吗？为什么？

3　支 撑 知 识

3.1　研究植物的必要性

3.1.1　植物的多样性

植物是生物的一大类，种类繁多，分布广泛，现在已知的约50余万种。世界上到处都分布着植物。它们的大小、形态、结构是千差万别、多种多样的，最小的只有数微米，只有在显微镜下才能显示出来，而我国南部的望天树，高达百余米。这些植物体有单细胞的、有群体的，也有多细胞的。因植物体内是否含有叶绿素，把植物界分为绿色植物和非绿色植物。如细菌和真菌植物体内不含叶绿素，属于非绿色植物；藻类、苔藓、蕨类和种子植物含叶绿素，属于绿色植物。种子植物是植物界中分化程度最高、结构最复杂、种类最多的一群植物，也是和人类经济生活最密切的一类植物。

3.1.2　植物的碳循环性

植物在自然界中有着重大作用。绿色植物是地球上生命活动所需要的能量的基本源泉，它们利用太阳光能进行光合作用，把简单的无机物（水和CO_2）合成有机物，不仅解决了绿色植物本身的生命活动所需要的营养，同时，也维持了非绿色植物、动物和人类的生命。绿色植物的遗体，有的被贮存在地下成为煤炭，有的和动物遗体在一起形成石油或天然气，成为工业的重要能源。绿色植物在进行光合作用的过程中放出的O_2约占大气总量的21%，它是植物、动物和人类呼吸，以及物质燃烧所必需的气体。总之，绿色植物对环境污染的净化和水土保持都起着重要作用。为此，爱护绿色植被，保护每株绿色植物，并与绿色植物"交朋友"是我们人类的职责。

人类的衣、食、住、行、药物及工业原料大部分来源于植物。例如，在农业方面，粮食作物、糖类作物、油料作物、果树作物、蔬菜作物等，都属于植物；在工业方面，包括制糖工业、淀粉工业、纤维工业、橡胶工业、油脂工业、油漆工业、食品工业等，都直接或间接地依赖植物，如植物胶是一种聚糖类，广泛应用于冶金、医药、造纸、纺织、食品、印刷、化妆品和照相材料等工业；在医药工业方面，许多植物含有各种生物碱、有机酸、氨基酸、激素、抗生素等，是医药的主要成分。

3.2　学习植物与植物生理知识的科学性

人类在与自然斗争中，必须用科学方法去了解自然，目的在于改造自然、利用自然，从自然中获得更多财富。植物与植物生理是研究植物体的生活及发展规律的科学。学习和研究植物与植物生理的目的是在揭示和认识生命活动规律的基础上，发挥人的主观能动性，了解植物的生活规律，掌握植物的生长发育、遗传变异和分布的规律，从而更好地去干涉、控制、利用和改造植物，充分开发利用野生植物资源，提高栽培植物的产量和品质，引种驯化、培育新品种，改造自然，为人类服务，为经济建设服务。

植物与植物生理是植物生产类各专业中的一门专业基础课。学生学习本门学科至少会熟练使用、保养光学显微镜及用显微镜识别植物微观结构，会准确识别植物器官的形态、结构，能完成植物基本生理功能的检测，正确测定植物生理指标，基本能分析生产中发生的生理现象；学生会熟练讲述光学显微镜的结构和各部分作用，能准确描述植物各器官的外部形态及内部结构，基本说清楚植物生长、发育过程中的各大代谢（水分、营养、光合、呼吸、激素、生长和发育）过程；为学习农业植物（如果树、蔬菜、农作物和食用菌等）栽培、育种等专业课打下基础，对培养学生从事农业生产和科研工作能力，提高关键性能力有所帮助。

4　拓展知识

植物的生命活动就是在水分代谢、矿物质营养、呼吸作用、光合作用、物质转化与运输分配等物质代谢和能量代谢的基础上，表现出的种子萌发、营养体生长、分化、生殖、成熟、衰老等各个生活过程。植物与植物生理学就是研究植物生活过程中物质代谢、能量代谢、形态建成，在遗传信息和外界环境影响下，在时间空间上生长发育的规律和机理。概括起来，植物与植物生理的研究内容基本上可分为五大部分。

4.1 研究植物的物质代谢

通过研究植物的水分代谢、矿物质营养、呼吸作用、光合作用，来了解植物如何利用水、CO_2、无机离子合成碳水化合物、脂肪、蛋白质、核酸、维生素、生理活性物质（植物激素等）和种类繁多的次生物质（生物碱等），以及这些物质又是如何转化、分解或者排除体外的。这是植物生命活动的物质基础。

4.2 研究植物的能量转化

绿色植物在把无机物合成有机物的同时，还把光能转化成电能，并通过ATP等高能物质以化学能的形式贮存于有机物之中。同时，通过有机物质的分解与氧化，并以ATP等形式将所释放的能量用于植物的生长发育。这是植物生命活动的能量基础。

4.3 研究植物的形态建成

在物质代谢与能量转化的基础上，植物通过细胞分裂分化、器官形成，不断地完善与更新，使植物个体由小变大，最终开花、传粉、受精、结实、成熟、衰老、脱落或休眠等。植物在完成这样复杂的整个生活史中，既有通过各种酶类、内源生长物质（包括促进剂和抑制剂）、某些色素（如光敏素）的内部调控，又有温度、光照、水分、气体、盐类、pH等环境条件（包括顺境与逆境）的外部影响。所有这些均为控制植物的生长发育，满足人们的需要提供理论依据。

4.4 研究植物的信息传递

植物生活史在时间和空间上有条不紊地进行是与信息传递分不开的，以核酸为载体的遗传信息世代传递，它是植物个体发育沿确定方向进行的基础，并使植物体不断进化、发展。除遗传信息外，在外界物理、化学环境信号的影响下，植物体发展出像快速的电信号系统等信息传递系统，它们不仅使植物体内相互联系，进行协调的生长发育过程，而且也表现出与环境的协调与统一。在这一过程中，包括遗传信息在内的信息传递是控制生长发育的开关。大量事实表明，采用物理、化学、生物等方法和技术，不仅能改变信息的传递，而且能改变信息的类型，来影响植物的生长发育，这为人类改变植物的种性和调控植物提供了新的途径。

4.5 研究植物的类型变异

类型变异是植物对复杂生态条件和特殊环境胁迫的综合反应。由于环境因子的复杂性和特殊性，必然导致植物在形态结构、代谢途径、生理功能、种群类型等方面发生变异，并表现出相应的复杂性和多样性。而植物与植物生理则主要研究代谢类型及生理功能的变异。

这五个部分构成植物与植物生理的全部内容。其关系是物质代谢和能量代谢是形态建成的基础，信息传递是形态建成的开关，形态建成是物质代谢、能量转化和信息传递的必然结果，而类型变异则是植物适应各种环境条件的综合表现。

5 小组讨论与作业

将提出的问题解答在作业本上。

项目1　光学显微镜的使用与保养及植物微观结构观察

教学目标

- 会正确使用显微镜观察、认识植物细胞及其质壁分离现象和分裂特点，识别植物各组织、器官。
- 会叙述光学显微镜的结构、细胞概念、结构、组成及分裂过程，植物各组织的形态及功能，能讲解根、茎、叶、花的结构，能说明细胞吸水原理。

任务1.1　光学显微镜的结构、使用及保养

1.1.1　知识和技能要求

- 能描述出光学显微镜的结构和各部分作用。
- 会正确、熟练地使用、保养显微镜。

1.1.2　情境（情景）设计

（1）问题的提出

1）光学显微镜的结构分哪几部分？各部分有什么作用？

2）如何计算显微镜的放大倍数？你现在使用的显微镜可以放大多少倍？

3）使用显微镜时，玻片移动的方向与视野中物像移动的方向是否一致？为什么？

4）使用高倍接物镜时，要特别注意什么问题？如何避免事故发生？

5）保养好显微镜应注意哪些要点？

（2）实验器材的准备　显微镜、擦镜纸或小绸布、二甲苯、切片。

1.1.3　支撑知识

虽然显微镜的种类很多，但显微镜的基本结构大致相同，可分为光学系统和机械装置两大部分（图1–1）。

（1）机械部分

1）镜座　显微镜的底座，用以稳固和支持镜体。

2）镜柱　与镜座相垂直的短柱。上安装粗、细调手轮，工作台可沿镜柱上安装的滑道升降。

3）镜架（镜臂）　下连镜柱，上架镜组系统中间的弯臂状支架，是拿取显

微镜时手握部位。

4）工作台　方形的平台，供放置观察材料用。中间有一通光孔，以通光线。通光孔旁有一压片夹，供固定切片用，它在纵向、横向移动手轮的驱动下，推动切片移动，因此称移片器。

5）倾斜目镜筒　为一金属圆筒，连接在镜臂上，下接转换器。

6）物镜转换器　呈圆盘形，上安2～4个接物镜。转动转换器，可以换用放大率不同的接物镜。

7）调节轮　装在镜柱上两旁，通过转动，调节焦距。有大、小两对，大的称为粗调节轮，转动一周可使镜筒升降10mm；小的称为细调节轮，转动一周，可使镜筒升降0.1mm。

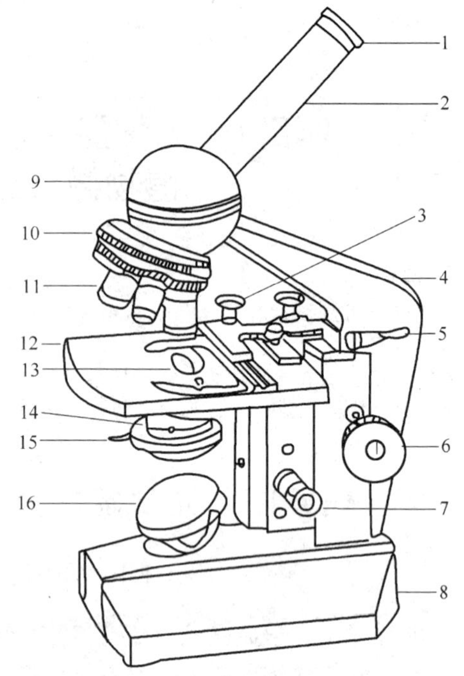

图 1–1　单目光学显微镜的结构

1—接目镜　2—倾斜目镜筒　3—标本移动器　4—镜臂　5—限位器　6—粗调焦螺旋　7—细调焦螺旋　8—镜座　9—棱镜室　10—物镜转换器　11—接物镜　12—工作台　13—通光孔　14—集光镜　15—可变光栏　16—反光镜

（2）光学部分

1）接目镜　又称为目镜，是安插于镜筒顶部的镜头，具有放大作用。上面写有放大倍数，从“5×”～“40×”等。放大倍数越低，其镜头越长。

2）接物镜　又称为物镜，安装在转换盘的孔上，上写有放大倍数。“10×”及以下为低倍镜，“40×”～“65×”为高倍镜，“90×”以上为放大倍数更高的油镜。使用油镜时，先在要观察部位的载玻片上滴一滴香柏油，将油镜头接触油滴后进行观察。放大倍数越低，物镜头越短。

3）集光镜　由透镜组成，可以集合由下面反光镜投射来的光线。集光镜下部装有可变光栏。用聚光镜架手轮和可变光栏调节光线强弱。

4）反光镜　在工作台下方，安在镜座上，分平面及凹面。凹面反射的光线强。

5）电光镜　在工作台下方，安在镜座上，可以通过亮度调节钮调节光的强弱。在有电的条件下，它代替反光镜工作。

显微镜的放大倍数＝目镜放大倍数×物镜放大倍数

1.1.4 拓展知识

显微镜的保养　光学显微镜是最常用的精密贵重仪器。

1）使用时必须严格执行显微镜使用规程。

2）保持显微镜和室内的清洁、干燥。避免灰尘、水、化学试剂及它物玷污显微镜，特别是镜头部分。

3）不得任意拆卸或调换显微镜的零部件。

4）防止震动。在转动调节轮时，双手同时用力要轻，转动要慢，转不动时不可强行用力转动，以免磨损齿轮或导致工作台自行下滑。

5）使用过的油镜头或镜头上沾有不易擦去的污物，可先用擦镜纸蘸少许二甲苯擦拭，再换用洁净的擦镜纸擦拭干净。

1.1.5 任务实施方法与步骤

（1）实验操作

1）取镜　拿取显微镜时，必须一手握紧镜臂，一手平托镜座，镜体竖直不可倾斜，然后轻轻放在距实验台沿内6～7cm的偏左位置上。检查镜的各部分是否完好。镜体上的灰尘可用绸布擦拭。镜头只能用擦镜纸擦拭，不准用它物接触镜头。

2）对光　使用时，先将低倍接物镜头转到载物台中央卡住，正对通光孔。用左眼接近接目镜观察，同时用手调节反光镜和集光镜或打开电源，调节亮度调节钮，使镜内光亮适宜。镜内所见光亮的圆面称为视野。一般用低倍镜或观察透明物体及未经染色的活体材料时，光线宜暗些。

3）放片　把切片放在工作台上，要观察的部分对准接物镜，用压片夹固定切片。

4）低倍接物镜的使用　转动粗调节轮，并从侧面目视使工作台缓慢提升，至接近切片时为止。再用左眼接近目镜进行观察，并转动粗调节轮使工作台缓慢下降，直至看到物像时为止（显微镜下的物像是倒像）。再转动细调节手轮，将物像调至最清晰。

5）高倍接物镜的使用　使用高倍接物镜时，首先用低倍接物镜按上法调好，然后将要放大观察的部分移至视野中央，再把高倍接物镜转至中央，一般便可粗略看到物像，再用细调节轮调至物像清晰为止。如光线不亮，要增强度。如看不到物像，可使工作台提升到几乎贴近切片，然后再转动调节轮，使工作台下降，至看到物像为止。

使用显微镜要练习双眼同时张开，用左眼观察，右眼照顾绘图。

6）还镜　使用完毕，应先将接物镜移开，再取下切片。把显微镜擦拭干净，各部分恢复原位。使低倍接物镜转至中央通光孔，下降工作台，使接物镜远离工作台。将反光镜转直，或切断电源，镜体盖以绸布、套上棉布袋，放回箱内并上锁。

（2）小组讨论与成果展示、巩固训练

反复练习从取镜到还镜的全过程，并记录每次的速度。

反复练习使用低倍接物镜及高倍接物镜观察试材。

课后反复阅读课文，熟记光学显微镜的结构组成和各部分的作用，填写显微镜图，并将提出的问题解答在作业本上。

任务1.2 植物细胞及细胞结构的观察

1.2.1 知识和技能要求

- 能准确讲述细胞概念，叙述植物细胞各部分结构及其功能。
- 熟练制作简易装片，熟练使用显微镜观察植物细胞的结构。

1.2.2 情境（情景）设计

（1）问题的提出

1）植物细胞由哪几部分组成？哪些是有生命的？哪些是细胞质生命活动的产物？

2）细胞质在幼嫩细胞和生长细胞中的分布有什么不同？

3）萝卜的根见光后能变绿，辣椒果实在成熟时由绿变红，这是什么原因？

4）细胞内液泡是怎样形成的？液泡对细胞生理有什么功能？

5）说明细胞壁特种变化的种类及其作用。

6）简述你看到的洋葱细胞的结构。

（2）实验器材的准备 显微镜、载玻片、盖玻片、小镊子、刀片、培养皿、滴瓶、滴管、吸水纸、蒸馏水、碘液（碘化钾3g、蒸馏水100mL、碘1g，先将碘化钾溶于蒸馏水中，待全溶解后再加碘，振荡溶解即可）、洋葱鳞叶。

1.2.3 支撑知识

（1）植物细胞的概念

植物界现存的50多万种植物中，尽管其形态、大小千差万别，但都是由单个细胞或许多个细胞构成的。绝大多数植物都是由多个细胞，甚至亿万个形态和功能各异的细胞构成的，这些细胞既相互独立、高度专门化、各有其特性，它们又相互分工协作、密切联系。植物的生长、发育和繁殖都是细胞不断地进行生命活动的结果。因此，细胞是构成生物有机体形态结构和生理功能的基本单位。

（2）植物细胞的形状和大小

1）植物细胞的形状 植物细胞的形状是多种多样的。细胞的形状主要取决于它们的遗传性、生理机能和所处的位置及其对环境的适应性，常见的有长纺锤形、长柱形、球形、多面体形、细管形、不规则形、长筒形、长菱形、星形（图1–2）。

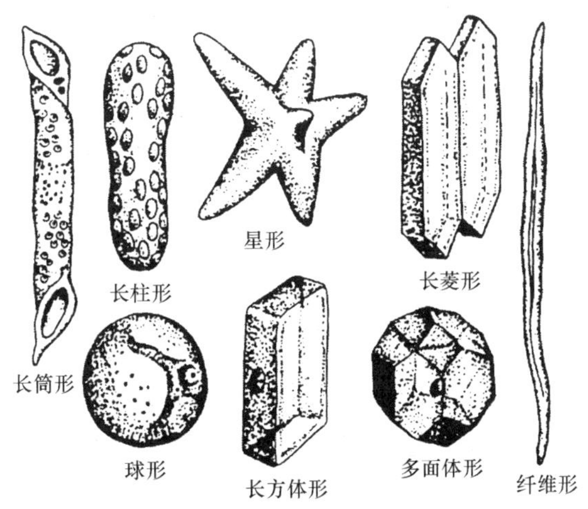

图 1–2　植物各种形状的体细胞

种子植物的细胞，因分工精细，其形状常与细胞执行的功能相适应，如：导管细胞和筛管细胞呈长筒状与其运输作用相适应，纤维细胞呈长菱形与其支持作用相适应，某些薄壁细胞疏松排列呈多面体形与其贮藏作用相适应等，都体现了功能取决于形态，形态适应于功能的规律。

2）植物细胞的大小　植物细胞的大小差异很大。一般是很小的，必须用显微镜才能观察到，它们的直径一般为10 ~ 100μm。现在已知最小的细胞是细菌状的有机体称为支原体，直径为0.1μm，肉眼根本看不到。有少数大型细胞，肉眼可见，如西瓜、番茄的成熟果肉细胞，直径约1000μm；棉花种子的表皮毛，长可达75000μm；苎麻的纤维细胞长度高达550mm；这样大的细胞，肉眼即可分辨出来。有人粗略估计，一个叶片可含有4000万个细胞，由此可见，细胞的体积十分微小。

（3）植物细胞的基本结构

高等植物细胞虽然形状多样、大小不一，但一般都具有相同的基本结构，即都是由原生质体、液泡及后含物和细胞壁三大部分构成的。

细胞壁包在原生质体的外面，液泡及后含物包埋在细胞质中（图1–3）。一般所说的细胞结构，是指在光学显微镜下能看到的结构。人们把在光学显微镜下呈现的细胞结构，称为显微结构，而把在电子显微镜下看到的更为精细的结构，称为亚显微结构或超微结构。

1）原生质体　细胞内具有生命活性的物质称为原生质，原生质是物质的概念。原生质是细胞结构生命活动的物质基础，因此称植物细胞内的生命物质。原生质是一种无色、半透明、具有黏性和弹性的胶体状物质。它的主要成分有蛋白质、核酸、脂类和糖类，此外，还含有无机盐和水分。原生质体是细胞内所有有生命活动部分的总称，是分化了的原生质。原生质体是指活细胞中细胞壁以内各种结构的总称，细胞内的代谢活动主要在这里进行。原生质体在完成生命活动中产生细胞壁、液泡和后含物。在高等植物细胞内，原生质体包括质膜、细胞核和细胞质三部分。细胞壁是植物细胞特有的结构，细胞壁虽然不是细胞内的生命部分，但它在原生质体的生命活动中起保护作用。

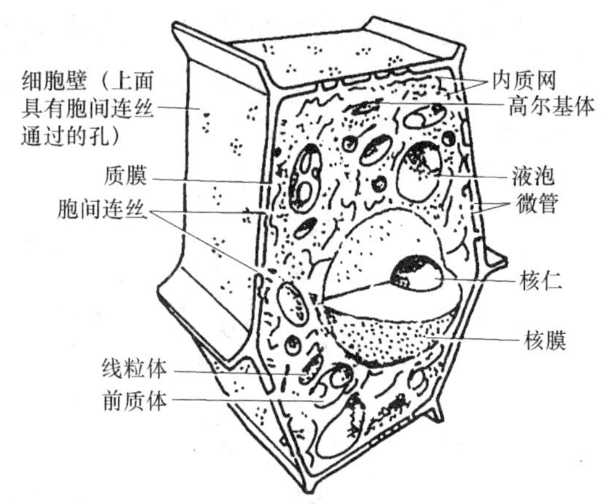

图 1–3　植物细胞亚显微结构立体模式图

①质膜　质膜又称为细胞膜或生物膜，它是指构成细胞的所有膜的总称，包括位于原生质体最外面的外周膜和细胞内各种构成细胞器的细胞内膜。外周膜很薄且紧贴细胞壁，在光学显微镜下很难发现，须使细胞发生质壁分离等的特殊处理后，才可看出它是一层光滑的薄膜。

②细胞核　细胞核是细胞内最重要的结构，它呈球形或椭圆形，埋藏在细胞质内，低等植物细胞核较小，直径一般在1～4μm。高等植物细胞核的直径5～20μm。一般植物的细胞，通常只有一个细胞核。但在某些真菌和藻类的细胞里，常有两个和数个核。此外，还有缺少细胞核的，如细菌和蓝藻，它们的细胞内没有明显的细胞核结构，只有呈分散状的核物质。因此，对于具有细胞核结构的生物，称为真核生物，无明显的细胞核结构的生物，称为原核生物。在光学显微镜下可看到细胞核由核膜、核仁和核质三部分构成（图1–4），细胞核的结构随细胞周期的改变而发生相应的变化。

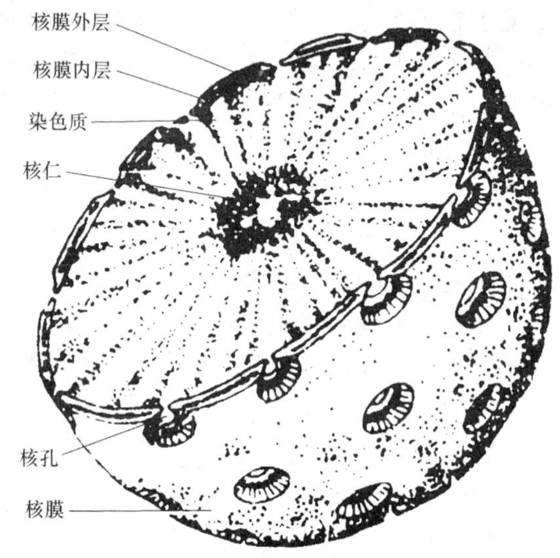

图 1–4　细胞核超微结构模式图

a. 核膜　又称为核被膜，在电子显微镜下可以看到核膜为双层膜，它包被在细胞核的外面，把细胞质与核内物质分开，这对稳定细胞核的形状和化学成分具有一定作用，同时可让小分子物质，如氨基酸、葡萄糖等透过。核膜上有许多小孔，称为核孔，它是细胞质和细胞核之间物质交换的通道。大分子物质，如RNA，可通过核孔进出细胞质。核孔具有精细的结构，可随细胞生理状况不同而开放或关闭。细胞的新陈代谢越旺盛，核孔开放度越高，反之越低。

b. 核仁　核质内有一个或数个球状小体称为核仁。生活细胞中常含一个或几个核仁，其主要由核糖核酸、脱氧核糖核酸及蛋白质等成分组成，它的折光性很强，电子显微镜下可看到它为无被膜的球体。核仁的主要功能是合成核糖体核糖核酸(rRNA)，并与蛋白质结合，经核孔输送到细胞质，再形成核糖体。核仁的大小常随细胞的生理状况而变化，代谢旺盛的细胞中常含较大的核仁，如分生区的细胞；代谢缓慢的细胞，往往核仁较小。

c. 核质　核仁以外，核膜以内充满的物质称为核质，它包括染色质和核液两部分。其中易被碱性染料染成深色的物质称为染色质，它主要由DNA和蛋白质构成，也含少量的RNA。不能被染色的部分称为核液。它是细胞核内无明显结构的基质。在显微镜下，染色质呈极细的细丝状或交织成网状分散悬浮在核液中。当细胞分裂时，染色质浓缩成较大不同形状的棒状体，称为染色体。核液中含有蛋白质、RNA(包括mRNA和tRNA)和多种酶，这些物质保证了DNA的复制和RNA的转录。现在研究证明：核液内充满着一个主要由纤维蛋白组成的立体网络，网络的基本形态和细胞骨架相似且与细胞骨架有一定的联系，又称核骨架。核骨架为细胞核内各组分提供一个结构支架，使核内各项活动得以顺利进行。

细胞核和细胞质都是胶体状物质，但细胞核的黏性较大。它的主要成分是核蛋白，此外，还有类脂和其它成分。核蛋白由蛋白质和核酸所组成。核酸分为两类：核糖核酸(RNA)和脱氧核糖核酸(DNA)。细胞核的核酸主要是脱氧核糖核酸，也有少量的核糖核酸。脱氧核糖核酸是生物的遗传物质，能控制生物的遗传性，染色体是遗传物质的载体。可见，细胞核是遗传物质存在的地方，以后还会介绍细胞核也是遗传物质复制的场所，并由此而决定蛋白质的合成，从而控制细胞整个生命过程。因此，细胞核被认为是细胞的控制中心，在细胞的遗传和代谢方面起着主导的作用。

③细胞质　质膜以内、细胞核以外的原生质称为细胞质，细胞质充满在细胞壁和细胞核之间。活细胞中的细胞质在光学显微镜下呈均匀透明的胶体状态，并处于不断地流动状态，这种流动可促进营养物质的运输、气体交换、细胞的生长和创伤的愈合等。伴随着活细胞成熟过程中，细胞内渐渐出现大液泡后，细胞质便被挤成紧贴细胞壁的一薄层。细胞质包括质膜（细胞质表面的一层膜）、液泡膜（细胞质和液泡相接触的一层薄膜）和胞基质（在两膜中间的部分，又称为基质或中质）三部分。

a. 胞基质　胞基质存在于细胞器的外围，是一种具有弹性和黏滞性的透明胶体溶液。胞基质的化学成分很复杂，含有水、无机盐和溶于水中的气体、葡萄糖、氨基酸、核苷酸等小分子，以及脂类、糖类、蛋白质、酶和核糖核酸(RNA)等生物大分子。胞基质构成一个细胞内的液态环境，是活细胞进行各种生化活动的场所，同时还不断地为细胞器行使功能提供必需的营养原料。生活细胞中，胞基质总处于不断地运动状态，而且它还可以带动其中的细胞器，在细胞内作有规律的持续的流动，这种运动称为细胞质的环流运动。在细胞内的这种不断进行的缓慢环形流动可促进营养物质的运输、气体的交换、细胞的生长和创伤的恢复等，所以胞基质是细胞进行新陈代谢的主要场所。细胞核以及各种细胞器都分布在胞基质内。

b. 细胞器　细胞质内有许多细胞器，进行着各种各样的代谢活动。所谓细胞器，一般是指细胞质内具有一定形态结构和特定功能的亚细胞单位“小器官”。它悬浮在胞基质中，其中有的用光学显微镜可以看到，如质体、线粒体、液泡等，而有的必须借助于电子显微镜才能观察到，如核糖体、内质网、高尔基体、溶酶体、微体、微管等。细胞器的种类很多，可根据其结构特点分为三类：双层单位膜结构的细胞器、单层单位膜结构的细胞器、非膜结构的细胞器。

2）液泡及细胞后含物

①液泡　液泡是植物细胞的显著特征之一，在植物幼小的细胞中，液泡很小，数量多而分散。随着细胞的生长，液泡逐渐增大，并且彼此联合，最后成为一个大的中央液泡（图1–5）。在成熟的植物细胞中，中央液泡可占据细胞体积的90%左右，这时，细胞质和细胞核便被液泡推移，挤成薄薄的一层紧贴在细胞壁上，扩大了细胞质与环境之间的接触面，有利于物质的交换及各种代谢活动的进行。

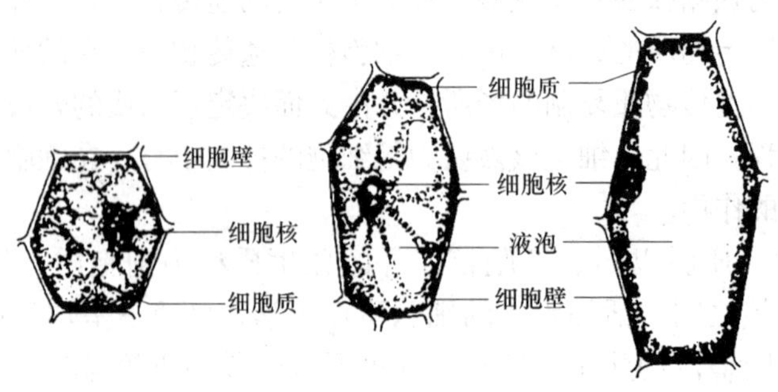

图 1–5　细胞的生长和液泡的形成

液泡是由单层膜围成的细胞器。液泡的膜称为液泡膜，液泡内的汁液称为细胞液。细胞液的主要成分是水，其中溶有各种无机盐（如硝酸盐、磷酸盐）、糖类、有机酸、水溶性蛋白、有机物、植物碱、单宁、色素（如花青素）等，因此，可使细胞具有酸、甜、苦、涩等味道。许多植物的细胞液中含有一种称为花青素的色素，它在酸性、中性和碱性的环境中分别呈现红色、紫色和蓝色，加之有色体的颜色，从而使植物的叶、花和果实呈现多种颜色，五彩缤纷。液泡中含有的物质大多是可溶性物质，有时也含有结晶体，如草酸钙结晶等。也就是说，液泡是贮藏各种养料和生命活动产物的场所，如甜菜根的细胞液中含大量蔗糖，罂粟果实的细胞液中含较多的吗啡等。除了贮藏作用外，液泡还与细胞的吸水有关。液泡膜的选择透性及液泡内溶物质的积累起调节作用，可通过控制物质的出入而使细胞维持一定的渗透压和膨压，使细胞保持紧张状态，并具有适宜的吸水能力，也有利于各种生理活动的进行。

液泡中含有多种水解酶，能分解液泡中的贮藏物质以重新参加各种代谢活动，也能通过膜的内陷来“吞噬”、“消化”细胞中的衰老部分，进而参与细胞分化、结构更新等生命活动过程。

②细胞后含物 细胞后含物是指存在于细胞质、液泡以及各种细胞器内，有的还填充于细胞壁上的各种代谢产物及废物，它是原生质体进行生命活动的产物。这些后含物有的是贮藏的营养物质，有的是生理活性物质，也有一些是废物和植物的次生物质。这些物质可以在细胞一生的不同时期出现或消失。细胞的后含物种类很多，如淀粉、蛋白质、脂肪、激素、维生素、单宁、树脂、橡胶、色素、草酸钙结晶等，其中前三种是重要的贮藏营养物质。

3）细胞壁 细胞壁是植物细胞所特有的结构，由原生质体分泌的物质所构成的；包围在原生质体外面，有一定的硬度和弹性，有保护原生质体的作用，对细胞起着保护和巩固的作用，并在很大程度上决定了细胞的形状和功能。细胞壁还与植物吸收、运输、蒸腾、分泌等生理活动有密切的关系。

根据细胞壁形成的先后和化学成分的不同，可将细胞壁分为三层，由外而内依次为胞间层、初生壁和次生壁。胞间层和初生壁是所有植物细胞都具有的，次生壁则不一定都具有（图1–6）。

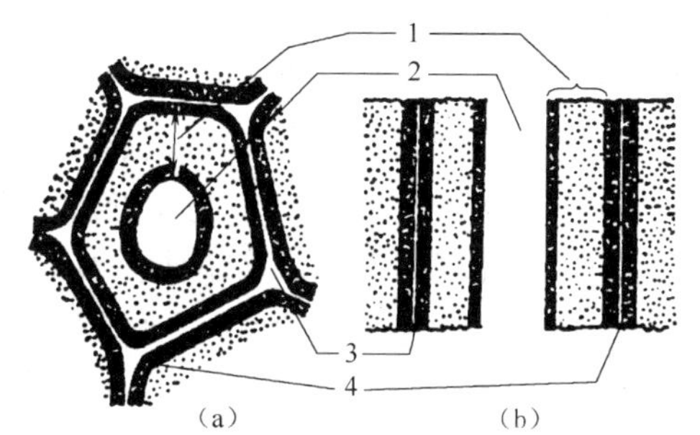

图 1–6 细胞壁结构

（a）横切面 （b）纵切面

1—三层的次生壁 2—细胞腔 3—胞间层 4—初生壁

①胞间层 胞间层又称中胶层或中层，是相邻的两个细胞之间共有的一层，位于细胞壁的最外侧，主要成分是无定形的胶质（果胶质），能将相邻的细胞粘连在一起，具有一定的可塑性，能缓冲细胞间的挤压。

②初生壁 初生壁是在细胞的生长过程中，原生质体分泌少量的纤维素、

半纤维素和果胶质，在细胞内侧加在胞间层上所形成的结构。初生壁一般很薄，质地柔软，有较大的可塑性，可随细胞的生长而延长。另外，初生壁上还含有少量的结构蛋白，这些蛋白与壁上的多糖紧密结合，对细胞的生命活动有一定的作用。分生组织等细胞，只有初生壁而不再产生次生壁。

③次生壁　次生壁是细胞在停止生长后，于初生壁内侧继续积累原生质体的分泌物而产生的新壁层。在植物体中，只是那些生理上分化成熟后原生质体消失的细胞，才在分化过程中产生次生壁。

植物细胞在生长分化的过程中，细胞壁不但可以扩展和加厚，原生质体还可以分泌一些不同性质的化学物质添加到细胞壁内，使细胞壁加厚，细胞腔变小，因而较坚韧。它的主要成分是纤维素及少量的半纤维素，此外，还往往积累木质素等其他物质，使细胞次生壁的成分发生特种变化，从而适应一定的功能，直至死亡。这些变化主要有角质化、木质化、栓质化、矿物质化。

a. 角质化　叶和幼茎等的细胞外壁中渗入一些角质（脂类化合物）的过程称为角质化。角质一般在细胞壁的外侧呈膜状或堆积成层，称为角质层。角质化的细胞壁透水性降低，可减少水分的散失，因此降低水分的蒸腾；但可透光，又不影响植物的光合作用；还能有效防止微生物的侵袭，增强对细胞的保护作用。

b. 木质化　根、茎等器官内部许多起输导和支持作用的细胞，其细胞壁中渗入木质素的过程，称为木质化。木质素是亲水性的物质，并具有很强的弹性和硬度，因此，木质化后的细胞壁硬度加大，机械支持能力增强，但仍能透水、透气。

c. 栓质化　根、茎等器官的表面老化后，其表皮细胞的细胞壁中渗入木栓质而发生的一种变化称为栓质化。栓质化的细胞壁不透水、不透气，常导致原生质解体，从而增强了对内部细胞的保护作用。老根、老茎的外表都有木栓细胞覆盖。

d. 矿物质化　禾本科、莎草科植物的茎、叶表皮细胞壁常渗入碳酸钙、二氧化硅等矿物质而引起的变化，称为矿质化。细胞壁的矿质化，能增强植物的机械强度，提高植物抗倒伏和抗病虫害的能力。

④胞间连丝和纹孔　细胞在形成初生壁时，常留下一些较薄的凹陷区域，称为初生纹孔场，上有许多小孔，细胞的原生质丝通过这些小孔与相邻的原生质体相连，这种原生质丝称为胞间连丝（图1–7）。胞间连丝是细胞原生质体之间物质和信息直接联系的桥梁。细胞在生长过程中，次生壁的增厚并不是完全均一的，有许多地方不增厚，只具有胞间层和初生壁。这些部分也就是初生壁上完全不被次生壁覆盖的，在细胞壁上形成凹陷的区域，称为纹孔。相邻两个细胞上的纹孔常相对存在，称纹

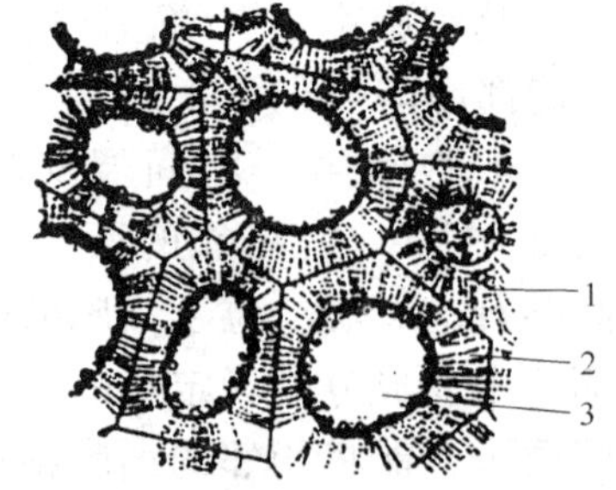

图 1–7　光学显微镜下的胞间连丝
1—胞间连丝　2—细胞壁　3—细胞腔

孔对。

纹孔对（图1–8）之间的胞间层和初生壁合称纹孔膜。纹孔对周围由次生壁围成的腔称为纹孔腔。纹孔对常在初生纹孔场上形成，它是胞间连丝贯穿细胞壁而联系两细胞的原生质的孔道（图1–9）。细胞壁的其它部位也可分散存在着少量的胞间连丝。

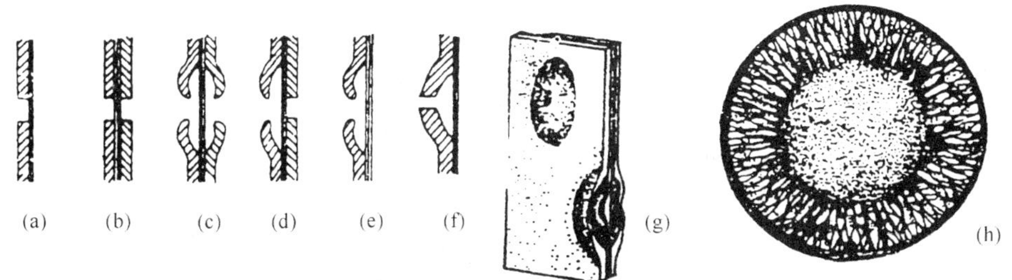

图 1–8　纹孔的类型及纹孔对

（a）单纹孔　（b）单纹孔对　（c）具缘纹孔对　（d）半具缘纹孔对　（e）（f）具缘纹孔

（g）两个管胞相邻壁的一部分三维图解　（h）松树的纹孔膜和纹孔塞的正面观

细胞壁上的初生纹孔场、纹孔和胞间连丝的存在，有利于细胞与细胞、细胞与环境之间的物质交流和信息传递，尤其是胞间连丝，它把所有生活细胞的原生质体连接起来，从而使多细胞的植物体在结构上形成一个统一的有机整体，即共质体。

细胞的各个部分不是彼此孤立的，而是相互联系的，实际上一个细胞就是一个有机的统一体，细胞只有保持结构的完整性，才能够正常完成各种生命活动。

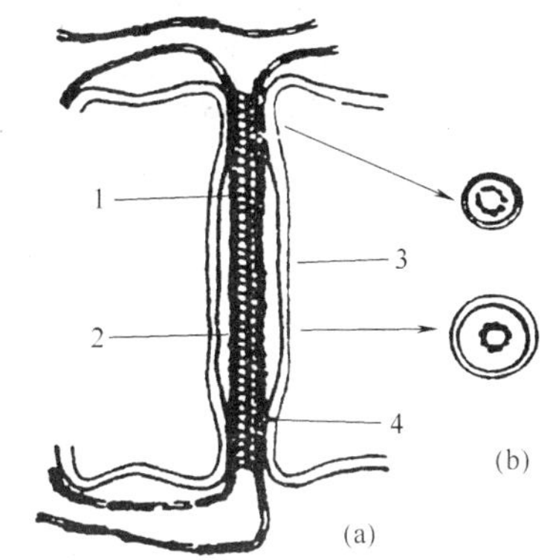

图 1–9　胞间连丝的超微结构

（a）纵切面　（b）横切面

1—连接管　2—胞间连丝腔　3—细胞壁　4—质膜

1.2.4　拓展知识

（1）细胞膜

1）细胞膜的结构（流动镶嵌模型）　细胞膜主要是由脂类中的磷脂分子（称为膜脂）和蛋白质分子（称为膜蛋白）组成的。另外，还含有少量的糖类、无机离子和水。膜脂呈双分子排列，疏水性尾部向内，亲水性头部向外。但是，膜蛋白并非均匀地排列在膜脂两侧，而是有些位于膜的表面（外在蛋白），以静电相互作用的方式与膜脂亲水性头部相结合；有些嵌入膜脂之间甚至穿过膜的内外表面（内在蛋白）；在膜脂的疏水区，蛋白质以表面的疏水基团与烃链形成较强的疏水键而结合。这样在电子显微镜下可以看到质膜的横断面上呈现“暗—明—暗”三条平行带，总厚度约8nm，这种以“暗—明—暗”三层结构为单位构成的膜，称为单位膜（图1–10）。关于单位膜中各成分的组合方式，人们提出了许多假说，目前，普遍被人们接受的是单位膜的“流动镶嵌模型”：在膜的中间是磷脂双分子层，它实际上包括两层磷脂分子，这是细胞膜的基本骨架，由它支撑着许多蛋白质分子。组成膜的蛋白质分子可分成两类：一类排列在磷脂双分子层的外侧，即膜的表面；另一类镶嵌或贯穿在磷脂双分子层中。在电子显微镜下看到的“暗—明—暗”带状结构中，暗带是由磷脂分子亲水的头部和蛋白质分子组成，而明带则是由磷脂分子疏水的尾部组成。

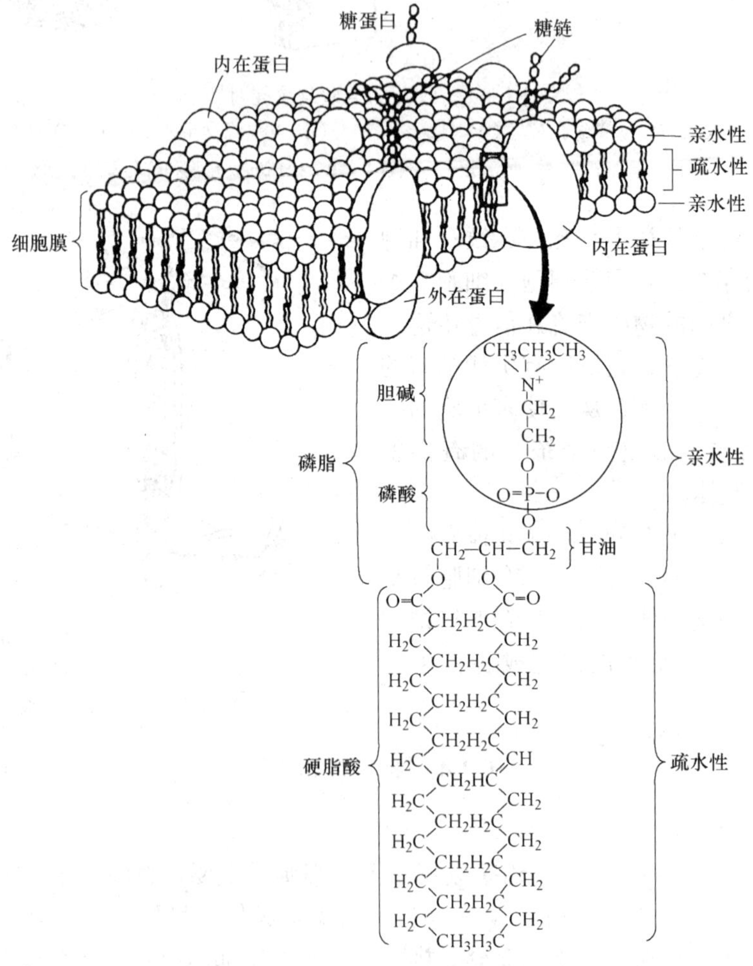

图 1–10　细胞膜的结构

该模型强调：构成质膜的蛋白质分子和磷脂分子大都不是静止的，而是在一定范围内自由移动，使膜的结构处于不断的变化状态。它们的运动方向总是平行于质膜的表面，而不做上下垂直于质膜的运动。表明膜在结构上具有一定的流动性，这种特点对于质膜完成各种生理活动十分重要，其中包括膜结构的不断代谢、更新。膜的这种镶嵌结构具有流动性，所以又称“流动镶嵌模型”。

2）细胞膜的功能

①分室作用　细胞的膜系统不仅把细胞与外界环境隔开，而且把细胞内部的空间分隔成许多微小的区域，即形成各种细胞器，从而使细胞的生命活动有了适当的分工，并有条不紊地进行。这是因为，在每个区域内均具有特定的pH、电位、离子强度和酶系等。同时，由于内膜系统的存在，又将各个细胞器联系起来，共同完成各种连续的生理生化反应。例如，光呼吸的生化过程就是在叶绿体、过氧化体和线粒体内进行的。

②反应场所　细胞内的生化反应具有特异性、高效性和连续性。因此，某些代谢途径是在膜上进行的，前一反应的产物就是下一反应的底物。例如，在线粒体和叶绿体内进行的某些生化反应就是在膜上完成的。

③吸收功能（选择透性）　细胞膜中的蛋白质大多是特异的酶类，在一定的条件下，具有“识别”、“捕捉”和“释放”某些物质的能力。所以细胞膜可通过简单扩散、促进扩散、离子通道、主动运输（通过膜中的离子载体、离子泵等）方式调控各种物质的吸收与转移。即能让一些物质透过，而另一些物质则不能透过的选择透性(水分子可以自由通过)。这种选择透性控制着细胞内、外物质的交换，从而影响植物细胞的代谢过程。一旦细胞死亡，膜的这种选择能力也就随之消失。

④识别功能　膜糖的残基严格地分布在膜的外表面，似“触角”能够识别外界某种物质，并对外界某种刺激产生反应。例如，花粉粒外壁的糖蛋白与柱头质膜蛋白质之间的亲和性、根瘤菌与豆科植物根细胞之间的相互识别等，均与膜有关。除上述功能外，质膜还具有保护作用，同时与细胞识别、信号转换、分泌等生理活动密切相关。

（2）细胞器

1）双层单位膜结构的细胞器

①质体　质体只存在于绿色植物细胞内，通常呈颗粒状分布在细胞质里，在光学显微镜下可看到。质体主要由蛋白质和类脂组成，是一类合成积累同化产物的细胞器。根据色素的种类，可将质体分为白色体、叶绿体和有色体三种类型（图1–11）。

a. 叶绿体　叶绿体存在于植物的所有绿色部分的细胞里。含有绿色的叶绿素（叶绿素a和叶绿素b）和黄色、橙黄色的类胡萝卜素（胡萝卜素和叶黄素），叶绿素的含量约占总量的2/3，掩盖着其他色素，因此叶绿体常呈绿色。当营养

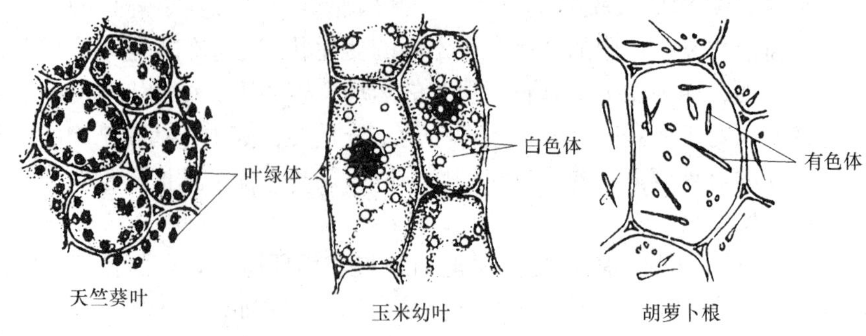

图 1–11　含有不同类型质体的细胞

条件不良、气温降低或叶片衰老时，叶绿素含量下降，类胡萝卜素含量上升，叶片变黄。秋季有些植物叶片变红，是由于叶片中花青素和类胡萝卜素含量占优势的缘故。叶绿体存在于植物体绿色部分的细胞中，一个细胞中可含十几个到几百个，叶肉细胞中最多。例如，菠菜叶肉的一个栅栏组织细胞内有300～400个叶绿体。

b. 有色体　有色体含有胡萝卜素和叶黄素，由于二者的比例不同，可分别呈现黄色、橙色或橙黄色，它存在于植物的花瓣、成熟的果实、衰老的叶片、胡萝卜的贮藏根等部位。如番茄、辣椒的果实。有色体形状多样，有球形、椭圆形、多边形及其他不规则形状。其结构比较简单，外面由双层膜包被，膜内是简单的片层和基质。有色体也能积累淀粉和脂类，还能使花和果实呈现不同的颜色，招引昆虫利于传播花粉或种子。

c. 白色体　白色体不含色素，呈无色颗粒状，多存在于幼嫩细胞和根、茎、种子等无色的细胞中和一些植物的表皮中。白色体多呈球形或纺锤形，常聚集在细胞核附近。白色体结构简单，由双层膜包被着不发达的片层和基质构成。白色体的功能是合成和贮藏营养物质。不同类型组织中的白色体其功能有所不同，可分为合成淀粉的造粉体、合成脂肪的造油体及合成贮藏蛋白质的造蛋白体。

质体是一类合成和积累同化产物的细胞器。在一定条件下，三种质体可以相互转化。例如，萝卜的根、马铃薯的块茎中的前质体（质体的前身）在见光后变绿，发育成叶绿体，是白色体转变为叶绿体的缘故。番茄果实在发育过程中，颜色由白变青再变红，是由于最初含有白色体，以后转变为叶绿体，后期叶绿体失去叶绿素而转变成有色体。胡萝卜根在光下变为绿色，是由于有色体转变了叶绿体。若将在光下生长的植物移到暗处，植物的颜色就由绿变黄，出现黄化现象。

②线粒体　线粒体普遍存在于高等植物的细胞中。在光学显微镜下经特殊染色，可看到它呈粒状、线形或杆形，直径0.2～1μm，长1～2μm，因此称线粒体。

线粒体是细胞有氧呼吸的主要场所。细胞生命活动所需的能量，大约95%

来自线粒体，因此，有人称为细胞内的“动力源”。线粒体的数量及分布与细胞新陈代谢的强弱有密切关系：代谢旺盛的细胞内线粒体的数量较多，代谢较弱的细胞内线粒体的数量较少。

2）单层单位膜结构的细胞器

①内质网　内质网是充满在细胞质中的一个膜系统。它是由单层膜（一层单位膜）围成各种形状的管、泡或池，并延伸和扩展交织成相互沟通的网状系统。内质网的一些分支与核膜相连，另一些和原生质膜相连，有的还能与相邻细胞的内质网发生联系。这样，核膜、质膜和内质网在细胞质中甚至与相邻细胞间形成一个连续统一的膜系统，就为物质的运输提供了一个连续的通道。内质网有两种形式。一种是在膜的外表面附着有许多核糖核蛋白体颗粒（合成蛋白质的细胞器）的粗糙型内质网，另一种是在膜的外表面没有核糖核蛋白体颗粒的光滑型内质网。细胞中两种类型内质网的比例及它们的总量，随着细胞的发育时期、细胞种类的不同和细胞的功能以及外界条件而改变。细胞代谢旺盛内质网含量多。在细胞分化过程中，内质网的数量显著增多，同时其外膜表面上附着的核糖核蛋白体颗粒的数量也由少变多。

内质网功能：由于内质网系统的分布，在细胞质内形成了大量的内表面，利于复杂生命活动的进行。一般认为它是细胞内蛋白质、类脂和多糖合成、贮藏及运输的系统。粗糙型内质网能合成和转运蛋白质，光滑的能合成和转运脂类和多糖（图1–12）。

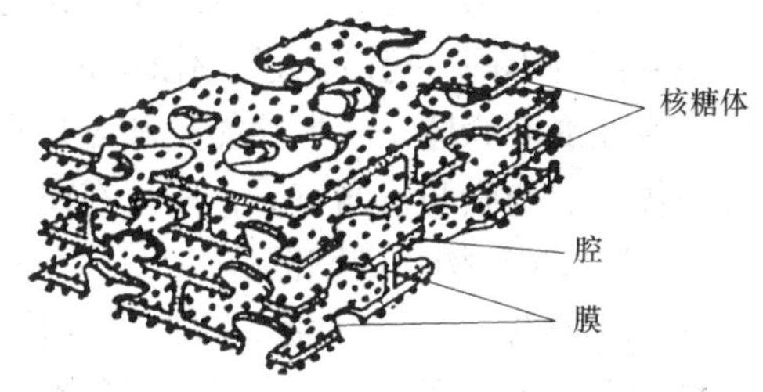

图 1–12　内质网的立体结构

②高尔基体　高尔基体是由一叠（通常3～8个）单层膜围成的扁平圆盘状的囊（泡囊其直径0.5～1.0μm，厚0.014～0.02μm）相叠而成，囊的中央似盘底，边缘或多或少出现穿孔，当穿孔扩大时，囊的边缘似网状结构。在网状部分的外侧，可以不断地有小泡形成，形成的小泡脱离高尔基体后，游离到细胞质的胞基质中。高尔基体的主要功能是对粗糙型内质网运来的蛋白质进行加工，再由高尔基体的小泡把它们携带转运到所需要的部位或以分泌物形式排出细胞。也就是说，高尔基体以合成纤维素、半纤维素等构成细胞壁的物质的方式参与细胞壁的形成；以分泌黏液形式参与细胞的分泌（图1–13）。

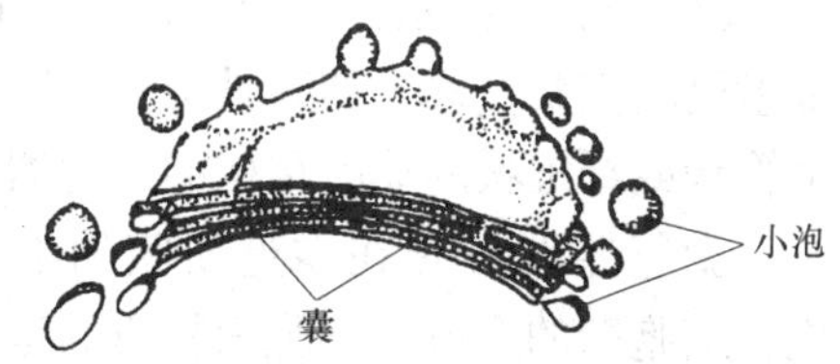

图 1–13　高尔基体的立体模式图

③溶酶体　溶酶体的大小与线粒体相近，已知的有60余种，呈球形或长圆形。溶酶体由单层膜围成，内部无特殊结构，大小0.25～0.3μm。溶酶体里面含有许多水解酶类。当它的膜破裂时，酶便释放出来，能将生物大分子分解为小

分子物质，供细胞内物质的合成或线粒体的氧化需要。溶酶体在细胞分化过程中，对消除不必要的结构，以及在细胞衰老过程中破坏原生质体结构也有特定作用，有时可使细胞内含物破坏，如导管细胞和纤维成熟时，其原生质体的破坏与消失就和溶酶体的作用密切相关。它们可以分解所有的生物大分子，使细胞解体。由此可见，溶酶体的功能是消化作用。它可以把进入细胞的病毒、细菌及细胞内原生质的其他组分吞噬掉，在溶酶体内进行消化；也可以通过本身膜的分解，把酶释放到细胞质中而起作用。溶酶体对于细胞内贮藏物质的利用，以及消除细胞代谢中不必要的结构和异物都有很重要的作用。因此称细胞内的“消化器官”。

④圆球体　圆球体又称为油体，是由膜包被的圆球状小体，电子显微镜下发现它的膜只有一层不透明带（暗带），而不像其他正常的单位膜具有两层暗带，因此可能只是单位膜的一半。圆球体含有脂肪酶，是积累脂肪的场所。当大量脂肪积累后，圆球体就变成透明的油滴，在油料作物的种子中常含有很多圆球体。在一定条件下，脂肪酶能将脂肪水解成甘油和脂肪酸。

⑤微体　微体是直径在0.2～1.5μm的圆球形小体，由单层膜所围成。由于所含酶系统的不同，可分为过氧化体和乙醛酸体两种。过氧化体常存在于绿色细胞中，并紧靠叶绿体，它的功能是和光呼吸的进行有关。乙醛酸体也紧靠叶绿体和线粒体，它与脂肪代谢有关，所以在萌发的油料种子中，乙醛酸体较多。

3）非膜结构的细胞器

①核糖体（又称核糖核蛋白体、核蛋白体）　生活细胞中都含有核糖体。核糖体是直径大约为0.02μm椭圆形颗粒状的非膜结构细胞器。核糖体多分布于细胞质中，也可附着在细胞核、线粒体、叶绿体、粗糙型内质网上以及核仁、核质内。它大约由40%的蛋白质和60%的核糖核酸所组成。核糖体是细胞内合成蛋白质的主要场所，因此，有人把它比喻为蛋白质的“装配机器”和生命活动的“基本粒子”。蛋白质合成旺盛的细胞，尤其是在快速增殖的细胞中，往往含有更多的核糖体。

②微管和微丝（细胞骨架）　在细胞中还分布着一个复杂的、由蛋白质纤维组成的支架，称为细胞骨架。细胞骨架包括微管、微丝和中间纤维，是细胞内呈管状或纤维状的非膜结构的细胞器，其成分主要是蛋白质。

微管主要分布在靠近质膜的细胞质中，其功能与细胞分裂时纺锤丝的形成、细胞壁的形成、细胞内物质的运输等有关。微丝比微管更细，它们在植物细胞中常成束出现，长可达几微米。在一个细胞中，常有几束微丝与细胞长轴或细胞质流动的方向平行，微丝与细胞内物质运输和细胞质流动有密切关系。

微管与微丝共同构成细胞内的骨架结构或称微梁系统，维持细胞的形状，并支持和网罗各类细胞器，将其维持在一定的部位上，使各种结构执行各自的功能。此外，微丝具有像肌肉一样的收缩功能。它与微管配合，控制细胞器的运动。微管的排列为细胞器提供了运动的方向，而微丝的收缩功能，直接导致了运动的实现。

（3）细胞贮藏的营养物质

1）淀粉 淀粉是植物细胞中最常见的贮藏物质，常呈颗粒状，称淀粉粒。植物光合作用的产物，以蔗糖等形式运输到贮藏组织后，在造粉体（白色体）中合成淀粉。不同种类的植物，淀粉粒的形态、大小不同。

2）蛋白质 植物体内的贮藏蛋白是结晶或无定形的固态物质，不表现出明显的生理活力，呈比较稳定的状态。

3）脂肪和油类 脂肪和油类是后含物中含能量最高而体积最小的贮能物质，常温下呈固态的称为脂肪，呈液态的称为油类，它常作为种子或分生组织中的贮藏物质，以固体或液体形式分散于细胞质中，有时在叶绿体中也可看到。

由于脂肪和油所含热量高，所以是最经济的贮藏物质。它们遇到苏丹Ⅲ或苏丹Ⅳ呈橙红色，据此检验脂肪和油是否存在。

1.2.5 任务实施方法与步骤

（1）实验操作

1）临时装片法 取具有内表皮的洋葱鳞叶一片，在其内侧用刀片将洋葱鳞叶的内表皮划成边长为4～6mm的小片。在载玻片上滴一滴蒸馏水，用小镊子取下一小片已准备好的洋葱鳞叶内表皮浸入水滴内（注意表皮的外面应朝上），并用小镊子尖挑平，再加盖玻片。加盖玻片时，先从一边接触水滴，另一边必须慢慢放下，以免产生气泡。如果盖玻片内有气泡，可用小镊子尖轻轻敲打直至无气泡；如果盖玻片内的水未充满，可用滴管吸水从盖玻片的一侧滴入；若水分过多，溢出盖玻片外的水可用吸水纸吸去。

2）植物细胞结构的观察 取洋葱鳞叶，做好简易装片。为使细胞观察得更清楚，可用碘液染色，即在装片时载玻片上滴一滴稀碘液，将表皮放入碘液中，盖上盖玻片，即可用低倍接物镜（以下简称低倍镜）观察到许多长形的细胞。再换用高倍接物镜（以下简称高倍镜）观察细胞的详细结构，可看到：

①细胞壁 包在细胞的最外面。

②细胞质 幼小细胞的细胞质充满整个细胞，形成大液泡时，细胞质贴着细胞壁成一薄层。

③细胞核 在细胞质中有一个染色较深的圆球状颗粒，这就是细胞核。

④液泡 把光调暗一些，可见细胞内较亮的部分，这就是液泡。幼小细胞的液泡小，数目多；成熟的细胞通常只有一个大液泡，占细胞绝大部分。

（2）小组讨论与成果展示、巩固训练

学生在课间反复练习实验操作，最好能准确地说出洋葱表皮细胞各部分结构。制作出的理想装片应为无气泡、清晰。

课后反复阅读课文，熟记对提出问题的解答，并将问题解答在作业本上。将洋葱细胞结构图绘在技能报告上。

任务1.3 原生质的化学组成及细胞叶绿体、有色体和淀粉粒的观察

1.3.1 知识和技能要求

• 能准确说出细胞原生质概念、组成及各成分的生理功能，叙述细胞的胶体特性。

• 熟练使用显微镜观察识别植物细胞内的叶绿体、有色体及淀粉粒。

1.3.2 情境（情景）设计

（1）问题的提出

1）简述原生质及其物质组成，说出组成原生质的主要有机物。

2）说明组成原生质各种主要有机物的生理作用。

3）叙述原生质所具有的胶体特性。

4）试分析植物是怎样通过胶体状态的相互转变来适应外界环境条件的？

（2）实验器材的准备 显微镜、载玻片、盖玻片、镊子、刀片、培养皿、滴瓶、滴管、吸水纸、蒸馏水、碘液、10%～20%糖液、菠菜叶、白菜叶或天竺葵叶（新鲜）、红辣椒果实（新鲜）、萝卜（红色）、吊竹梅嫩叶、马铃薯（大块茎）。

1.3.3 支撑知识

（1）原生质及其化学组成

原生质是细胞内具有生命活动的物质，是细胞结构和生命活动的物质基础。原生质具有极其复杂的化学成分，物理性质和生物学性质都很特别，所以它具有一系列生命活动的特征。

植物的生命活动与植物细胞原生质具有复杂的化学成分密切相关。植物细胞原生质的化学组成，概括地说，有三大类：水、无机物和有机物。水可占80%以上，其余为干物质。干物质包括大量的各种有机物及少量的无机物，有机物可占干重的90%～95%，无机物占 5%～10%，有机物的种类很多，其中最主要的是蛋白质、核酸、脂类和糖类。

（2）主要有机物及其生理功能

组成细胞的有机物（例如：蛋白质、核酸、脂类和糖类）的相对分子质量一般都很大，所以又称生物大分子。这些生物大分子的基本组成元素是C、H、

O，此外还有N、P和S。生物大分子在细胞内又可彼此结合，因而它们的结构就更复杂，功能也就更特殊了。如脂类与蛋白质结合成脂蛋白，它是构成生物膜的成分；核酸和蛋白质结合成核蛋白，成为构成细胞核内染色体的成分。

1）蛋白质　蛋白质在植物细胞中，一部分是组成细胞的结构成分，如构成细胞膜等；还有一些是贮藏蛋白质，它是作为养料而贮存的；另一部分是作为生物催化剂存在的酶蛋白质。正是由于酶的作用，新陈代谢才能沿着一定的途径有条不紊地进行下去。

2）核酸　核酸是植物细胞中另一类重要的基本组成物质，普遍存在于生物细胞内。无细胞结构的病毒也含有核酸，它担负着贮存和复制遗传信息的功能，对蛋白质的合成起特别重要的作用，所以说核酸是重要的遗传物质。

3）脂类　植物细胞中所含的脂类有脂肪和类脂。类脂包括磷脂、糖脂和硫脂等。植物体内的脂肪作为贮藏物质以小油滴的状态存在于种子和少数果实中。植物体所含的磷脂主要是卵磷脂，它在细胞里和蛋白质结合而构成膜的结构。磷脂分子的结构式如图1–10。可见，磷脂分子是由一分子甘油、二分子脂肪酸、一分子磷酸和一分子含氮有机碱（如胆碱或胆胺）组成。这种分子结构具有一个特点，既含有非极性的疏水性基团（指硬脂酸一端）为疏水的“尾部”，又含有极性的亲水性磷脂基团（指与含氮有机碱结合的磷酸根一端）为亲水的“头部”。磷脂分子的这种结构特点，使得它在生物膜的形成中起着独特的作用，即两层磷脂单分子层以疏水端的“尾部”相对排列，而亲水端的“头部”排列在膜的内外表面构成膜的骨架。除磷脂外，植物体内还有糖脂和硫脂，它们常与蛋白质结合形成脂蛋白。脂蛋白也是构成生物膜的成分，称为膜蛋白。

4）糖类　植物细胞中含有的糖类为单糖、双糖和多糖三类。植物细胞所含有的单糖主要是五碳糖（戊糖）和六碳糖（己糖）。此外，还有三碳糖、四碳糖。戊糖如核糖和脱氧核糖，它们是核酸的成分，己糖（如葡萄糖）和果糖，是细胞代谢活动中提供能量的主要基质。植物细胞内重要的双糖是蔗糖，它是植物体内碳水化合物运输的主要形式。植物体内重要的多糖是淀粉和纤维素，淀粉是植物的主要贮藏物质，纤维素则是细胞壁的主要成分。此外，组成细胞壁的果胶质、半纤维素也是多糖。

（3）原生质的胶体特性

组成原生质的蛋白质、核酸、磷脂等，都是大分子的颗粒，其颗粒直径恰好与胶体颗粒的直径相当。这些颗粒具有极性基如 $-NH_2$、$-OH$、$-COOH$ 等，能吸附水分子，所以按物理性质来说，原生质是一种复杂的亲水胶体。

1）带电性　原生质胶体主要是由蛋白质组成，蛋白质的氨基酸链中，仍然存在着游离的羧基和氨基。因此，蛋白质和氨基酸一样，是一种两性物质，它既可以以两性离子存在，又可以以阳离子和阴离子状态存在，随着溶液pH的变化，它们之间可以相互转变。即原生质在不同的pH环境中带有不同的电荷，这就使得它能更好地和环境进行物质交换和新陈代谢活动。

2）吸附性　任何物质的分子间都具有吸引力。但是物质表面的分子同该物质内部的分子所处的情况不相同，内部分子与其周围的分子互相吸引，因此，各方面的引力是相等的。表面分子只与内部分子互相吸引，因而有多余的吸引力，可与其它物质的分子互相作用，这就是吸附力，所以吸附现象都发生在界面上。物质的表面积越大，吸附力就越大。原生质胶体是一种分散度高的多相体系，它的总面积大，界面也大，因而能吸附多种物质。吸附水分子而表现出亲水性，吸附酶、矿物质和生理上的活跃物质而进行复杂的生命活动。

3）黏性和弹性　由于原生质胶体能够吸附水分，而胶粒外围的水分子所受吸附力的大小是不相同的，离胶粒近的水分子受胶粒的吸附力大不易自由移动，称为束缚水；远离胶粒的水分子因受胶粒的吸附力小或无吸附力的影响，水分子能够自由移动，称为自由水。这两种状态水含量的多少影响原生质的黏滞性。束缚水相对多，自由水相对少，则黏性大；反之，黏性小。

若用显微操作法将原生质从植物细胞中拉出后，细胞质被拉成长丝，去掉这种拉力之后，细胞质就收缩成小滴，这种现象说明原生质有弹性。

原生质的黏性和弹性，是随植物生长的不同时期，以及外界环境条件的改变而经常发生改变。原生质的黏性增加，则代谢降低，与环境的物质交换减少，受环境的影响也减弱。若原生质黏性降低，则代谢增强，生长旺盛（如植物在开花和生长旺盛时期）。原生质的黏性低，代谢强；而成熟种子的原生质，黏性高，代谢弱。

细胞原生质弹性越大，则忍受机械压力越大，对不良环境的适应性也增强。因此，凡原生质黏性和弹性强的植物，其抗旱性和抗寒性也较强。

4）凝胶化作用　溶胶在一定条件下可转变成一种弹性的半固体状态的凝胶，这个过程称为凝胶化作用，凝胶和溶胶是一种胶体系统的两种存在状态，它们之间是可以互变的。引起这种变化的主要因素是温度。当温度降低时，胶粒的动能减小，胶粒两端互相连接起来以致形成网状结构，水分子则被包围在网眼之中，这时胶体呈凝胶态。随着温度的升高，胶粒的动能增大，分子运动速度增快，胶粒的联系消失，网状结构不再存在，胶粒呈流动的溶胶态。如果温度再次降低，又可发生上述变化过程。

植物的生活状态不同，原生质胶体的状态也不同。如种子成熟时，水分减少，种子细胞内的原生质则由溶胶转变为凝胶；种子萌发时，又可因吸水，加上酶的活动而使种子细胞的原生质由凝胶转变为溶胶。

5）凝聚作用　原生质胶体的亲水性使胶粒有水层的保护，原生质胶体的带电性使得具有相同电荷的胶粒彼此相斥，带相反电荷的胶粒因有水层的保护彼此不能接触，呈分散态。因此，原生质胶体的带电性和亲水性是原生质胶体稳定的因素。当这种稳定因素受到破坏时，胶体粒子合并成大的颗粒而析出沉淀，这种现象称为凝聚。

大量的电解质既能使胶粒失去水膜的保护，又可因相反电荷的作用而使胶粒的电荷中和。这样，胶粒就会凝聚而沉淀，若时间增长，原生质的胶体结构就会破坏，植物就会死亡。由于原生质胶体主要是由蛋白质组成，因此，凡能影响蛋白质变性的因素，也是原生质胶体产生凝聚以致死亡的因素。贮藏过久的种子，往往丧失萌发力，这也是与其中的蛋白质发生变性有关。

综上所述，原生质的胶体特性是与生命现象紧密相关的。

1.3.4 拓展知识

（1）原生质的水与离子

水占很大比例，它可使细胞中的各种物质处于水合状态，并为它们的各种生理、生化反应提供一个良好的环境。水是以两种形式存在的，一部分水与原生质体中的大分子物质（如蛋白质等）结合得很紧密，不易自由流动，称为束缚水或结合水；另一部分水处于自由流动状态，称自由水。这两种水含量比例的大小与生命活动的强弱有密切关系。换句话说，当原生质体内自由水含量相对高时，生命活动旺盛，但这时也比较容易遇旱脱水，遇冷结冰，抗逆性弱；当束缚水含量相对高时，生命活动速率降低，抗逆能力增强。细胞原生质中的无机物可以离子态存在，如K^+、Na^+、Cl^-、PO_4^{3-}、Ca^{2+}、Mg^{2+}、Cu^{2+}、Fe^{3+}等。这些离子也可以与蛋白质、糖等大分子结合成具有特殊功能的物质。如，铁和某些蛋白质结合构成了一种呼吸酶，磷酸根与糖结合后在物质转化和能量转化中起重要作用。

（2）蛋白质的组成与结构

蛋白质可占原生质干重的60%以上。组成蛋白质的基本单位是氨基酸，目前发现氨基酸有20余种。一个蛋白质分子的氨基酸数目少则几十个，多则几千或上万个。由于氨基酸的种类、数目和排列次序的不同，就形成各种各样的蛋白质，所以蛋白质的种类是非常多的。一个蛋白质分子是由一条或几条氨基酸链组成的。组成蛋白质分子的氨基酸链不是简单地成为一条直线，而是按照一定的方式旋转、折叠、盘曲成具有一定的空间结构的。每种蛋白质都有特定的空间结构，蛋白质只有维持这种稳定的空间结构，才能表现出特有的生理功能。一旦由于某些不良因素，如高温、强酸、强碱等的影响，蛋白质的空间结构就会破坏，而使氨基酸链松散开来，这种现象称为蛋白质的变性。变性的蛋白质，会失去其生理活性——失活。因此，蛋白质结构和功能的关系是十分密切的。蛋白质的多样性，正是生物界多样性的基础。

（3）核酸的组成与结构

核酸又是大分子化合物，构成核酸的基本单位是核苷酸。每个核苷酸又由一个磷酸、一个五碳糖和一个含氮碱基组成。碱基为嘌呤碱和嘧啶碱两类，常见的有五种：腺嘌呤（A）、鸟嘌呤（G）、胞嘧啶（C）、胸腺嘧啶（T）和尿嘧啶（U）。由于所含碱基的不同，就有不同种类的核苷酸。许多核苷酸分子以一定的顺序脱水而结合成的长链，就称为多核苷酸。核酸就是一种多核苷酸。

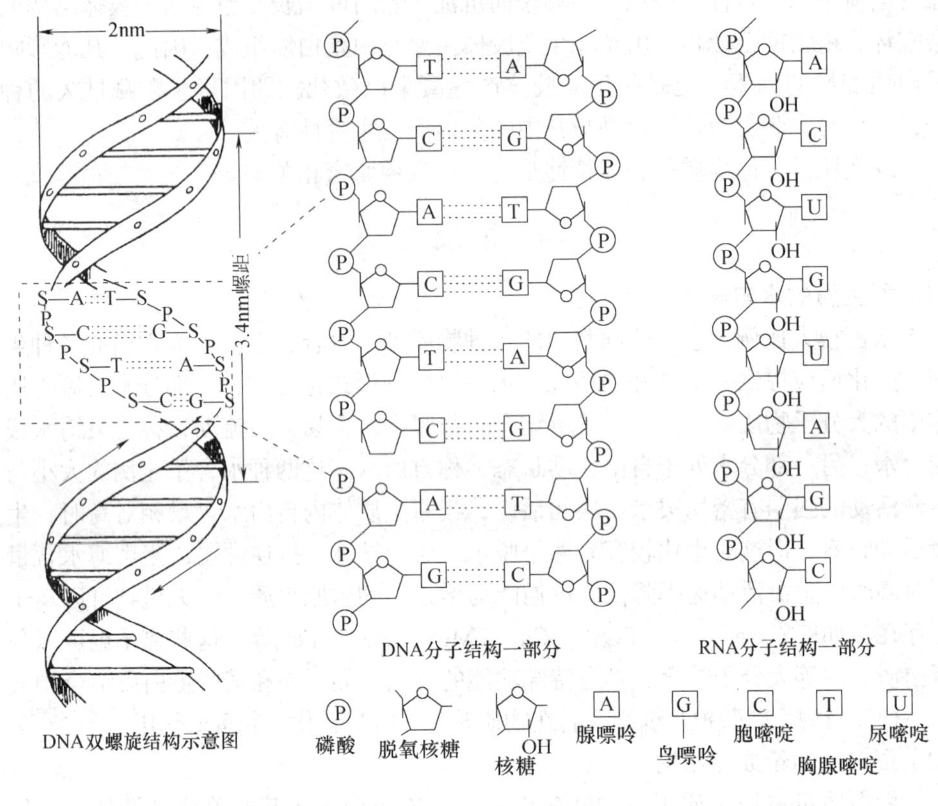

图 1–14　核酸结构示意图

核酸依所含五碳糖的不同可分两大类，五碳糖为核糖的称为核糖核酸（RNA），五碳糖为脱氧核糖的，称为脱氧核糖核酸（DNA）。核酸除所含五碳糖不同外，其所含碱基也有个别不同。RNA所含的碱基主要是：腺嘌呤、鸟嘌呤、胞嘧啶、尿嘧啶四种；DNA所含的碱基主要是腺嘌呤、鸟嘌呤、胞嘧啶、胸腺嘧啶四种。

从结构上看，RNA分子是由一条多核苷酸链组成的（图1–14）。RNA主要存在于细胞质中，在细胞核的核仁里也含有少量。RNA的主要生理功能是与细胞内蛋白质的合成有着极为密切的联系。

DNA是由两条多核苷酸链组成。DNA的空间结构（图1–14）特点是两条多核苷酸链以相反的走向排列，并右旋成双螺旋结构，形状好像一架螺旋状的梯子。每条多核苷酸中的磷酸和脱氧核糖互相连接，构成梯子的骨架；和脱氧核糖连接的碱基则朝向梯子的内侧，两条链上相对应的碱基通过氢键结合成对，形似梯子的踏板，称为碱基对。碱基对具有特异性，只能是A和T，G和C相结合。这样，当一条链上的碱基排列顺序确定了，另一条链上必定有相对应的碱基排列顺序。

DNA主要存在于细胞核中，是染色体的主要成分，是生物的主要遗传物质。

生长旺盛的细胞中RNA含量比衰老细胞中的多，主要存在于细胞质中，除少量呈游离状态外，多数与蛋白质结合成核蛋白体，在蛋白质的形成过程中起重要作用。

1.3.5　任务实施方法与步骤

（1）实验操作

1）质体的观察

①叶绿体的观察　在载玻片上先滴一滴10%～20%糖液，再取菠菜叶、白菜叶或天竺葵叶，先撕去下表皮，再用刀片刮取叶肉少量，放入载玻片糖液中均匀散开，盖好盖玻片。先用低倍镜观察，可见叶肉细胞内有很多绿色的颗粒，这就是叶绿体。再换用高倍镜观察，注意叶绿体的形状。

②有色体的观察　取辣椒果实进行徒手切片或用刀片取辣椒果肉组织装片。在显微镜下观察，可见细胞内含有许多橙红色的颗粒，这就是有色体。

③白色体的观察　取吊竹梅较幼嫩的叶，绕在左手食指上，使叶背向外并用拇指和中指夹住叶片，用刀片削切其表皮，注意不能切到叶肉；用毛笔或小镊子将其从刀片上取下，放在载玻片的水滴中，加上盖玻片；在显微镜的低倍镜下观察，找到细胞核，然后换用高倍镜观察，注意在核的周围有许多白色圆球形的小颗粒，即为白色体。

2）淀粉粒的观察　取马铃薯块茎一小块，用刀片刮取马铃薯块茎组织少许，放入载玻片上的清水中，用小镊子尖将其均匀散开，盖好盖玻片。先用低倍镜观察，可见到有很多卵形发亮的颗粒，这就是淀粉粒。再换用高倍镜观察，可见到淀粉粒呈现轮纹状。淀粉粒上这些轮纹的形成是由于昼夜形成淀粉的量和淀粉含水量的不同而导致的。如按上法将淀粉粒用碘液染色，则淀粉粒都变成蓝色。

（2）小组讨论与成果展示、巩固与提高训练

1）学生反复练习对四个装片的制作，达到制作出的装片无气泡，清晰并能准确地观察出细胞的叶绿体，有色体及淀粉粒。

2）学生也可以按下列步骤操作，观察染色后的试材。

①将胡萝卜或萝卜（夹持物）切成宽、高各为0.5cm，长为1～2cm的长方体，再纵向切个小于半长的切口。把菠菜叶或白菜叶（试材）切成0.5cm宽的窄条，夹在胡萝卜或萝卜长方条的切口内。

②把胡萝卜或萝卜长方条的上端和刀刃先蘸些水，并使材料成直立方向，刀片成水平方向，自外向内把材料上端切去少许，使切口成光滑的断面，并在切口蘸些水；接着用左手的拇指和食指夹住夹持物，中指顶住下端，并在拇指与夹持物之间垫层薄平的橡皮（也可在拇指上套一小段大的乳胶管）作为切垫，把材

料切成极薄的薄片。切时注意用臂力，不要用腕力及指力；刀片切割方向由左前方向右后方拉切；拉切的速度宜快不宜慢，不得中途停顿。切时材料的切面经常蘸水，起润滑作用。

③把切下的切片用毛笔（或小镊子）拨入培养皿的清水中。

④如需染色，可把薄片放入盛有染色液（染色液通常为1%番红或龙胆紫或碘液）的培养皿内，染色约1min；轻轻取出，放入另一盛有清水的培养皿内漂洗，之后，即可装片观察；也可以在载玻片上直接染色，即先将薄片放在载玻片上，滴一滴染色液，约1min，倾去染色液，再滴几滴清水，稍微摇动，再把清水倾去，然后再滴一滴清水，盖上盖玻片，便可镜检。

3）课后反复阅读课文，熟记对提出问题的解答，并将问题解答在作业本上。将天竺葵叶肉细胞中的叶绿体和马铃薯的淀粉粒绘在技能报告上。

任务1.4　植物细胞的繁殖及细胞有丝分裂的观察

1.4.1　知识和技能要求

- 能准确地描述出植物细胞繁殖方式的主要过程及特点。
- 熟练使用显微镜观察、识别植物细胞有丝分裂的各个时期。

1.4.2　情境（情景）设计

（1）问题的提出

1）思考高大的植物体是否由植物细胞机械地堆积起来的?

2）简述植物细胞有丝分裂的主要过程。

3）简述植物细胞减数分裂的主要过程、特点及意义?

4）试分析植物细胞有丝分裂、减数分裂的异同。

（2）实验器材的准备　显微镜、单面刀片、小镊子、载玻片、盖玻片、滴管、吸水纸、蒸馏水、醋酸洋红液（取45%的醋酸溶液100mL，煮沸约30s，移去火焰，慢慢加入洋红1～2g，再煮5min，冷却后过滤并贮存于棕色瓶中备用）、紫药水、20%的醋酸。洋葱根尖纵切片、洋葱幼根（于课前3～4d，将洋葱鳞茎置于盛满清水的广口瓶上，使洋葱底部浸入水中，放温暖处，每天换水。待长出嫩根时，剪取根端0.5cm，立即投入盛有一半浓盐酸和一半95%酒精的混合液中，10min后用镊子将材料取出，放入蒸馏水中）。

1.4.3　支撑知识

植物的生长是通过细胞数目的增多和细胞体积的增大来实现的，而细胞数目的增多是通过细胞的繁殖来实现的。细胞繁殖以分裂方式进行。细胞分裂分有丝分裂、无丝分裂和减数分裂三种方式。

(1)有丝分裂

有丝分裂又称为间接分裂，是植物细胞最常见、最普遍的一种分裂方式。如根、茎尖端分生区的细胞以及根、茎内形成层的细胞，都是以这种方式进行分裂的。有丝分裂的主要变化是细胞核中的遗传物质的复制及平均分配，这些形态学变化是一个比较复杂的连续过程，为叙述方便，我们把有丝分裂的核分裂分成前期、中期、后期和末期（图1–15）。

1）前期　细胞分裂开始时，染色质丝进行螺旋状卷曲，并且逐渐缩短变粗，成为具有一定形状的棒状体，称为染色体。由于染色丝在间期进行了复制（染色质丝的复制通常又称为染色体的复制），所以这时的染色体每条都是双股的，每一股称为染色单体，两个染色单体中间由着丝点相连。着丝点是染色体上一个染色较浅的缢痕，在光学显微镜下可明显看到。接着，核膜、核仁逐渐消失，并开始从细胞的两极出现许多细长的纺锤丝。纺锤丝的两端集中在细胞两极的一点，中间和染色体着丝点相连，整个形成了纺锤形结构，称为纺锤体。这就是前期末出现的纺锤体。

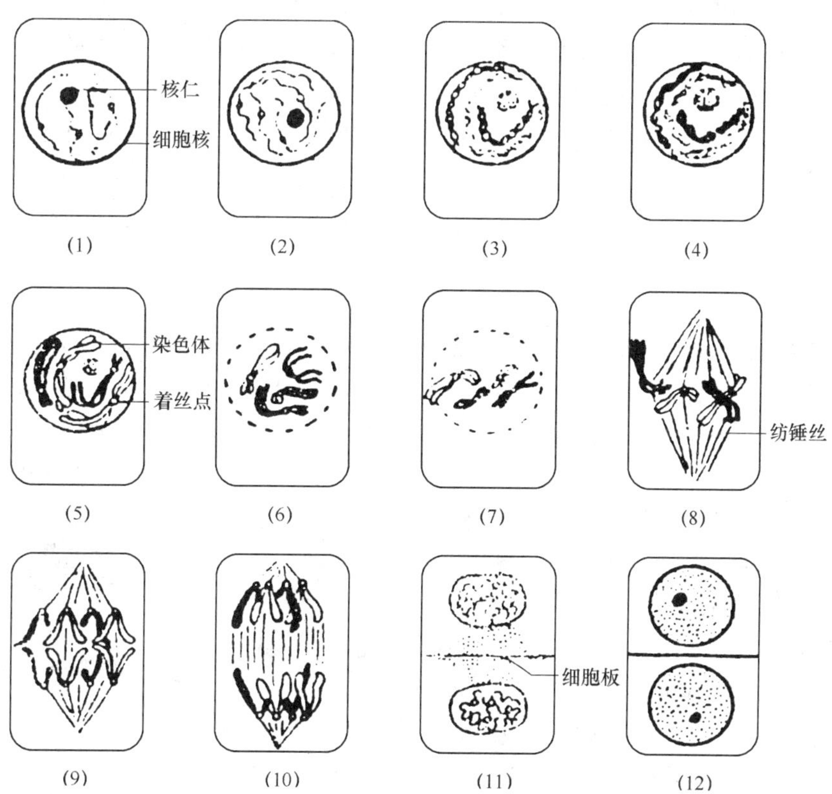

图 1–15　植物细胞有丝分裂模式图

（1）间期　（2）~（7）前期（表示染色体浓缩过程，并逐渐看清每个染色体由两条染色单体组成）

（8）中期　（9）（10）后期　（11）（12）末期

2）中期　细胞内所有的纺锤丝都参与纺锤体的形成，纺锤体在这期更加明显。一些纺锤丝牵引着每条染色体的着丝点，向细胞中央与纺锤体垂直的平面（赤道板）移动，并使所有染色体排列在纺锤体中央的赤道板上，同时，染色体进一步缩短变粗，最后，染色体的着丝点整齐排列到赤道板上，而染色体的其余部分在两侧任意浮动。由于此时染色体已缩短到比较固定的形状，所以此期是观察染色体形态、数目和结构的最佳时期。

3）后期　每条染色体的着丝点一分为二，每对染色单体就成为两个独立的染色体，并在纺锤丝收缩的牵引下，分别从赤道板移向细胞两极。此时，细胞内的染色体平均分成完全相同的两组。这样，在细胞的两极就各有一套与母细胞形态数目相同的染色体。

4）末期　染色体到达两极，又逐渐解螺旋变得细长，成为细丝状盘曲的染色质丝。这时纺锤丝又逐渐消失，核膜与核仁又重新出现。核膜把两极的染色质丝分别包围起来，形成两个新细胞核。子核的出现标志着核分裂的结束。同时，细胞中央赤道板区域纺锤丝逐渐密集，成为成膜体。成膜体互相融合成为细胞板，并不断向四周扩展，最后与原来的细胞壁连接，构成新的细胞壁（两个子细胞的胞间层），并将母细胞的细胞质分隔为二。于是形成了两个子细胞，到此，可再进入下一个细胞周期。

从有丝分裂的过程可见：有丝分裂产生的子细胞，其染色体数目与类型，同母细胞的染色体数目与类型完全一致。由于染色体是遗传物质的载体，所以通过有丝分裂，子细胞就获得了与母细胞相同的遗传物质，从而保证了子代与亲代之间遗传的稳定性。

（2）无丝分裂

无丝分裂又称直接分裂，其过程比较简单，分裂时核膜和核仁不消失。一般是核仁首先伸长，中间发生缢裂后一分为二，并向核的两极移动。随后，细胞核伸长，核的中部变细，缢缩断裂，分成两个子核。子核之间形成新壁，便形成了两个子细胞（图1–16）。无丝分裂在分裂期间虽然不形成染色体，但实验证明在无丝分裂间期（细胞进行分裂的准备时期），染色质也进行复制并伴有细胞核增大过程。

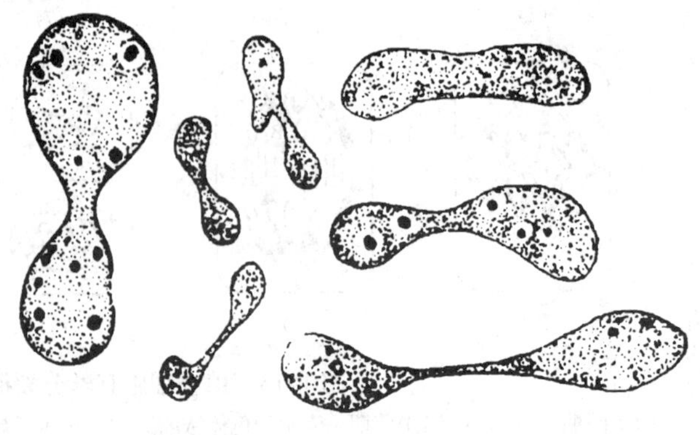

图 1–16　棉花胚乳游离核时期细胞核的无丝分裂

无丝分裂在低等植物中普遍存在，其分裂过程简单，速度快，能量消耗少，分裂过程中细胞仍能执行正常的生理功能。在高等植物中未发育到成熟状态的细胞也较常见。如小麦茎的居间分生组织、甘薯块根的膨大、不定根的形成、马铃薯块茎的生长、胚乳的发育、愈伤组织的形成、分化等均有无丝分裂发生。无丝分裂不出现纺锤丝，遗传物质不均等地分配到两个子细胞中，因此，其遗传性是不太稳定的。

（3）减数分裂

减数分裂又称成熟分裂，它是有丝分裂的一种独特的形式，是植物在有性生殖过程中形成性细胞前所进行的一种特殊的细胞分裂。例如，在被子植物中，雌、雄配子的形成，都要经过减数分裂。减数分裂的过程和有丝分裂相似，它包括两次连续的分裂。但两次分裂时，遗传物质只复制一次，所以产生的子细胞和母细胞相比，染色体的数目减半，减数分裂由此得名。

减数分裂也有间期，称为减数分裂前的间期，其主要变化和有丝分裂的间期相同，也是DNA分子的复制和相关蛋白质的合成。经过间期的复制及相应的准备后，细胞即开始进行两次连续的分裂（图1–17）。

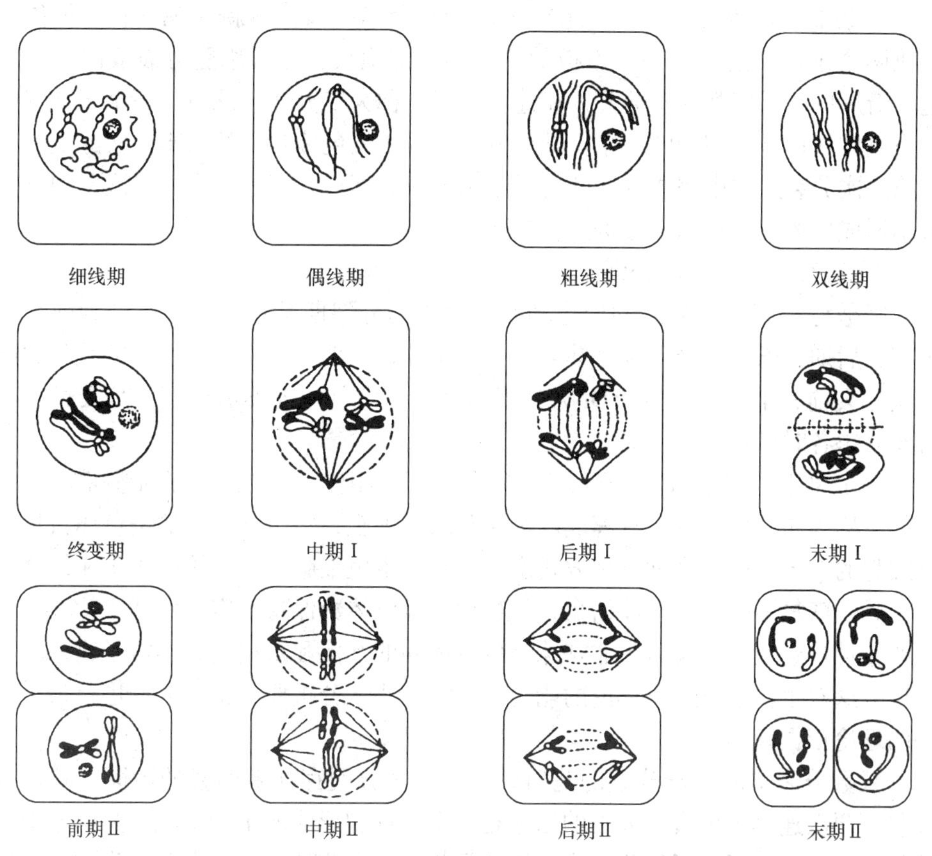

图1–17　减数分裂各期模式图

1）减数分裂第一次分裂（分裂Ⅰ）

前期Ⅰ　这一时期的时间较长，变化复杂。先是细胞核内出现细长的染色体，继而增粗并两两成对地排列。如蚕豆花粉母细胞有12条染色体，这时分别配成6对，每对染色体中的一条来自父本，另一条来自母本，两者的形状、大小相似，称为同源染色体。由于在分裂前的间期，每条染色体中的DNA已经复制加倍，形成了两条染色单体，这两条染色单体仍由着丝点相连，没有完全分开，所以每对同源染色体实际上包含有四条染色单体，这四条染色单体中的两条，可在相同的位置上发生交叉、横断，并发生染色体片段的互换现象，即染色体进行遗传物质的交换。这时核膜、核仁逐渐消失。

中期Ⅰ　在纺锤丝的牵引下，配对的同源染色体的着丝点等距分布于赤道板的两侧，同时由纺锤丝形成了很明显的纺锤体。

后期Ⅰ　纺锤丝牵引着染色体的着丝点，使成对的同源染色体各自发生分离，分别向两极移动。此时，每一极染色体的数目只有原来的一半。

末期Ⅰ　到达两极的每一组染色体，又聚集起来，重新出现核膜、核仁，形成两个子核，同时，在赤道板的位置形成细胞板，将母细胞分裂成两个子细胞。新形成的子细胞并不分开，相连在一起，称为二分体。此时，每个子细胞中的染色体数目是母细胞的一半。减数分裂过程中染色体数目的减半，实际上就是在第一次分裂过程中完成的。新的子细胞形成后即进入减数分裂第二次分裂，也有不形成新的细胞板而直接进入第二次分裂的。

2）减数分裂第二次分裂（分裂Ⅱ）

减数分裂第二次分裂的变化和有丝分裂的分裂期基本相同，又分为前期、中期、后期、末期，分别称为前期Ⅱ、中期Ⅱ、后期Ⅱ、末期Ⅱ。在减数分裂第二次分裂前，细胞不再进行DNA分子的复制，染色体也不加倍，其分裂过程与有丝分裂各时期相似。

一个母细胞经过减数分裂，形成了四个子细胞。起初四个子细胞是连在一起的，称为四分体，以后分离成四个单独的子细胞，每个子细胞的染色体数目为母细胞的一半。通过这种分裂方式产生的有性生殖细胞（雌、雄配子）相结合成合子后，恢复了原有染色体倍数，使物种的染色体数保持稳定，保证了物种遗传上的相对稳定性。同时由于非姊妹染色单体间的互换和重组，又丰富了物种的变异性，这对生物增强适应环境的能力，延续种族十分重要，也是人们进行杂交育种的理论依据。

减数分裂虽属有丝分裂的范畴，但与有丝分裂存在着明显的不同。减数分裂包括两次连续的分裂，分裂的结果是一个母细胞形成四个子细胞。又由于染色体仅复制一次，所以子细胞的染色体数目只有母细胞的一半。有丝分裂增加了体细胞的数目，减数分裂则是植物在有性繁殖过程中生殖细胞形成时才进行。在减数分裂过程中，出现了有丝分裂所没有的同源染色体联合，继而发生染色单体的交叉、断裂、互换现象。所有这些，都是减数分裂所独具的特点。

减数分裂在植物的进化中具有非常重要的意义。由于减数分裂中染色体减少了一半，经过雌雄性细胞的结合，染色体又恢复了原来的数目，并未导致染色体数目的增减，从而保持了物种的遗传性和稳定性。同时，又由于发生了染色体片段的互换，交换了遗传物质，就增加了植物的变异性，促进了物种的进化。

1.4.4　拓展知识

（1）细胞周期

连续分裂的细胞，完成一次分裂后，所产生的新细胞经过生长又进入下一次分裂，这个过程可以不断反复进行，成为一种周期性的现象。因此，从结束上一次细胞分裂时开始，到下一次细胞分裂完成时为止，其间所经历的全部过程，称为细胞周期。它包括分裂间期和分裂期。

1）分裂间期　分裂间期是从上一次分裂结束到下一次分裂开始的一段时间，它是细胞分裂前的准备时期，主要变化是完成遗传物质（DNA）的复制、（RNA）的合成和有关蛋白质的合成。间后期细胞核明显增大，出现细丝状的染色质丝，因DNA已经复制，此时的每条染色质丝实际上由两条缠绕在一起的细丝组成。在整个间期这段时间里，细胞表面上看不出明显的变化，似乎是静止的。而实际上，细胞内还得经过DNA合成前期、DNA合成期和DNA合成后期。这三个时期物质、能量的积累供分裂时需要。

①DNA合成前期（G_1期）　G_1期指从上一次分裂结束到下一次分裂DNA合成前的时期。该期物质代谢活跃，主要是进行RNA、蛋白质和磷酸等的合成，但DNA的复制尚未开始。进入G_1期的细胞可选择三条途径之一发展变化：一是进入DNA合成期，产生两个子细胞，如分生组织细胞；二是暂时停留在G_1期，条件适宜时再进入DNA合成期，如薄壁组织细胞；三是终生处于G_1期，不再进行分裂，而沿着生长、分化、成熟、衰老、死亡的途径进行，如多数成熟组织的细胞。

②DNA合成期（S期）　S期指细胞核内DNA复制开始到合成结束的时期。该期主要完成DNA的复制和组成染色体的蛋白质的合成，并装配成一定结构的染色质。

③DNA合成后期（G_2期）　G_2期指从S期结束到分裂期开始前的时期。此期RNA和蛋白质的合成继续进行，同时合成微管蛋白，并且储备能量。此期每条染色体已进一步被装配成由两条完全相同的染色单体组成，但这两条完全相同的染色单体并不完全分开，中间仍有一个连接点，这点称为着丝点。

2）分裂期（M期）　M期细胞经过分裂间期后即进入分裂期，将已经复制的DNA平均分配到两个子细胞中，每个子细胞可得到与母细胞相同的一组遗传物质。分裂期包括核分裂和胞质分裂两个过程。

（2）减数分裂的意义

减数分裂在植物的进化中具有非常重要的意义。由于减数分裂中染色体数目减少了一半，经过雌、雄性细胞的结合，染色体又恢复了原来的数目，并未导致染色体数目的增减，从而保持了物种的遗传性和稳定性。同时，又由于发生了染色体片段的互换，交换了遗传物质，就增加了植物的变异性，促进了物种的进化。

1.4.5 任务实施方法与步骤

（1）实验操作

1）利用洋葱根尖纵切片观察细胞有丝分裂各期的主要特征

取洋葱根尖纵切片，先用低倍镜观察，找出靠近尖端的分生区（生长点），可见许多排列整齐的细胞，这就是分生组织。换用高倍镜观察，可见有些细胞正处在分裂过程中的不同分裂时期，分别认出各处在哪一时期（前期、中期、后期或末期）。

2）利用制作的洋葱幼根压片观察细胞有丝分裂各期的主要特征

①染色与压片 取洋葱的嫩根，切取根顶端（生长点部分）1～2mm，置于载玻片上，加一滴醋酸洋红染色5～10min，染色后盖上盖玻片，以一小块吸水纸放在盖玻片上。左手按住载玻片，用右手拇指在吸水纸上对准根尖部分轻轻挤压（在用力过程中不要移动盖玻片），将根压成均匀的薄层。用力要适当，不能将根尖压烂。

②镜检 将制成的压片置于显微镜下，并按步骤“1）”操作，即可观察到正处在有丝分裂不同时期的细胞。

（2）小组讨论与成果展示、巩固训练

学生在课间练习制作装片，并注意手指的压力，以达到制作出的装片试材无损、无气泡、清晰。

课后反复阅读课文，熟记对提出问题的解答，并将问题解答在作业本上。将植物细胞有丝分裂各期的主要特征绘在技能报告上。

任务1.5 植物的组织及组织特征的观察

1.5.1 知识和技能要求

- 能正确叙述植物组织的概念、类型和在植物体内的分布及主要功能。
- 会熟练地使用显微镜观察、认识植物各种组织。

1.5.2 情境（情景）设计

（1）问题的提出

1）什么叫组织？植物体有哪些主要的组织？

2）讲述洋葱根尖细胞的特点。

3）说明天竺葵叶下表皮和小麦叶上表皮细胞分布特点。

4）说明芹菜茎和玉米茎横切薄壁细胞特点。

5）说明芹菜茎横切结构中厚角组织特点。

6）说明南瓜茎纵切结构细胞分布特点。

7）说明柑橘果皮结构细胞分布特点。

8）说明维管束的概念及类型。

（2）实验器材的准备　显微镜、载玻片、盖玻片、小镊子、刀片、毛笔、培养皿、滴瓶、滴管、吸水纸、蒸馏水、1%番红液、1mol/L 盐酸（相对密度为 1.19 盐酸取 82.5mL 或相对密度为 1.16 盐酸则取 98.3mL，加蒸馏水至 1 000mL）、5%间苯三酚（用 95%酒精配制）、碘液。

蚕豆（或芹菜）茎和叶、玉米（或小麦）幼茎和叶、油菜（或蚕豆）幼根、柑橘、洋葱根尖纵切片、天竺葵茎叶、南瓜茎纵切片。

1.5.3　支撑知识

（1）植物的组织

植物的个体发育是细胞不断分裂、生长和分化的结果。一般植物细胞分裂后产生的子细胞，其体积和重量在不可逆地增加，称其为细胞的生长；当细胞生长到一定程度时，其形态和功能就逐渐出现了差异，称为细胞的分化。细胞分化的结果，会导致植物体中形成多种类型的细胞群。

人们常把在植物的个体发育中，具有相同来源的（即由同一个或同一群分生细胞生长、分化而来的）同一类型或不同类型的细胞群组成的结构和功能单位，称为组织。由同一类型的细胞群构成的组织称为简单组织，由多种类型的，但执行同一个生理功能的细胞群构成的组织称为复合组织。

植物的器官都含有一定种类的组织，其中每一种组织都有一定的分布规律，并执行一定的生理功能。同时，各组织之间又相互协调，共同完成其生命活动。

（2）植物组织的类型

种子植物的组织结构是植物界中最为复杂的，依其生理功能和形态结构的专化特点，植物组织分为分生组织和成熟组织两大类型。

1）分生组织

①分生组织的概念　分生组织是指种子植物中具有持续性或周期性分裂能力的细胞群。它存在于植物体的特定部位，这些部位的细胞在植物体的一生中持续地保持着强烈的分裂能力。一方面不断增加新细胞到植物体中，另一方面自己继续存在下去。这种由能持续分裂的细胞组成的细胞群称为分生组织。分生组织的特点是：细胞体积小而等径，排列紧密，细胞壁薄，细胞质浓，细胞核大，无大液泡或无液泡，细胞分化不完全，具有较强的分裂能力。植物的其它组织都是

由分生组织产生的。

②分生组织的类型

依据分生组织在植物体内分布的位置，可将其分为顶端分生组织、侧生分生组织和居间分生组织三种类型（图1–18）。

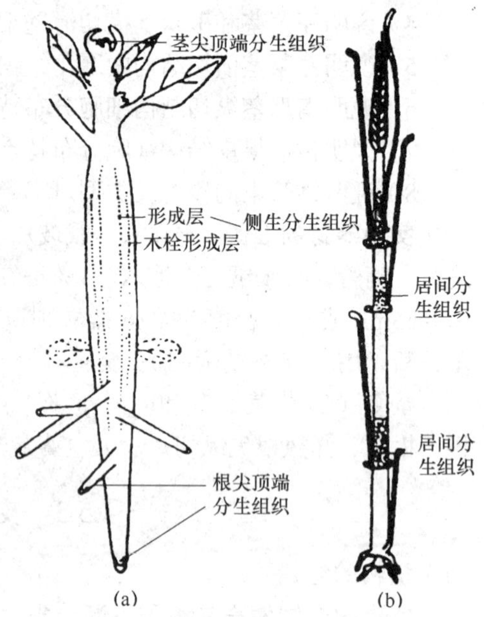

图 1–18 分生组织在植物体内的分布示意图

（a）顶端分生组织和侧生分生组织的分布

（b）居间分生组织的分布

a. 顶端分生组织 顶端分生组织（结合洋葱根尖讲解）位于根、茎和侧枝的顶端，如根尖、茎尖，其分裂活动使根和侧根、茎和侧枝不断伸长，并在茎上形成叶，茎的顶端分生组织还将产生生殖器官。

b. 侧生分生组织 侧生分生组织主要存在于裸子植物及木本双子叶植物中，它位于根和茎外周的侧面，靠近器官的边缘部分。侧生分生组织包括形成层和木栓形成层。形成层的活动使根和茎不断加粗，以适应植物营养面积的扩大；木栓形成层的活动可使增粗的根、茎表面或受伤器官的表面形成新的保护组织。单子叶植物中一般没有侧生分生组织，因此不会进行加粗生长。

c. 居间分生组织 居间分生组织分布在成熟组织之间，是顶端分生组织在某些器官的局部区域保留下来的、在一定时间内仍保持有分裂能力的分生组织，如小麦、水稻等禾谷类作物，依靠茎节间基部的居间分生组织活动，使节间伸长，进行抽穗和拔节；韭菜叶在割后仍能依靠叶基部的居间分生组织活动长出新叶；花生雌蕊柄基部居间分生组织的活动，能把开花后的子房推入土中。居间分生组织的细胞分裂持续时间较短，分裂一段时间后即转变为成熟组织。

2）成熟组织（永久组织） 分生组织分裂所产生的大部分细胞经过生长和分化，逐渐丧失了分裂能力，转变为具有特定形态结构和生理功能的成熟组织。多数成熟组织在一般情况下不再进行分裂，有些完全丧失了分裂的潜能，而有些分化程度较浅的组织在一定条件下可恢复分裂。因此，由分生组织分裂、生长和分化逐渐转变而成的，由不再进行分裂（或完全丧失了分裂潜能）的细胞群组成的组织，就是成熟组织。成熟组织依形态、结构和功能的不同，可分为保护组织、基本组织、机械组织、输导组织和分泌组织。

①保护组织 保护组织是对植物起保护作用的组织，覆盖在植物体表面上，由一层或数层细胞构成。保护组织具有防止植物体水分过度蒸腾、机械损伤

和病虫侵害等作用。保护组织包括表皮和周皮。

a. 表皮　又称表皮层。表皮（结合天竺葵叶下表皮和小麦叶上表皮讲解）一般只有一层细胞，通常含有多种不同特征和功能的细胞，其中以表皮细胞为主体，其它细胞分散于表皮细胞之间。植物的叶、花、果实及幼嫩的根、茎最外面一层细胞都是表皮。表皮细胞形状扁平，排列紧密，无细胞间隙。表皮细胞是生活细胞、含有较大的液泡，一般不具叶绿体，无色透明。表皮细胞的细胞壁外侧常角质化、蜡质化（图1–19），有些植物的表皮上还具有表皮毛或腺毛，这些结构都增强了表皮的保护作用。

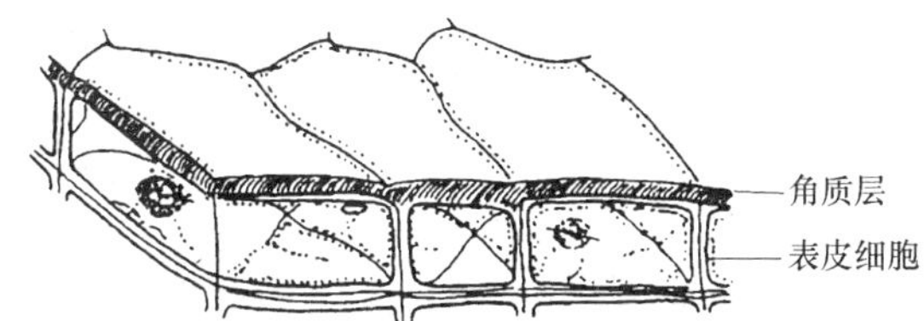

图 1–19　表皮细胞及角质层

b. 周皮　周皮是由多种简单组织（木栓层、木栓形成层和栓内层）组合而成的具有较强保护功能的复合组织。木栓层是由木栓形成层向外分裂的几层细胞分化而成，木栓形成层向内分裂还分化成栓内层。木栓层是取代表皮的次生保护组织，由几层细胞壁已木栓化的死细胞所组成。此层具有高度的不透水性，并有抗压、绝缘、耐腐蚀等特性。具有加粗生长的老根、老茎外面就是由木栓层包围着，它具有比表皮更强的保护作用。

②基本组织（薄壁组织）　基本组织在植物体内各种器官中都具有，是构成植物体各种器官的基本成分，是植物体进行各种代谢活动的主要组织（图1–20），它分布最广、数量最多。基本组织的细胞排列疏松，有较大的细胞间隙，细胞壁较薄，液泡较大；细胞分化程度低，有潜在的分裂能力，在一定条件下既可特种变化为具有一定功能的其它组织，也可恢复分裂能力而成为分生组织，这对扦插、嫁接、离体植物组织培养及愈伤组织形成具有重要作用。

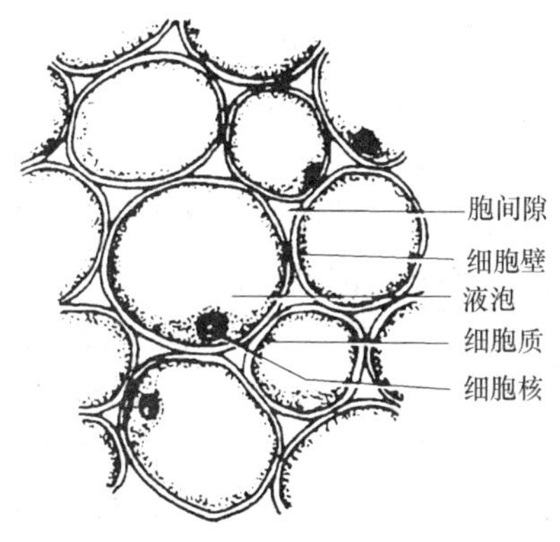

图 1–20　茎的薄壁组织

③机械组织　机械组织是对植物起支持、加固作用的组织。它有很强的抗压、抗张曲能力。植物能够枝叶挺立，有一定的硬度，可经受狂风暴雨的侵袭，都与机械组织有关。机械组织的特征是细胞壁厚。根据增厚的不同，可分为厚角组织和厚壁组织。

a. 厚角组织　厚角组织（结合芹菜茎横切结构讲解）为正在生长的茎、叶的支持组织，其细胞多为长棱柱形，含叶绿体，为生活细胞，细胞壁（属初生壁）不均匀的加厚，通常在细胞相邻的角隔处增厚特别明显，不含木质素（图

1–21）。因此，厚角组织既有一定的坚韧性，又有一定的可塑性和伸展性。它常分布于正在生长或经常摇动的器官中，如幼茎、叶柄、叶片、花柄、果柄等部位的外围或表皮下。例如，薄荷、南瓜、芹菜等具棱的茎和叶柄中特别发达。

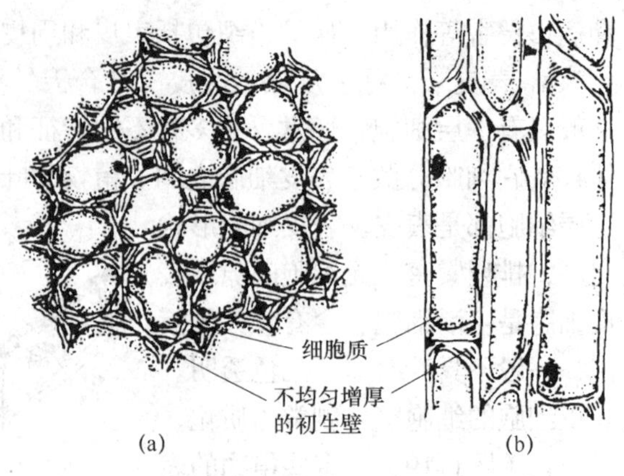

图 1–21　薄荷茎的厚角组织
（a）横切面　（b）纵切面

b．厚壁组织　厚壁组织和厚角组织不同，厚壁组织的细胞具有均匀增厚的次生壁，常木质化。细胞成熟时，壁内仅剩下一个狭小的空腔，成为没有原生质体的死细胞。

④输导组织　输导组织（结合南瓜茎纵切结构讲解）是植物体中担负物质长途运输的主要组织，其细胞呈管状并上下连接，形成一个连续的运输通道。输导组织常和机械组织在一起组成束状，上下贯穿在植物体各个器官内。

⑤分泌组织　植物体表或体内能产生、积累、输导分泌物质的单细胞或细胞群，称为分泌组织。有的分泌组织分布于植物体的外表面并将分泌物排出体外，称为外分泌组织。如具有分泌功能的表皮上的毛状附属物（腺毛），能分泌糖液的蜜腺，能将植物体内过剩的水分排出到体表的排水器等。有的分泌组织及其分泌物均存在于植物体内部，称为内分泌组织。如贮藏分泌物的分泌腔、分泌道，能分泌乳汁的乳汁管等。

（3）维管束的概念及类型

1）维管组织　高等植物器官中，有一种以输导组织为主体，与机械组织和薄壁组织共同构成的复合组织，称为维管组织。如运输水分和无机盐的木质部，是由导管、管胞、木纤维和木质薄壁细胞构成的；运输有机物的韧皮部是由筛管、伴胞、韧皮纤维和韧皮薄壁细胞构成的。我们说的维管组织就是指木质部、韧皮部。

2）维管束　在蕨类植物和种子植物中，由木质部、韧皮部和形成层（有或无）共同组成的束状结构，称为维管束。凡植物体分化有维管束的植物称维管植物，如蕨类植物和种子植物。维管束贯穿于维管植物的各部分，如切开白菜、芹菜、向日葵、甘蔗的茎，看到里面丝状的“筋”，就是许多个维管束。

3）维管束的类型　根据维管束中形成层的有无，可将其分为有限维管束和无限维管束。

①有限维管束　维管束中无形成层，不能产生新的木质部和韧皮部，因而植物的器官增粗能力有限，这种维管束称为有限维管束，如大多数单子叶植物的

维管束属于这种类型。

②无限维管束　维管束中有形成层，能持续产生新的木质部和韧皮部，因而植物的器官能不断增粗，这种维管束称为无限维管束，如裸子植物和大多数双子叶植物茎中的维管束属于无限维管束。

4）维管系统　一个植物体，或植物体的一个器官中，一种或几种组织在结构和功能上组成的一个单位，称为组织系统。植物体内的组织系统可分为维管组织系统、皮组织系统和基本组织系统三种类型。

一个植物体或一个器官内所有的维管组织称为维管组织系统（维管系统），它包括木质部和韧皮部。维管系统连续贯穿于整个植物体，主要起运输和支持作用；皮组织系统包括表皮和周皮，它们覆盖于整个植物体的外表面，主要起保护作用；基本组织系统主要包括各类薄壁组织、厚角组织、厚壁组织，是植物体的基本成分，它包埋着维管系统。

总之，植物的各种器官都是由许多组织组成的，在整个生命活动过程中，各组织既有严格的分工，又有密切的联系，构成了一个完整的植物体（图1–22）。

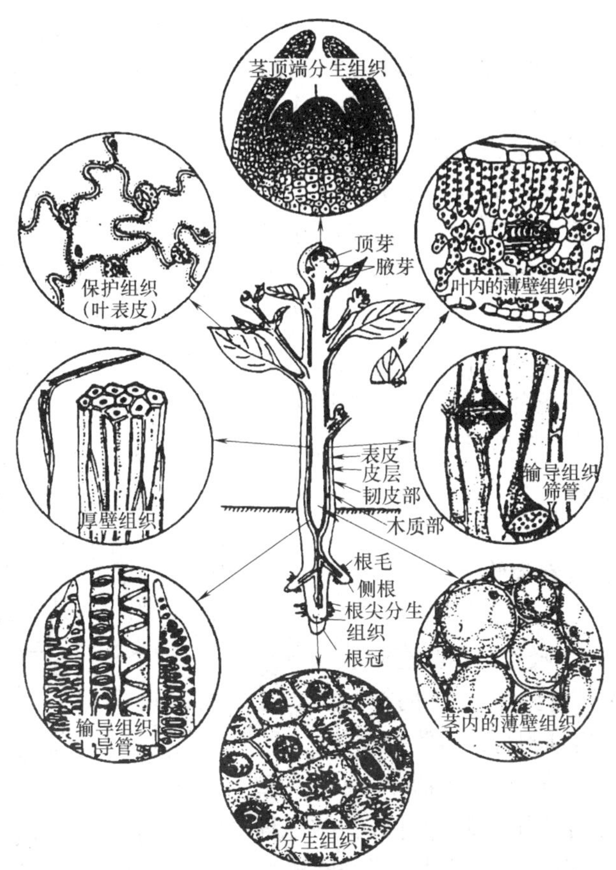

图 1–22　高等植物各种组织在体内的分布

1.5.4 拓展知识

(1)分生组织的划分

依组织来源和性质分类，可划分为原分生组织、初生分生组织和次生分生组织三种类型。

1)原分生组织　原分生组织是直接由胚细胞保留下来的，一般具有持久而强烈的分裂能力，位于根尖、茎尖部位，是形成其它组织的来源。

2)初生分生组织　初生分生组织由原分生组织衍生的细胞组成，这些细胞在形态上已经出现了最初的分化，但细胞仍具有很强的分裂能力，是一种边分裂、边分化的组织，是发育形成初生成熟组织的主要分生组织。根尖、茎尖中分生区的稍后部位的原表皮、原形成层和基本分生组织都属于初生分生组织。

3)次生分生组织　次生分生组织是成熟组织细胞(如薄壁细胞、表皮细胞等)经过生理和形态上的变化，脱离原来的成熟状态(即脱分化)，重新恢复分裂能力转变成的分生组织。

(2)表皮的说明

根的表皮细胞的外壁常向外延伸，形成许多管状的突起，称为根毛。根毛的主要作用是吸收水和无机盐，因此，根的表皮属于吸收组织。在植物体的地上部分(主要是叶)，其表皮上具有气孔器，气孔器是由两个被称为保卫细胞的特殊细胞组成的，禾本科植物的保卫细胞两侧还有一对副卫细胞。在表皮细胞中(图1–23)，只有保卫细胞含有叶绿体，能进行光合作用。保卫细胞通常因为吸水或失水，引起气孔的开放或关闭，从而调节水分蒸腾和气体交换。

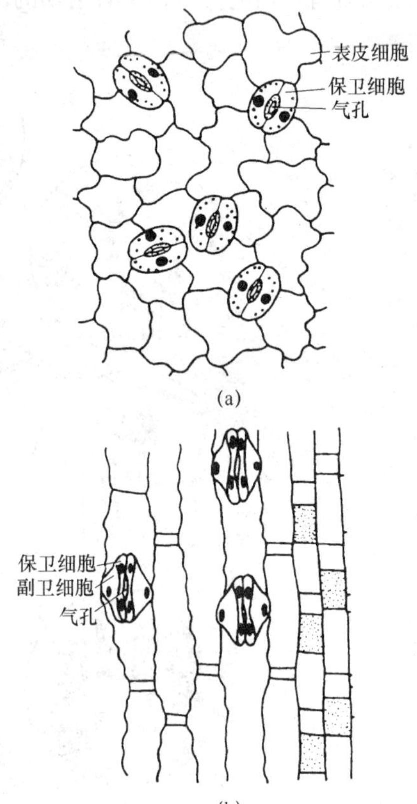

图 1–23　表皮细胞和气孔器
(a)双子叶植物叶表皮
(b)禾本科植物叶表皮

(3)基本组织的说明

基本组织担负着吸收、同化、贮藏、通气和传递等功能。

1)吸收组织　吸收组织具有吸收水分和营养物质的生理功能。如根尖的根毛区，通过根毛和根的表皮细胞行使吸收的功能。

2)同化组织　同化组织细胞中含有大量叶绿体，行使光合作用，制造有机物的生理机能。叶肉为典型的同化组织。茎的幼嫩部分和幼果也有这种组织。

3）贮藏组织　贮藏组织具有贮藏营养物质的功能。这种组织主要存在于果实、种子、块根、块茎中，以及根茎的皮层和髓。贮藏的物质主要有淀粉、蛋白质及油类等。如甘薯的块根、马铃薯的块茎（图1–24）、种子的胚乳和子叶等处的薄壁组织，贮藏有大量的营养物质，如淀粉、脂类、蛋白质等；旱生肉质植物，如仙人掌的茎、景天和芦荟的叶中，其薄壁组织里含有大量的水分，特称贮水组织。

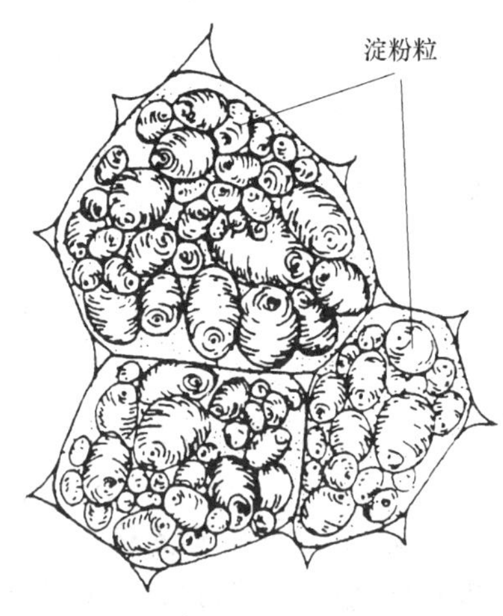

图 1–24　马铃薯块茎的贮藏组织

4）通气组织　通气组织是具有大量细胞间隙的薄壁组织，其功能为贮存和通导气体。例如，水生或湿生植物的水稻、莲等的根和茎，以及叶中的薄壁组织，细胞间隙特别发达，形成较大的气腔，在体内形成一个相互贯通或连贯的通气系统。

5）传递细胞　传递细胞是一类特化的薄壁细胞，细胞壁一般为初生壁，胞间连丝发达，细胞核形状多样。这种细胞最显著的特征是细胞壁向内突入细胞腔内，形成许多指状、鹿角状或不规则的多褶突起。这样增大了细胞质膜的表面积，有利于细胞与周围进行物质交换和物质的快速传递。传递细胞在植物体内主要行使物质短途运输的生理功能，它普遍存在于叶片叶脉末梢、茎节、导管或筛管周围等。

（4）厚壁组织的说明

厚壁组织包括石细胞和纤维两种类型：

1）石细胞　石细胞是细胞形状不规则，细胞壁木质化程度高，腔极小，常单个或成簇包埋在薄壁组织中的厚壁组织。它广泛分布于植物的茎、叶、果实和种子中，以增加器官的硬度和支持作用。如梨果肉中坚硬的颗粒就是成团的石细胞。水稻的谷壳等部分主要是由石细胞构成。核桃、桃果实中坚硬的核，也是由多层连续的石细胞组成的内果皮。

2）纤维　纤维是细胞呈两端尖细的细长形，细胞壁木质化程度不一致，并且常相互重叠、成束排列的厚壁组织。木质纤维的木质化程度很高，支持力很强；韧皮纤维的木质化程度较低，韧性强，是纺织的原料（图1–25）。纤维广泛分布于成熟植物

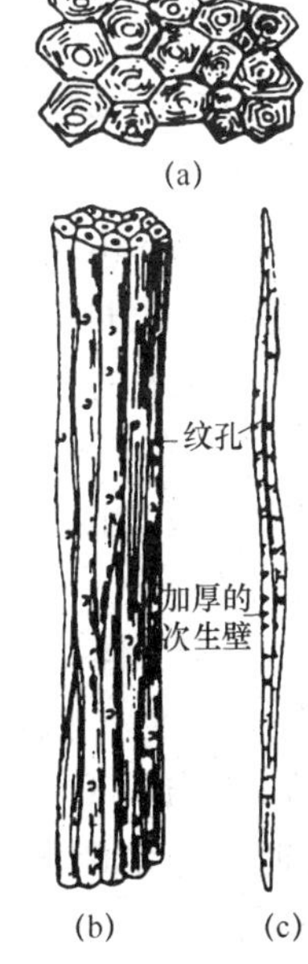

图 1–25　厚壁组织
（a）纤维素的横切面
（b）纤维素　（c）纤维细胞

体的各部分，其成束的排列方式增强了植物体的硬度、弹性及抗压能力，是成熟植物体主要的支持组织。

（5）输导组织的说明

输导组织包括运输水分和无机盐的导管、管胞，以及运输有机物的筛管、筛胞。

1）导管和管胞　导管和管胞的主要功能是输导水和无机盐。

①导管　导管是被子植物主要的输水组织，由许多长管状的细胞上下连接而成的，每个细胞称为导管分子。导管分子在发育过程中，随着细胞壁的增厚和木质化，端壁溶解形成穿孔，最后原生质解体，细胞死亡，上下导管分子之间以穿孔相连，形成一个中空的导管管道。植物体内的多个导管以一定的方式连接起来，就可以将水分和无机盐等从根部运输到植物体的顶端。当中空的导管被周围细胞产生的物质填充后，就逐渐失去了运输能力而被新导管所取代。

导管分子的次生壁增厚不均匀，因导管分子的侧壁增厚的方式不同，导管可分为环纹导管、螺纹导管、梯纹导管、网纹导管和孔纹导管五种类型（图1–26）。

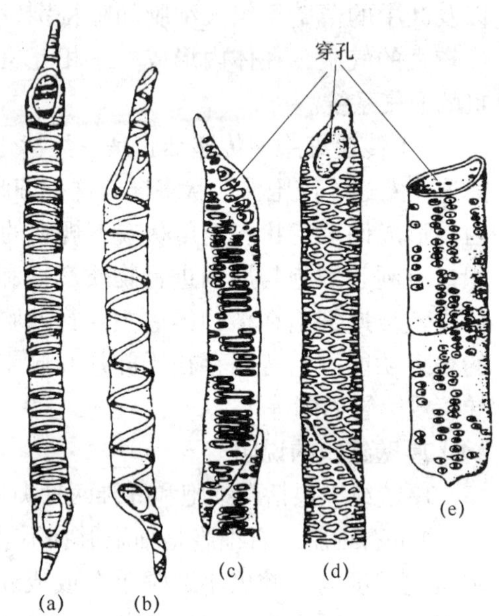

图 1–26　导管的类型

（a）环纹导管　（b）螺纹导管　（c）梯纹导管　（d）网纹导管　（e）孔纹导管

②管胞　管胞是绝大多数蕨类植物和裸子植物的输水组织，同时兼有支持作用。管胞是两端呈楔形，壁厚腔小，端部不具穿孔的长棱柱形死细胞。管胞与管胞间以楔形的端部紧贴在一起而上下相连，水溶液主要通过相邻细胞侧壁的纹孔对而传输。和导管相比，管胞的运输能力较差。管胞侧壁的增厚方式及类型同导管分子。

2）筛管、伴胞和筛胞　筛管、伴胞和筛胞是输送有机物质的输导组织。

①筛管、伴胞　输导有机物的筛管和导管相似，也是由许多长管形的细胞纵连而成，每个筛管细胞称为一个筛管分子。成熟的筛管分子仍然是薄壁的生活细胞，但细胞核已经消失，许多细胞器（如线粒体、内质网等）退化，液泡被重新吸收，原生质体中出现特殊的含蛋白质的黏液，成为一种特殊的无核生活细胞。上下相连的两个筛管分子其横壁穿孔状溶解形成许多小孔，称为筛孔。具有筛孔的横壁称为筛板。筛管分子通过筛孔由原生质联络索相连，成为有机物运输的路途（图1–27）。多数被子植物中，筛管分子旁边有一个或几个狭长细尖的

薄壁细胞，称为伴胞。它与筛管分子是由一个细胞分裂而来的。伴胞细胞结构完整，有明显的细胞核，细胞质浓，有多种细胞器和小液泡，还具有筛板，这有利于筛管分子间有机物的运输。伴胞与筛管相邻的侧壁之间有胞间连丝相贯通，协助筛管分子完成有机物的运输。随着筛管分子的老化，一些黏性物质（碳水化合物）沉积在筛板上，堵塞筛孔，其运输能力也逐渐丧失。

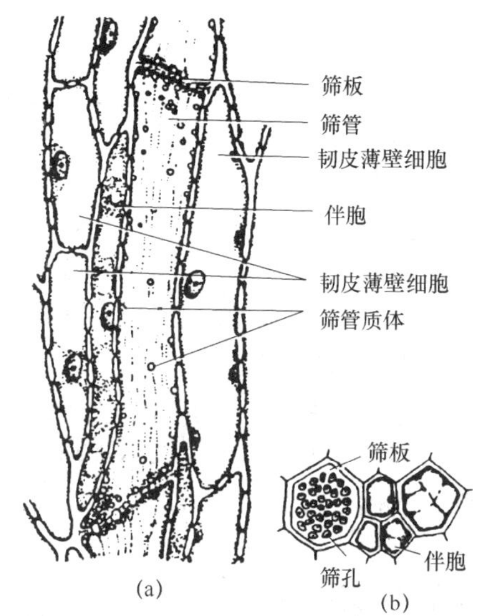

图 1–27　筛管与伴胞
（a）纵切面　（b）横切面

②筛胞　筛胞是一种比较细长、末端尖斜的单个活细胞。和筛管相比，筛胞无筛板的分化，仅在端壁及侧壁形成小孔，孔间有较细的原生质丝通过，其输导能力不如筛管分子。从系统发育的角度来看，导管和筛管是较进化的输导组织，它们只存在于被子植物中，是被子植物的主要输导组织，蕨类植物和裸子植物中一般没有导管和筛管，只有管胞和筛胞。

（6）维管束的说明

根据初生木质部和初生韧皮部排列方式的不同，可分以下几种类型（图1–28）。

1）外韧维管束　韧皮部在外、木质部在内，呈内外并生排列。一般种子植物茎中具有这种维管束。

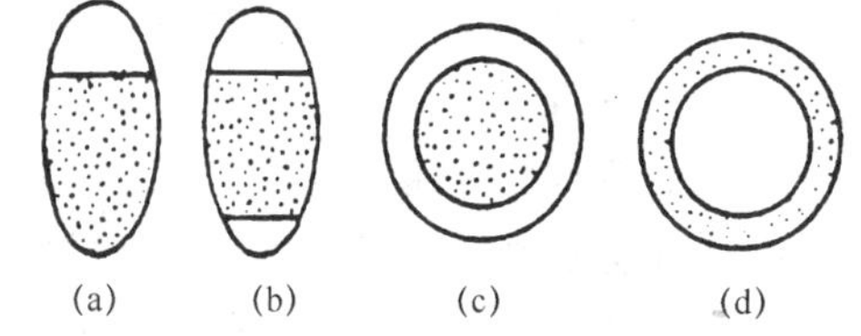

图 1–28　维管束类型
（a）外韧维管束　（b）双韧维管束　（c）周韧维管束
（d）周木维管束（黑点部分为木质部）

2）双韧维管束　韧皮部在木质部的两侧，中间夹着木质部。如瓜类、茄类、马铃薯、甘薯等茎中的维管束。

3）同心维管束　韧皮部环绕着木质部，或木质部环绕着韧皮部，呈同心圆排列，它包括周韧维管束和周木维管束。

①周韧维管束　中央为木质部，韧皮部环绕在木质部外侧，包围着木质部。这种类型在蕨类植物中比较常见。

②周木维管束　中央为韧皮部，木质部环绕在韧皮部外侧，包围着韧皮部。如单子叶植物中的莎草、铃兰地下茎的维管束，双子叶植物中的蓼科、胡椒科部分植物的维管束。

在植物根的初生结构中，木质部有明显的若干辐射角，韧皮部位于木质部的辐射角之间，二者交互排列、不相连接，未形成束状的维管束，也有人将这种相间排列的方式，称为辐射维管束。

1.5.5 任务实施方法与步骤

（1）实验操作

1）观察分生组织　取洋葱根尖纵切片，在低倍镜下观察，可见根尖尖端根冠后面较暗的部分就是顶端分生组织。其细胞形状近乎等径，细胞壁薄，核大，细胞质浓稠，液泡很小，细胞排列紧密，具有分裂能力。

2）观察成熟组织

①保护组织　撕取蚕豆（或天竺葵）叶下表皮，制成装片，在显微镜下观察，可见下表皮是由形状不规则、凸凹嵌合、排列紧密的细胞所组成。在表皮细胞之间还分布着一些由两个半月形保卫细胞组成的气孔器。

撕取小麦叶上表皮制片观察，可见表皮结构是由许多长形细胞组成。转换高倍镜观察，可见气孔器是由两个哑铃形保卫细胞组成，在保卫细胞两旁还有一对菱形的副卫细胞。在有些植物的表皮上还可看到表皮毛和腺毛。

②基本组织　用芹菜茎或用玉米茎横切制片观察，可见到茎中部有大量薄壁细胞，细胞内具有一薄层紧贴着淡黄色的原生质体和液泡，细胞间隙较大，这就是基本组织。

③机械组织　取蚕豆（或芹菜）茎做徒手横切制片观察，可见表皮细胞下方的一些细胞其角隅处细胞壁加厚。若用1%番红液染色，则加厚部分染成淡暗红色。此为厚角组织。

取蚕豆茎做徒手横切制片，将切片材料置于载玻片上，加1滴盐酸，2～3min后，吸去多余盐酸，再加1滴间苯三酚染色，几秒后盖上盖玻片，用显微镜观察，可见每个维管束的外方都有一束细胞壁加厚的组织着色。此即厚壁组织。

④输导组织　取油菜幼根一小段，置于载玻片上，用镊子柄部将其压扁，压散后加1滴盐酸，2～3min，吸去多余盐酸，再加1滴间苯三酚染色，几秒后盖上盖玻片，在显微镜下观察，可见多条着红色的各种导管旁边夹杂着一些薄壁细胞。调节显微镜细调焦螺旋，可清楚看到导管次生壁不均匀加厚的各种花纹。

用显微镜观察南瓜茎纵切永久切片，在导管的两侧即为韧皮部。韧皮部一般着蓝色，有许多纵向连接的管状细胞为筛管。两个筛管连接处的横隔称为筛板。筛管旁是伴胞，伴胞常与筛管相近，但直径较小。

⑤分泌组织　取柑橘果皮做徒手切片，装片后用显微镜观察，可见许多薄壁细胞围拢成圆形的腔状结构，其中有挥发油存在，这是分泌组织中的一种：分泌腔。

（2）小组讨论与成果展示、巩固训练

学生在课间对照课文内容，练习实验操作，达到制作出的装片无气泡、清晰，并能准确地观察出植物的各种组织。

课后反复阅读课文，熟记对提出问题的解答，并将问题解答在作业本上。将各组织特点图绘在技能报告上。

任务1.6　根尖、根的结构和根瘤、菌根及根结构的观察

1.6.1　知识和技能要求

- 能正确讲述根尖分区，单、双子叶植物根的结构，根瘤、菌根的作用。
- 会熟练地使用显微镜观察、识别根尖结构，植物根的初生结构和次生结构。

1.6.2　情境（情景）设计

（1）问题的提出

1）你让同学们知道根尖分几个区并向同学们简述小麦根尖各区的特点与机能。

2）禾本科植物根不能增粗，而双子叶植物根就能增粗。你告诉同学们这是为什么。

3）你向同学们说明根具有吸收机能的基础。

4）在指导农业生产中，如何促进侧根大量发生？

（2）实验器材的准备　显微镜、放大镜、植物学盒、培养皿、滤纸、1%番红溶液、间苯三酚、盐酸。玉米、小麦的根系，小麦根尖纵切制片、蚕豆幼根横切制片。向日葵（或棉花）老根横切制片。

1.6.3　支撑知识

（1）根尖及其分区

各种根从其尖端到着生根毛的部分，称为根尖。根尖是根生长最活跃的部分，可分为根冠、分生区、伸长区和成熟区四个区域（图1–29）。

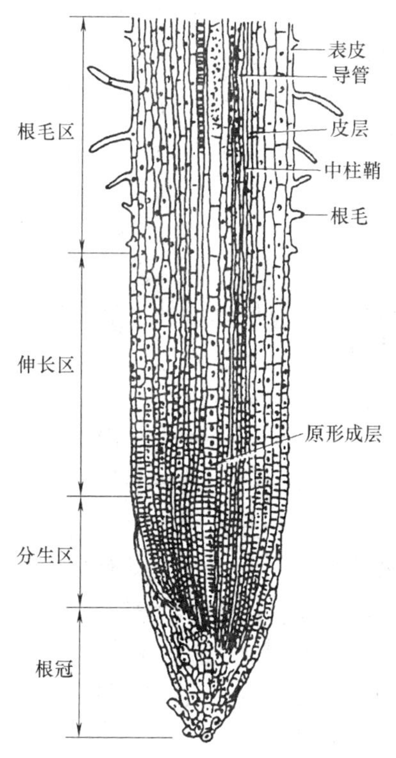

图 1–29　根尖的纵切面
（示根尖的分区）

①根冠　根冠由薄壁细胞组成，呈帽状，套于根尖顶端。根冠外层细胞分泌黏液至细胞外表，润滑根冠表面，使根尖在土壤颗粒间顺利推进，并能促进物质溶解，利于吸收。

②分生区　分生区位于根冠的上方，是分生新细胞的区域。由于细胞具有分裂能力，才使根细胞数目不断增多。其中一部分细胞仍保持分生区原有的体积和特点外，位于前端的新细胞，可以补充根冠，在它后端的新细胞，体积增大延长，转入伸长区。

③伸长区　伸长区紧靠分生区之上，细胞逐渐停止分裂，纵向迅速伸长，促使根伸长。同时，内部组织开始分化，向成熟区过渡。

④成熟区　成熟区在伸长区的上方，本区细胞不再延长，它已分化成各种成熟组织。成熟区的表面密生根毛，因此又称根毛区，是由于表皮细胞的外壁向外突出形成的。

（2）根的结构

1）双子叶植物根的结构

①根的初生结构（成熟区的结构）　成熟区的结构是由分生区细胞经过不断分裂和分化而最早形成的结构，所以称为初生结构（图1–30）。

a. 表皮　由单层呈砖形的细胞组成，排列紧密，细胞壁薄，水分和无机盐容易通过。许多细胞的外壁突出，形成管状的根毛，从而扩大根的吸收面积。

b. 皮层　由多层薄壁细胞组成，皮层的最外一层细胞排列整齐，称为外皮层。当根毛枯死，表皮脱落时，外皮层细胞的细胞壁栓质化起保护作用。外皮层以内是多层薄壁细胞，此区细胞排列疏松，有较大的细胞间隙，它们具有一定的贮运和通气等功能。

c. 中柱　皮层以内的整个中心部分称为中柱，它包括以下三部分：

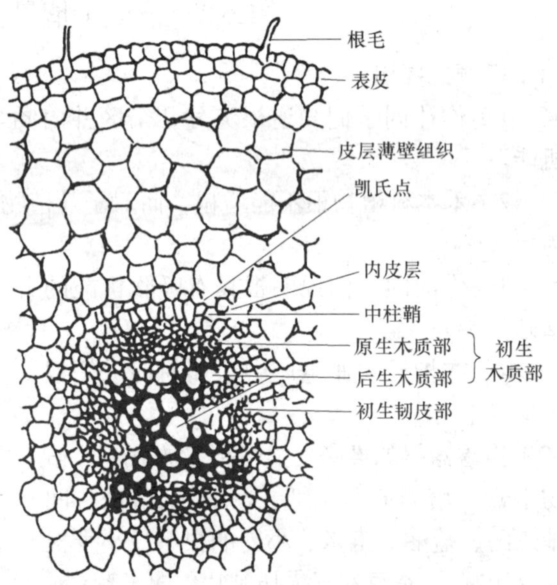

(a) 棉花根横切面（表示初生结构）

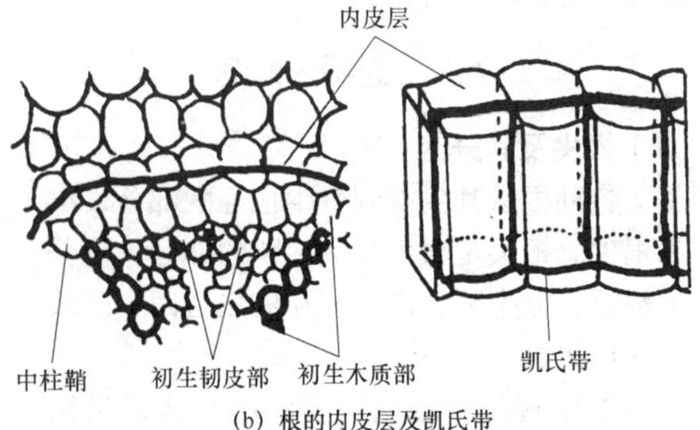

(b) 根的内皮层及凯氏带

图 1–30　棉花根初生结构横切

（a）中柱鞘　位于中柱的最外层，通常由一层薄壁细胞组成，少数植物（如桑、柳等）可由多层薄壁细胞组成。细胞排列紧密，并具有潜在的分裂能力。在一定条件下，中柱鞘细胞能分裂产生侧根、不定芽及一部分形成层和木栓形成层。

（b）维管束　位于中柱鞘以内，由初生木质部和初生韧皮部组成。初生木质部呈辐射状，初生韧皮部则在两个初生木质部辐射角之间，这种相间排列方式是根所特有的。初生木质部的辐射角通常有一定数目，双子叶植物一般为2～5束，如萝卜为2束，棉花为4～5束，苹果、梨为5束。在初生木质部和初生韧皮部之间有薄壁细胞，这些细胞能恢复分裂能力，成为形成层的一部分。

（c）髓　少数双子叶植物的根，在中柱的中央部分为薄壁细胞所组成，称为髓，如蚕豆等。但多数双子叶植物根的中央被初生木质部所占满，因而没有髓。

②根的次生结构　大多数双子叶植物的根在初生结构形成后，由于形成层和木栓形成层的发生和活动，形成了新的组织，使根得以增粗。

a. 形成层　形成层位于初生韧皮部和初生木质部之间，它向外分裂产生次生韧皮部，向内分裂产生次生木质部（产生的数量较次生韧皮部为多）。形成层还可在木质部与韧皮部之中，产生一些呈辐射状排列的薄壁细胞，称为射线。

b. 木栓形成层　木栓形成层由中柱鞘细胞恢复分裂能力形成的。它的活动，向外产生木栓层，向内产生栓内层，三者总称为周皮。木栓层形成后，表皮和皮层脱落，根的最外面就由木栓层保护着。有些树木和多年生草本植物的木栓形成层可在皮层发生。当木栓形成层失去作用时，栓内层或韧皮部的细胞又能产生新的木栓形成层，再形成新的周皮，因此老根外面是由多层周皮所覆盖。

c. 根的次生结构　从外到内依次是：周皮（木栓层、木栓形成层、栓内层）、皮层（有或无）、韧皮部（初生韧皮部、次生韧皮部）、形成层、木质部（次生木质部、初生木质部）和射线等部分。有些植物还含有髓。

2）禾本科植物根的结构

禾本科植物的根由表皮、皮层和中柱三部分组成，与双子叶植物根的初生结构相似，但有以下明显的区别。

第一，根中维管束初生木质部辐射角数目一般在6束以上（小麦7～8束，水稻6～10束，玉米12束）。由于没有形成层，因此，根不能无限增粗（图1–31）。

第二，不能形成木栓形成层，生长后期，靠近表皮2～3层表层细胞变为厚壁细胞，起加强固着作

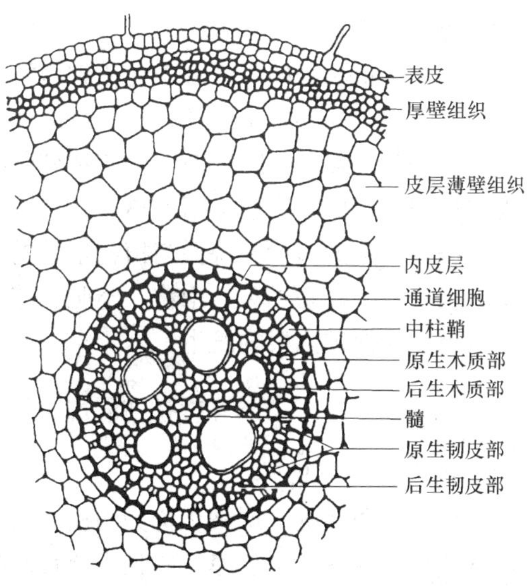

图1–31　小麦老根横切面

用。在水稻根中，部分皮层薄壁细胞解体破坏，形成很大的气腔，并与茎、叶的气腔互相贯通，成为良好的通气组织（图1–32）。内皮层常发生五面加厚，能阻止水分和无机盐进入中柱，但有些不加厚的细胞称为通道细胞，水分和无机盐可通过通道细胞进入中柱。

第三，禾本科植物根的中央常有髓，这部分薄壁细胞在发育后期，也能变成厚壁细胞，以加强固着能力。

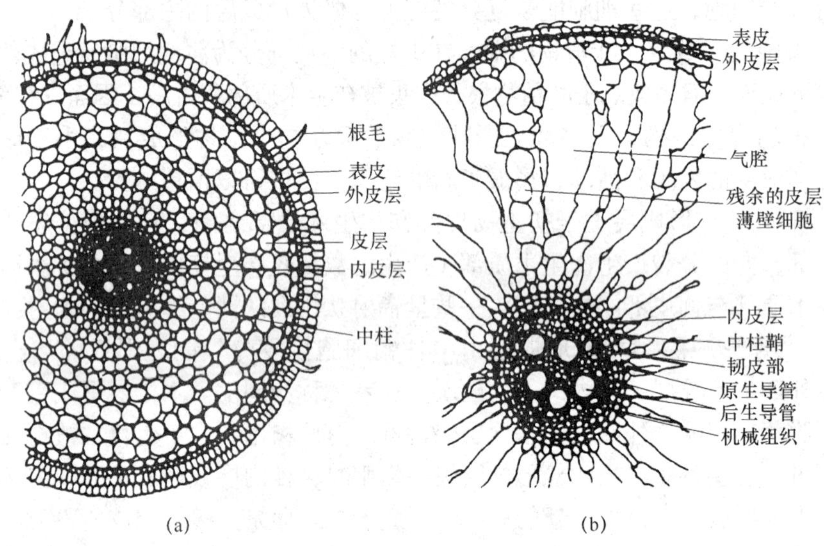

图 1–32　水稻的根横切面

（a）幼根　（b）老根

（3）侧根的形成

侧根由根毛区的一部分中柱鞘细胞恢复分裂能力形成。这部分中柱鞘细胞发生分裂，先形成侧根的分生区和根冠，然后由分生区细胞不断分裂、生长和分化，逐渐伸长，穿过皮层和表皮，形成侧根（图1–33）。

侧根产生的多少和快慢与植物根系的形成、发育，吸收水、肥的效率密切相关。中耕、施肥、移栽和对主根的破坏等措施，能促进侧根的发生。

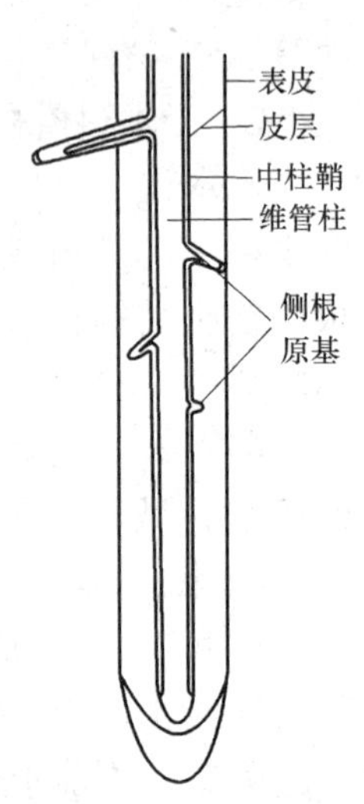

图 1–33　侧根的形成

（纵切面示意图）

1.6.4　拓展知识

（1）内皮层的说明

皮层最里面的一层细胞称为内皮层（图1–30）。这层细胞的侧壁和横壁局部加厚，并且木质化和栓质化，这种围绕细胞一周的带状特殊结构，称为凯氏带。在横切面上，其侧壁增厚的部分则呈点状，称为凯氏点。

（2）根瘤与菌根

1）根瘤　在豆科植物的根上，常形成一些大小不等的瘤状突起，称为根瘤。由于土壤中的根瘤细菌侵入根毛，后入皮层，并大量的繁殖，使皮层细胞受到刺激发生分裂，产生许多薄壁细胞，从而使皮层膨大，向外突出形成根瘤（图1–34）。

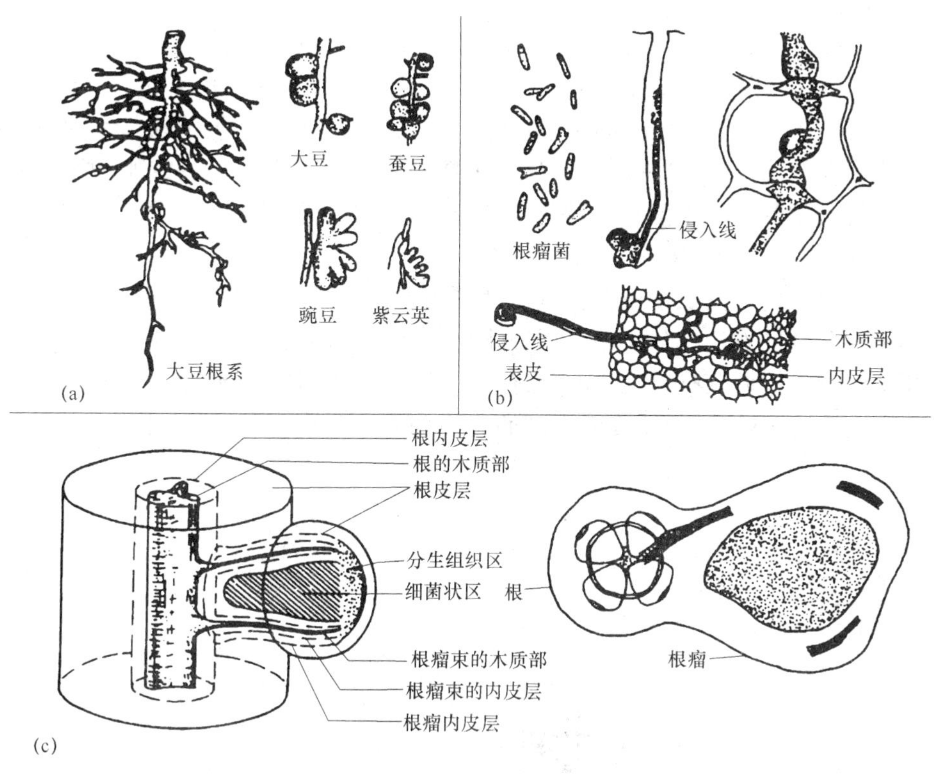

图 1–34　根瘤与根瘤菌

（a）几种豆科植物根瘤外形　（b）根瘤菌自宿主根毛侵入皮层的过程

（c）豆科植物根瘤结构（左为立体图，右为横剖面简图）

根瘤细菌侵入根部以后，从豆科植物的根中吸收它所需要的水分、无机盐和糖类等养料，但另一方面，它能固定空气中的游离氮，合成含氮化合物，除自用外，还可供豆科植物利用。根瘤细菌与豆科植物相互有利地在一起生活的现象，称为共生现象。但在某种情况下，它们也会发生矛盾。例如，当豆科植物体内缺乏糖分时（苗期），根瘤细菌的固氮作用就会减弱或停止，这时细菌只摄取豆科植物的营养物质，而不供给可利用的含氮物质，因而对豆科植物不利。所以豆科植物在苗期表现出生长缓慢，叶色较浅等缺氮症状，因此，在栽培豆科植物时，施用基肥或苗期追施适量的氮肥，还是很必要的。

由于根瘤菌在根内所固定的氮素供给豆科植物利用，所以豆科植物含氮物质较多，并可作绿肥。根瘤细菌所固定的氮素，还有一部分能分泌到土壤中，增加土壤的含氮量，因此豆科植物与其它作物间作或轮作，可使这些作物获得较多的氮素，因而能增产。根瘤细菌的种类很多，每一种只能与一定种类的豆科植物共生，例如，大豆的根瘤菌不能感染花生，反过来也是这样。在生产上，常将根瘤细菌培养制成菌剂（又称为菌肥），在播种豆科植物种子时，进行拌种，可促进根瘤的形成，因此能显著提高产量。

2）菌根　在自然界中，有许多木本和草本植物的根，常与土壤中某些真菌共同生活，这种根称为菌根。真菌的躯体是由许多丝状的菌丝所组成。

菌根有外生菌根和内生菌根两种类型（图1–35）。外生菌根是大部分菌丝包在根尖外围，形成一外套，只有少数菌丝侵入到根皮层的细胞间隙中，如松、栎、杨等。内生菌根是菌丝大部分侵入到皮层细胞中，如李、葡萄、小麦、葱等。

在菌根中，真菌从根中获得其生活所需要的有机营养物质，而真菌则能起到和根毛一样的作用，从土壤中吸收水分和无机盐供给植物，还能分泌多种水解酶类，促进根周围有机物质的分解；真菌还能产生维生素 B_1，促进根系的生长。因此，菌根对绿色植物的生长不仅是有利的，而且对某些植物来说，甚至是必要的。

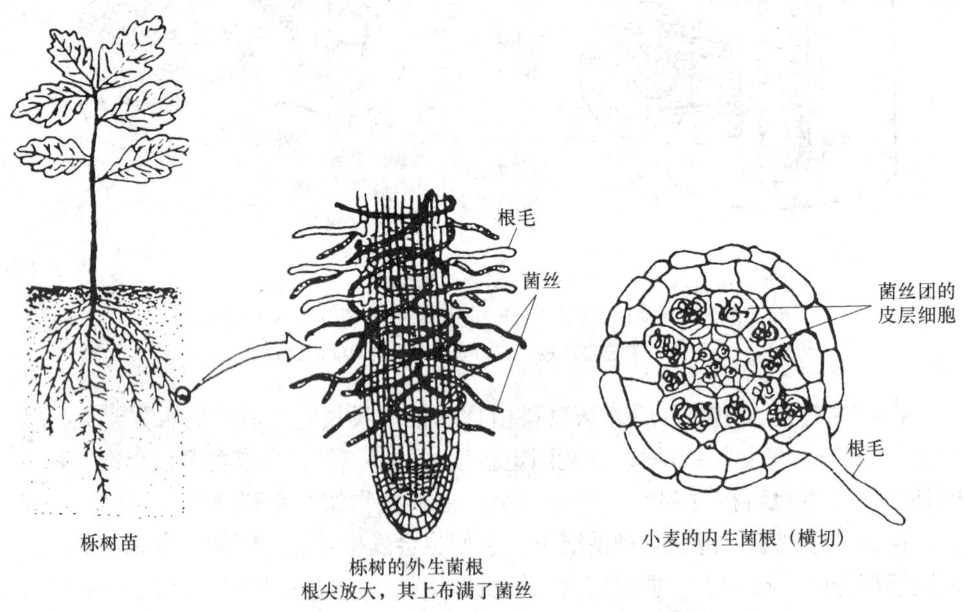

图 1–35　菌根（外生菌根、内生菌根）

1.6.5　任务实施方法与步骤

(1)实验操作

1)根尖及其分区的观察　选择生长良好而直的小麦幼根，用刀片截取尖端1cm，放在载玻片上(片下垫一黑纸)，用肉眼或放大镜观察它的外形和分区。

2)根结构的观察

①单子叶植物根的结构　选取玉米根根毛区的前方部分制作徒手切片(采用横切面)，加一滴番红溶液，先在低倍镜下区分出表皮、皮层和中柱三大部分，再转高倍镜由外向内观察，识别具体结构。

②双子叶植物根的初生结构　将长达1～2cm的蚕豆(或棉花)幼根在根毛区做徒手横切，制成临时装片，并加一滴番红溶液进行染色，观察其初生结构。

a. 表皮　在根的最外层，细胞呈扁平状排列。有时还能看到根毛。

b. 皮层　位于表皮以内、中柱以外，占幼根切面的大部分。皮层最外一层或几层细胞较小，排列较紧密的为外皮层。在外皮层以内，由多层排列疏松的薄壁细胞组成。皮层最内一层排列较整齐的细胞，为内皮层，其细胞壁上可以看到凯氏带或凯氏点。

c. 中柱　皮层以内的整个部分称中柱，分为：中柱鞘紧靠内皮层的一层薄壁细胞为中柱鞘。初生木质部呈辐射状排列，细胞壁较厚，其中有一些大型细胞为导管。初生韧皮部位于两个初生木质部之间的外侧，为一团较小的细胞，细胞壁较薄，其中较大的细胞为筛管。

③双子叶植物根的次生结构　取向日葵老根横切片，先用低倍镜观察其各个结构所在的部位，然后转换高倍镜详细观察其结构。

a. 周皮　老根的最外数层细胞，根据周皮内细胞所处的位置、形状、数量，可以识别出木栓层、木栓形成层和栓内层。

b. 韧皮部　初生韧皮部一般已被挤坏，已经分辨不清，但次生韧皮部清晰可见。

c. 形成层　形成层位于韧皮部和木质部之间，成一圆环。

d. 木质部　次生木质部靠近形成层，所占面积最大。在根的中心部位有呈星芒状的初生木质部。

e. 髓和髓射线　向日葵老根中央无髓，但可以清晰地看到呈放射状的射线。

(2)小组讨论与成果展示、巩固训练

学生在课间对照课文内容，练习实验操作，达到制作出的装片无气泡、清晰并能准确地观察出植物根的各部分结构。

课后反复阅读课文，熟记对提出问题的解答，并将问题解答在作业本上。将玉米根横切面结构图，侧根形成的示意图绘在技能报告上。

任务1.7　植物茎的结构及其观察

1.7.1　知识和技能要求

• 能正确讲述叶芽的内部结构，单、双子叶植物茎的结构。

• 会熟练地使用显微镜观察、认识叶芽的内部结构，植物茎的初生结构和次生结构。

1.7.2　情境（情景）设计

（1）问题的提出

1）讲述叶芽的内部结构。

2）说明禾本科植物茎和双子叶植物茎能否无限增粗的道理。

3）比较单、双子叶植物的幼茎在结构上的重要区别。

4）说明单、双子叶植物幼茎能否相互嫁接的原理。

（2）实验器材的准备　显微镜、放大镜、植物学盒。丁香（或胡桃）的叶芽、棉花（或桃）的花芽、苹果（或梨）的混合芽。玉米（或水稻）的幼茎（或制片）。向日葵（或棉花）幼苗及其幼茎横切制片、老茎横切制片。

1.7.3　支撑知识

（1）芽的结构

将芽纵切在放大镜或显微镜下观察，可见芽中央有一个轴，称为芽轴，它是未发育的茎。轴的顶端呈圆锥形，是由分生组织组成，称为生长锥。在生长锥基部的周围有一些突起，称为叶原基，将来可经幼叶发育成叶。叶原基越是靠近芽轴下部的，发生越早，分化程度越高，并具有叶的形状（幼叶）。在较大叶原基的叶腋内，又发生小突起，称为腋芽原基，将来发育成腋芽（图1–36）。同理混合芽一般由花原基、叶原基和腋芽原基等部分组成（图1–37）。

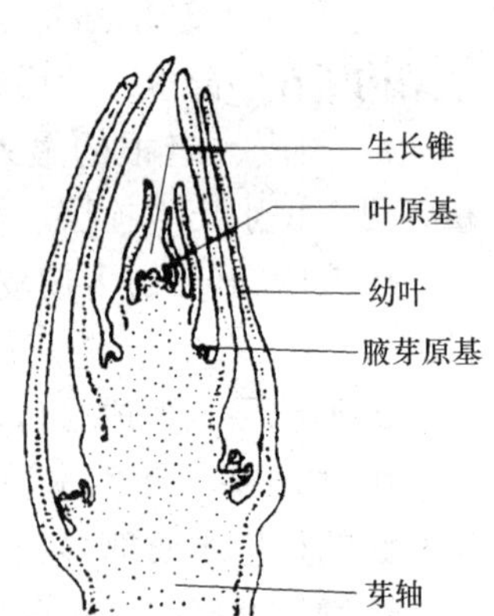

图 1–36　叶芽纵切面

（2）茎的结构

茎的尖端称为茎尖，它的结构和根尖基本相同，是由分生区细胞组成的生长锥，生长锥细胞进行分裂形成了茎的结构。

1）双子叶植物茎的结构

①双子叶植物茎的初生结构　由茎顶端的分生组织，通过细胞分裂、伸长和分化所形成的结构，称为初生结构。将茎尖成熟区做一横切面观察，可看到初

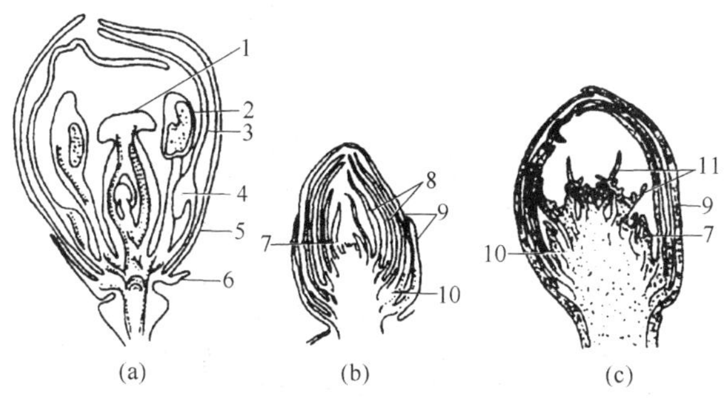

图 1–37　不同类型芽的纵切面

（a）小檗的花芽　（b）榆树的花芽　（c）苹果的花芽

1—雌蕊　2—雄蕊　3—花瓣　4—蜜腺　5—萼片　6—苞片

7—叶原基　8—幼叶　9—芽鳞　10—支原基　11—花原基

生结构，它分为表皮、皮层和中柱三部分（图1–38）。

a. 表皮　表皮是茎最外面的一层细胞，细胞排列紧密，它的外壁上常有角质层。表皮无色透明，不含叶绿体，其上还有气孔器，有的还有表皮毛或腺毛。表皮对茎的内部起保护作用，属于保护组织。

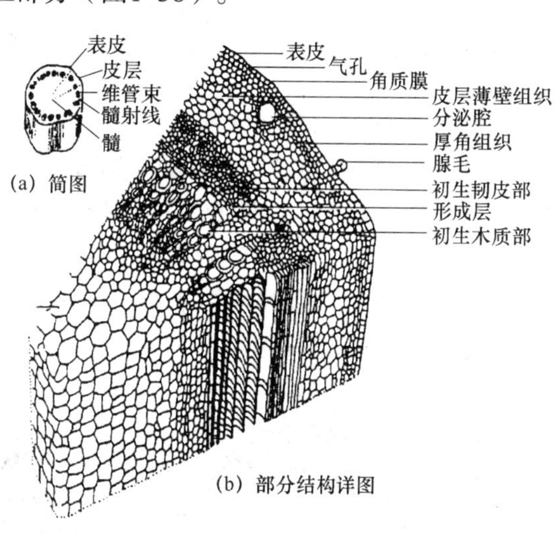

图 1–38　棉幼茎的立体初生结构图

b. 皮层　表皮以内，中柱以外的部分为皮层。皮层主要为薄壁组织所组成，紧靠表皮处常有数层厚角组织，起支持作用。厚角细胞和其内数层薄壁细胞，含有叶绿体，因此幼茎呈绿色，能进行光合作用。

c. 中柱　中柱是皮层以内所有部分的总称。它由维管束、髓和髓射线三部分组成（图1–39）。大多数植物茎内没有中柱鞘，或中柱鞘不明显，因而皮层和中柱之间没有明显的界限。

②双子叶植物茎的次生结构　双子叶植物茎的初生结构形成后不久，内部便出现形成层和木栓层形成层，由于它们的活动产生次生结构，使茎增粗。

双子叶植物茎的次生结构形成后，自外而内依次为：周皮（木栓层、木栓形成层、栓内层）、皮层（有或无）、初生韧皮部、次生韧皮部、形成层次生木质部、初生木质部、髓等。在维管束之间还有髓射线，维管束内有维管射线。

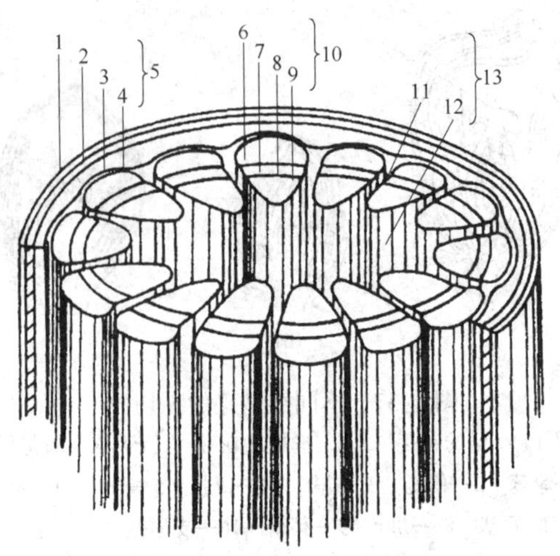

图 1–39　双子叶植物茎初生结构的立体图解

1—表皮　2—厚角组织　3—含叶绿体的薄壁组织　4—无色的薄壁组织　5—皮层　6—韧皮纤维　7—初生韧皮部　8—形成层　9—初生木质部　10—维管束　11—髓射线　12—髓　13—维管柱

2）单子叶植物茎的结构

一般单子叶植物的茎只有初生结构，现以禾本科植物茎的结构来说明。

①表皮　表皮是最外的一层细胞，排列紧密，有些表皮细胞的壁发生木栓化或硅化。硅酸盐沉积于细胞壁的多少，与茎秆强度和对病虫害的抵抗力强弱有关（图1–40）。有些植物茎的表皮外面还有一层蜡被覆盖着，如甘蔗、高粱等。表皮上有少量气孔。

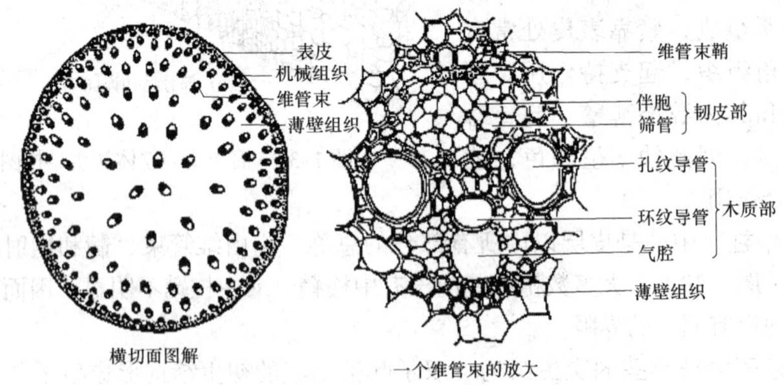

图 1–40　玉米茎横切面

②厚壁和薄壁组织　禾本科植物茎的皮层和中柱之间没有明显的界限。在表皮以内为几层厚壁组织，彼此相连呈波浪状分布，它的发育程度与抗倒伏性有密切关系。在厚壁组织以内为薄壁组织，充满在各维管束之间，这些细胞含叶绿

体，因此幼茎呈现绿色。水稻、小麦等茎秆中央的薄壁组织，由于在发育初期就已解体，形成空腔，称为髓腔。抗倒伏的品种，一般髓腔较小，茎秆壁较厚，周围机械组织发达，维管束数目也较多。水稻在基部节间的薄壁组织里，分布着许多大型孔道，称为气腔。它是水稻长期生活在淹水条件下，适应水生的一种通气组织（图1–41）。

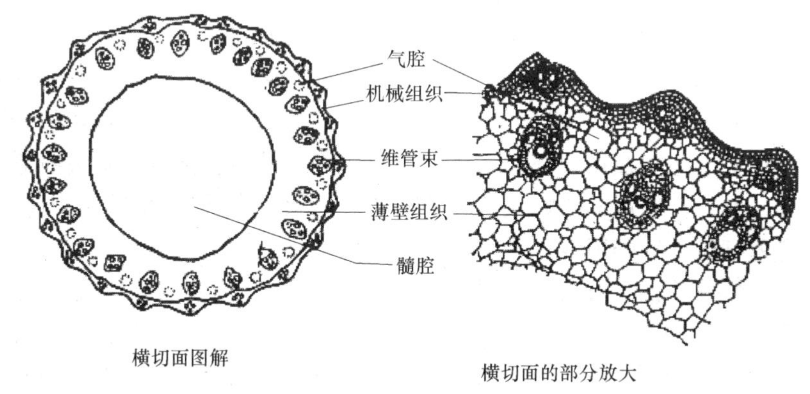

图 1–41　水稻茎横切面

③维管束　维管束散生在茎内，且数目很多，它们分布方式有两类：一类如水稻、小麦等，维管束排列成两环，外环维管束较小，分布在靠近表皮的机械组织中；里环维管束较大，分布在靠近髓腔的薄壁组织中。另一类如玉米、高粱、甘蔗等，茎内充满薄壁组织无髓腔，各维管束散生于其中，靠茎边缘的维管束较小，排列较密；靠中央的维管束较大，排列疏松，维管束属有限维管束。韧皮部向着茎的外面，木质部向着茎的中心。维管束的外面常有一圈厚壁组织包围着，称为维管束鞘，它能增强茎的支持作用。

1.7.4　拓展知识

（1）中柱结构的说明

中柱是由维管束、髓和髓射线三部分组成。

1）维管束　维管束是中柱的主要部分，它是由几种组织构成束状结构。在茎的横切面上，维管束排列成一环。包括初生韧皮部、束内形成层和初生木质部三个部分，属无限维管束。初生韧皮部在维管束的外侧，初生木质部在维管束的内侧，形成层在初生韧皮部与初生木质部之间，多为一层具有分生能力的细胞所组成。

2）髓　位于幼茎中央，由薄壁细胞组成，有贮藏养料的作用。有些植物的茎在形成时，由于髓早期死亡，变成中空，如蚕豆、南瓜等。

3）髓射线　各维管束之间的薄壁细胞，在横切面上呈辐射状排列，称为髓射线，它向外与皮层细胞相接，向内与髓相连。髓射线具有横向运输与贮藏养料的功能。髓射线的一部分细胞还可转变为束间形成层。

（2）茎次生结构形成过程的说明

1）形成层的产生及活动　在茎的初生结构中，每个维管束都有束内形成层。在束内形成层活动的同时，与束内形成层邻接的髓射线细胞恢复分生能力，转变为束间形成层，并与束内形成层相连，形成一个形成层环。

束内形成层的分裂，向外产生次生韧皮部，向内产生次生木质部，分别增添于原来初生韧皮部的内方和初生木质部的外方。在形成层分裂过程中，形成的次生木质部远比次生韧皮部为多，所以木本植物的茎大部分为次生木质部所占据。束内形成层还能在韧皮部和木质部内形成许多呈辐射排列的薄壁细胞，称为维管射线，具有横向运输与贮藏养料的功能。束间形成层分裂时，向内、向外产生大量薄壁细胞，使髓射线得以延长。

2）木栓形成层的形成及活动　茎的木栓形成层，最初是由皮层的薄壁细胞转变而成，但也有些植物是由表皮细胞（如李、苹果等）或厚角组织（如大豆、花生等）转变而成，有的就由初生韧皮部发生（如茶等）。木栓形成层向外分裂，产生木栓层，向内产生栓内层，三者合称周皮（栓内层的细胞中常含有许多叶绿体，因此为绿色）。

1.7.5　任务实施方法与步骤

（1）实验操作

1）芽结构的观察　取丁香叶芽纵切后，在放大镜下观察，可看到其生长锥、叶原基、幼叶和腋芽原基，最外面是芽鳞。取苹果混合芽纵切，将芽的鳞片剥去，里面是毛茸茸的幼叶，用镊子将幼叶去掉，用放大镜观察，可见到大小不等的突起，即一部花器。

2）单子叶植物茎结构的观察　取玉米茎横切片置于显微镜下观察：

①表皮　茎最外一层，细胞小，排列紧密，细胞壁上有发亮的硅质。

②薄壁组织　在靠近表皮处，有1～3层的厚壁细胞。它们排列成一保护环。厚壁组织里面是薄壁组织。

③维管束　在薄壁组织中，有许多散生的维管束。

3）双子叶植物茎初生结构的观察　取向日葵幼茎横切片置于显微镜下观察：

①表皮　表皮细胞较小，只有一层，细胞外壁可见有角质层，有的表皮细胞转化成表皮毛（单细胞或多细胞）。用高倍镜可观察茎表皮上有保卫细胞和气孔。

②皮层　皮层由厚角组织及薄壁组织组成，若用新鲜的向日葵幼茎做徒手切片，可观察到厚角细胞内有叶绿体；厚角组织内侧是数层薄壁细胞。

③ 中柱　中柱包括维管束、髓射线和髓三部分。

维管束多呈束状，在横切面上许多维管束排成一环。每个维管束都是由初生韧皮部、束内形成层和初生木质部组成。

髓位于茎的中心，由薄壁细胞组成。髓射线位于两个维管束之间的薄壁组织。

4）双子叶植物茎次生结构的观察　取有加粗生长的向日葵茎横切制片，置显微镜下观察，分清周皮、皮层、韧皮部、形成层、木质部、髓及髓射线各部分，并描述。

（2）小组讨论与成果展示、巩固训练

学生在课间对照课文内容，练习实验操作，达到制作出的装片无气泡、清晰并能准确地识别植物茎结构。

将提出的问题解答在作业本上。绘丁香叶芽纵切面、玉米茎横切面和棉茎横切面结构图于技能报告上。

任务1.8　植物叶的解剖结构及其观察

1.8.1　知识和技能要求

• 能准确叙述双子叶、单子叶植物叶片顶面观结构的不同；能简述单子叶、双子叶植物叶横切面的区别和落叶的意义。

• 会熟练地使用显微镜观察、识别双子叶、单子叶植物叶片正面观及横切面的结构。

1.8.2　情境（情景）设计

（1）问题的提出

1）说出双子叶、禾本科植物叶片正面观结构有何不同。

2）从结构上说明双子叶植物的叶为何有明显的背腹面之分。

3）比较单子叶、双子叶植物的叶在结构（横切面）上的不同点。

4）玉米等禾本科植物叶在干旱时为何卷曲成筒状？

5）落叶是怎样发生的？正常的落叶对植物有何意义？

6）常绿树的叶不脱落，所以它才常绿，你说这种说法对吗？

（2）实验器材的准备　显微镜、棉花（大豆）、水稻（小麦）叶片及其叶片横切面制片。

1.8.3　支 撑 知 识

（1）叶的结构

1）双子叶植物叶片结构　叶片的结构分为表皮、叶肉和叶脉（维管束）三部分（图1-42）。

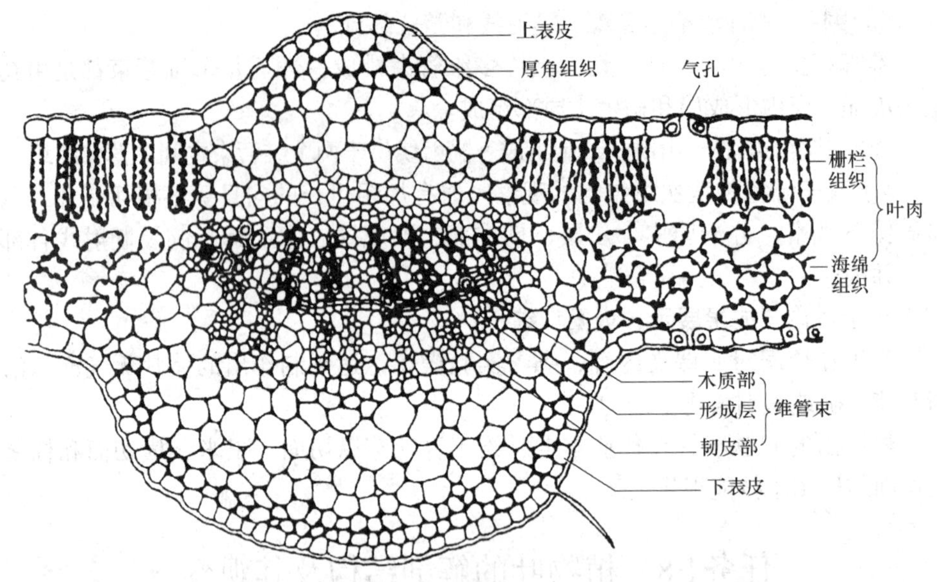

图 1–42　双子叶植物叶片横切面

①表皮　覆盖于叶片的上下表面，从横切面观察，表皮是无色半透明，由排列紧密的单层扁平细胞所组成。表皮细胞的外壁较厚，并覆盖着角质层，表皮上常有表皮毛（图1–19）。从顶面观察，表皮细胞呈不规则形，彼此互相嵌合，紧密相连。在表皮细胞之间，还有许多气孔器［图1–23（a）］。气孔器是由两个半月形的保卫细胞围合而成的小孔。保卫细胞内含叶绿体，它的细胞壁在靠近气孔器的一面较厚，其它面较薄。当保卫细胞从邻近表皮细胞吸水而膨胀，气孔就张开；而当保卫细胞失水收缩时，气孔就关闭。气孔器是气体通过的通道，因此，它的开闭能调节叶内外气体的交换和水分的蒸腾。

②叶肉　叶肉是叶片进行光合作用的主要场所。它存在于上下表皮之间，其细胞内富含叶绿体，属于同化组织。双子叶植物的叶肉一般分化为栅栏组织和海绵组织。

a. 栅栏组织　由一至数层圆柱形细胞组成，其长径垂直上表皮，细胞排列紧密，内含叶绿体较多，所以叶的腹面（上表面）绿色较深。

b. 海绵组织　细胞呈不规则的形状，排列疏松，细胞间隙发达，细胞内含叶绿体较少。海绵组织靠近下表皮，因而叶的背面（下表面）绿色较浅。

大多数双子叶植物的叶具有明显的背腹面之分，因此称为异面叶。没有明显的背腹之分的，则称为等面叶，如禾本科植物。

③叶脉（叶内维管束）　叶脉贯穿于叶肉中，在中脉外围有机械组织，木质部在上方，韧皮部在下方。粗大的中脉，在木质部和韧皮部之间，还有形成层，可进行分裂。叶脉越细，结构越简单，先是机械组织和形成层逐渐减少直至

消失，其次是木质部和韧皮部也逐渐简化至消失，最后只剩下一、两个筛管和管胞。

2）禾本科植物叶片的结构　禾本科植物叶片包括表皮、叶肉和叶脉三个部分，与双子叶植物叶相比较，又具有其特殊性（图1–43）。

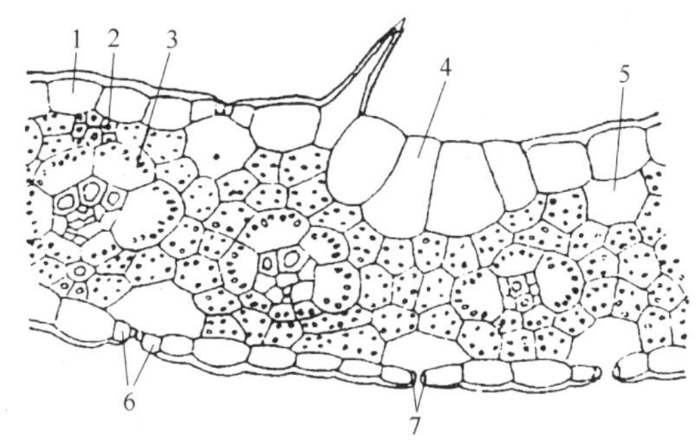

图1–43　玉米叶横切面的一部分

1—表皮　2—机械组织　3—维管束鞘　4—泡状细胞　5—胞间隙　6—副卫细胞　7—保卫细胞

表皮细胞从正面观察呈长方形，细胞的外壁除含有角质外，还含有硅质。从横切面看，在上表皮中还有许多呈扇形排列的泡状细胞（运动细胞），这些细胞的细胞壁较薄，并具有很大的液泡，能贮积大量水分。在干旱时，这些泡状细胞因失水而缩小，使叶片卷缩成管状，减少水分散失。当大气湿润，蒸腾减少时，它们又吸水膨胀，于是叶片展开，恢复正常形态。气孔器的保卫细胞呈哑铃形，两端膨大，细胞壁较薄，中部的细胞壁较厚。保卫细胞两侧还有一对副卫细胞［图1–23（b）］。

禾本科植物的叶肉，没有栅栏组织和海绵组织的分化。水稻、小麦的叶肉细胞，排列为整齐的纵行，胞间隙小，每个细胞的形状不规则，细胞壁向内皱褶。这就有利于更多的叶绿体排列在细胞边缘，易于接受CO_2和光照，进行光合作用。

叶脉是木质部在上，韧皮部在下，中间无形成层。在维管束外面有一圈（如玉米、高粱等）或两圈（如大麦、小麦等）细胞包围着，称为维管束鞘。

（2）叶的寿命和落叶

1）叶的寿命　植物的叶有一定的生活期（寿命）。草本植物叶的寿命多数只有一个生长季。木本植物叶的寿命，如桃、李等也只有一个生长季，称为落叶树；而松杉、柑橘等的叶能活一至数年，全株的叶是分别脱落的，所以终年常绿，称为常绿树。

2）落叶的意义　落叶是植物对不良环境（如低温、干旱）的一种适应性。此外，落叶可使植物排除废物，起一定的更新作用。

1.8.4　拓展知识

（1）叶片上气孔器的分布

叶片上气孔器的数目，因植物而异，平均每平方毫米可在100～300个。一般植物下表皮气孔器多于上表皮。有些植物如苹果、桃等的气孔器只分布在下表皮。飘浮在水面上的叶如莲、菱等，气孔器则只分布在上表皮。沉水植物的叶，一般没有气孔器。禾本科植物叶表皮气孔数目在上、下表皮相差不多。

（2）落叶的过程

首先是叶绿素破坏，使叶黄素和胡萝卜素的颜色显现出来，叶片变成黄色。有些植物（如黄栌、火炬树等）在落叶前因有花青素产生，使叶片变红。木本植物落叶前，叶柄基部的几层细胞发生变化，这个区域称为离区（图1–44）。离区包括离层和它下面的保护层。离区部分的细胞因细胞壁或整个细胞溶解而分离，叶便容易脱落。脱落后的伤口表面几层细胞木栓化，成为保护层。由于叶的脱落，在茎上便留有叶痕和叶迹。

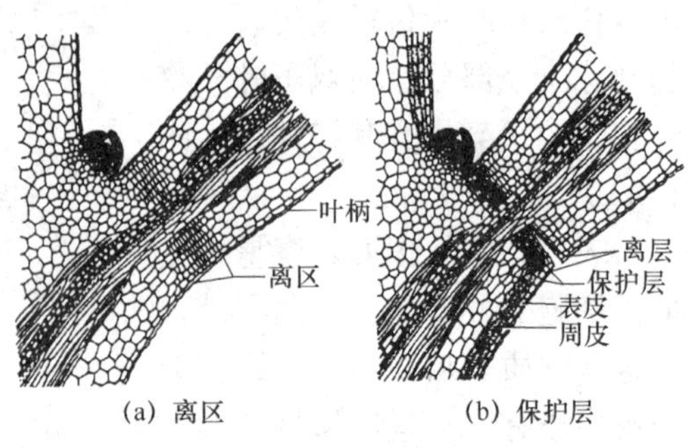

图 1–44　叶柄基部纵切面（表示离区结构）

1.8.5　任务实施方法与步骤

（1）实验操作

1）双子叶植物叶片结构的观察　选取棉花（或大豆）叶片夹在两块马铃薯片之间，做徒手切片。或将棉花叶横切制片，置于显微镜下观察。

①表皮　表皮有上、下表皮之分，通常由一层排列紧密的细胞组成，下表皮分布有较多的气孔器。

②叶肉　叶肉是由薄壁细胞组成，可分栅栏组织和海绵组织，内含叶绿体。

③叶脉　叶脉由木质部（在上）和韧皮部（在下）组成，在主脉中可能有形成层。

2）禾本科植物叶片结构的观察　选取水稻叶做徒手横切切片或用制片，在显微镜下观察，与双子叶植物叶的结构比较异同。

①表皮　气孔器主要分布在上表皮还是下表皮？注意运动细胞的排列状况。

②叶肉　栅栏组织和海绵组织的分化程度是否明显？

③叶脉　木质部与韧皮部所处的位置？有无形成层？

（2）小组讨论与成果展示、巩固训练

学生在课间反复操作，达到制作出的装片清晰、无气泡，并能准确地观察出植物叶的各部分结构。

课后将提出的问题解答在作业本上。将从棉花叶片的横切面、水稻叶片的横切面上观察到的结构绘在技能报告上。

任务1.9 花药和子房的结构及其观察

1.9.1 知识和技能要求

- 能基本准确地讲述被子植物有性生殖器官的发育过程。
- 会熟练地使用显微镜观察、识别花药和子房的结构。

1.9.2 情境（情景）设计

（1）问题的提出

1）观察番茄果实形态，说明它的子房位置情况。

2）观察苹果果实形态，说明它的子房位置属于哪一类。

3）大豆、黄瓜和茄子的胎座有哪些重要区别？

4）胚珠分哪几种类型？说明一个成熟的胚珠的具体结构。

（2）实验器材的准备 显微镜、番茄果实、苹果果实、百合花药和子房横切制片。

1.9.3 支撑知识

（1）花药的发育和结构及花粉粒的形成

花药是雄蕊的主要部分，具有4个或2个花粉囊，分为左右两半，中间由药隔相连，中央有维管束与花丝维管束相通传递营养物质。花粉囊是产生花粉粒的场所。花粉粒形成后，药隔两侧的两个花粉囊之间的隔壁消失，各成一个药室，花药裂开，散出花粉粒（图1–45）。

花粉粒是由花粉母细胞减数分裂形成的。每个花粉母细胞经过一次减数分裂，产生四个子细胞，这四个子细胞，起初是连在一起的，称为四分体。不久，这四个细胞分离，每个发育成单个的单核花粉粒。

（2）子房的位置

根据子房在花托上着生位置和与花托连合情况，子房可分为下列类型（图1–46）。

1）上位子房 子房仅以底部与花托相连，称为上位子房。上位子房的花有两种情况，如果子房仅以底部与花托相连，而花萼、花冠、雄蕊着生的位置低于子房，称为上位子房下位花，如油菜、玉兰等。如果子房仅以底部和杯状花托的底部相连，花被与雄蕊着生于杯状花托的边缘，即子房的周围，称为上位子房周位花，如桃、李等。

2）中位子房 子房的下半部陷于杯状花托中，并与花托愈合，上半部露在外面，花被和雄蕊着生于花托的边缘，称为中位子房，其花称周位花，如马齿苋、甜菜、菱角等。

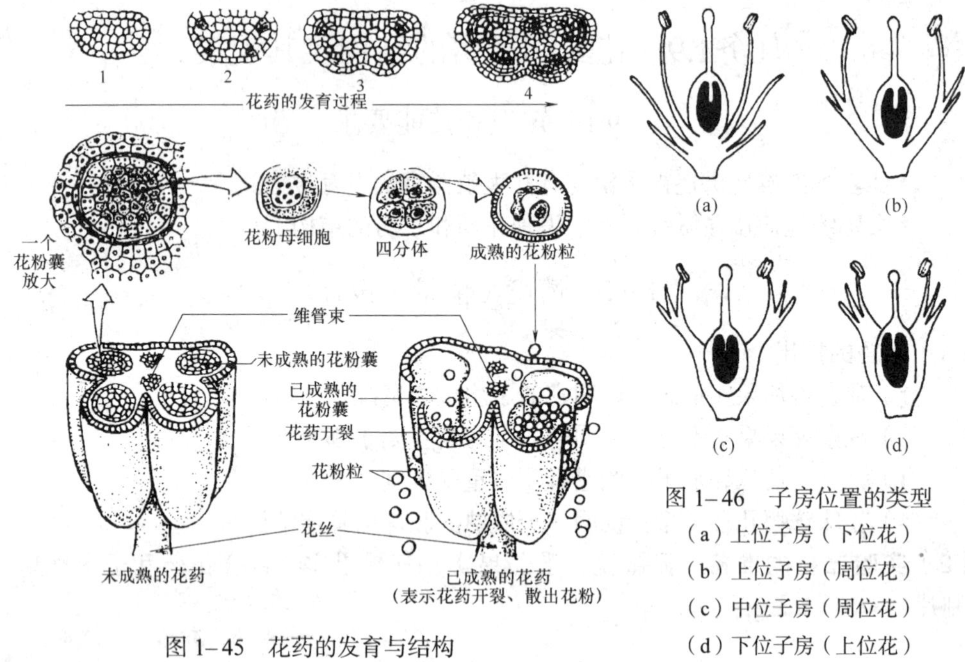

图 1–45　花药的发育与结构

图 1–46　子房位置的类型
（a）上位子房（下位花）
（b）上位子房（周位花）
（c）中位子房（周位花）
（d）下位子房（上位花）

3）下位子房　子房埋于下陷的花托中，并与花托愈合，花的其余部分着生在子房上面花托的边缘，称为下位子房，其花称为上位花，如苹果、梨、南瓜、向日葵等。

（3）胎座的类型

胚珠通常沿心皮的腹缝线着生于子房上，着生的部位即胎座。因心皮连接的情况不同，胎座有几种类型（图1–47）。

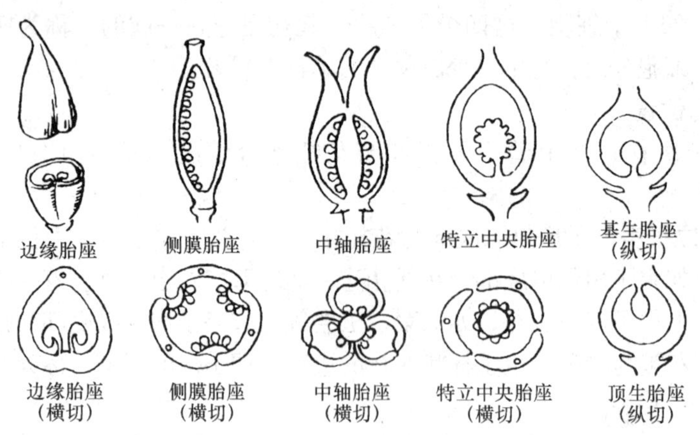

图 1–47　胎座的类型

1）边缘胎座　单雌蕊、子房一室，胚珠生于心皮的腹缝线上，如豆类。

2）侧膜胎座　合生雌蕊，子房一室或假数室、胚珠生于心皮的边缘，如油菜、黄瓜、西瓜等。

3）中轴胎座　合生雌蕊，子房数室，各心皮边缘聚于中央形成中轴，胚珠生于中轴上，如棉、柑橘、苹果、茄、番茄等。

4）特立中央胎座　合生雌蕊，子房一室或不完全的数室，子房室的基部向上有一个短的中轴，但不达于子房顶，胚珠生于此轴上，如石竹、马齿苋等。

5）基生胎座和顶生胎座　胚珠生于子房室的基部（如向日葵）或顶部（如桃、梅）。

（4）胚珠的发育和结构及类型

1）胚珠的发育及结构　胚珠着生在子房内壁腹缝线的胎座上，将来发育为种子。一个成熟的胚珠，由珠心、珠被、珠孔、珠柄和合点等几个部分组成（图1-48）。随着雌蕊的发育，首先在子房内壁的胎座上产生一团突起，发育成珠心。珠心基部的细胞分裂较快，产生一圈突起，逐渐向上扩展形成一层或两层珠被将珠心包围，仅在珠心的前端留下一小孔，称为珠孔。在珠心基部，珠被起生的地方和珠柄连合的部位称合点。胎座内的维管束经珠柄到合点，分枝进入胚珠内部，输送水分和养分。

2）胚珠的类型　胚珠在发育的过程中，由于珠柄和其它各部分的生长速度不同，使胚珠在珠柄上的着生方式也不同，从而形成不同的胚珠类型（图1-49）。

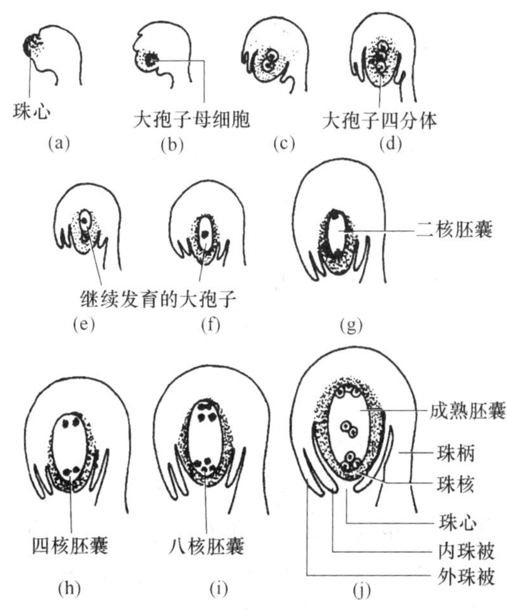

图1-48　胚珠和胚囊发育过程模式图

（a）内珠被逐渐形成　（b）外珠被出现

（c）~（e）胚囊母细胞经过减数分裂形成四个子细胞，其中三个开始消失，一个长大成为胚囊

（f）单核胚囊　（g）二核胚囊　（h）四核胚囊

（i）八核胚囊　（j）成熟胚

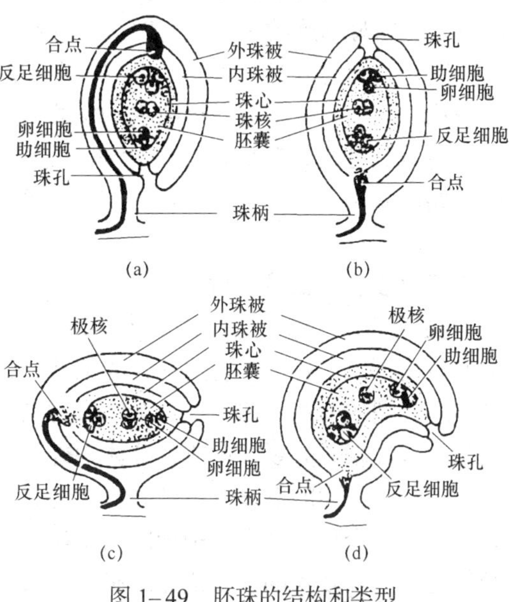

图1-49　胚珠的结构和类型

（a）倒生胚珠　（b）直生胚珠

（c）横生胚珠　（d）弯生胚珠

①直生胚珠　胚珠直立，珠孔、合点和珠柄列成一直线，珠孔位于珠柄对立的一端，如荞麦、胡桃等。

②倒生胚珠　胚珠倒悬，珠孔向下，接近胎座，珠心与珠柄几乎平行，并且珠柄与靠近它的珠被贴生，如百合、向日葵、稻、麦、瓜类等。

③弯生胚珠　珠孔向下，但合点和珠孔的连线呈弧形，珠心和珠被弯曲，如油菜、柑橘、蚕豆等。

④横生胚珠　胚珠在形成时，胚珠的一侧增长较快，使胚珠在珠柄上形成90°的扭曲，胚珠与珠柄垂直，珠孔偏向一侧，如锦葵。

1.9.4 拓展知识

（1）花药发育的说明

幼小的花药，是一群具有分裂能力的细胞。随着花药的发育，在表皮下面的四个棱角处，各有一些细胞核较大的孢原细胞，它经过一次有丝分裂形成内外两层细胞，外层是壁细胞（又称周缘细胞），内层称为造孢细胞。壁细胞再经分裂，由外向内形成纤维层、中层和绒毡层，共同组成花粉囊壁。到花药发育后期，中层已解体，绒毡层也多作为营养物质被花粉粒吸收。纤维层的细胞壁常有细条状的次生加厚，有助于花药的开裂散粉。水稻、玉米等花药则没有纤维层，只有绒毡层。当壁细胞分裂形成花粉囊壁的时候，造孢细胞也进一步分裂、分化，形成许多花粉母细胞，花粉母细胞体积大，核大，细胞质浓，液泡不明显。每个花粉母细胞经过一次减数分裂，产生四个子细胞，每个子细胞染色体数目是花粉母细胞的一半。这四个子细胞，起初是连在一起的，称为四分体。不久，这四个细胞分离，每个发育成单个的单核花粉粒（小孢子）。可见，花粉粒是由花粉母细胞（小孢子母细胞）减数分裂形成的（图1–45）。

在减数分裂期间，由于在短期内形成大量的新细胞，因此对环境条件很敏感。如遇低温、干旱、光照和营养条件不良，常影响减数分裂的进行，以致不能正常形成花粉粒。

（2）胚囊发育和结构的说明

胚囊发生于珠心组织中，当胚珠开始突起珠被的时候，珠心内部靠近珠孔端的表皮下面，有一个迅速增大的细胞，核大，细胞质浓，称为孢原细胞。孢原细胞经分裂成为两个细胞，一个以后逐渐退化消失；里面的一个长大形成胚囊母细胞，它经减数分裂，形成四分体，并排成一纵行，其中靠近珠孔的三个萎缩解体，只有最里面的发育成单核胚囊，经休眠后，它的细胞核连续进行三次有丝分裂，形成八个核。其中在中间的两个核称为极核。靠近珠孔端的三个核，形成三个细胞，中间较大的一个是卵细胞，两边较小的是助细胞。靠近合点端的三个核也形成三个细胞，称为反足细胞。到此，单核胚囊细胞发育成为八核的成熟胚囊（雌配子体）。

1.9.5 任务实施方法与步骤

（1）实验操作

1）观察未成熟和成熟花药的结构

①取百合未成熟花药制片，在低倍镜下观察，可见花药呈蝶状，其中有四个花粉囊，呈左右对称的两部分，其中间有药隔相连接，在药隔处可看到自花丝通入的维管束。换高倍镜仔细观察一个花粉囊的结构，由外至内有下列各层：表皮为最外层，只有一层薄壁细胞，表皮下为纤维层；再往里由2～3层扁平细胞组成的中层；最里为绒毡层。绒毡层内有许多造孢细胞，核大、质浓，有的造孢细胞已开始分化为花粉母细胞。

②取百合成熟花药制片，在低倍镜下观察可看到每侧花粉囊间药隔膜已经消失，形成大的药室，因此，花药在成熟后仅具左右二药室。注意观察在花药两侧的中央，由表皮细胞形成几个大型的唇形细胞，花药由此处开裂，散落花粉粒。接着用高倍镜观察花粉粒的结构。

2）观察子房的结构 取百合子房横切片，在低倍镜下观察，可见到三个心皮，每一心皮的边缘向中央合拢，形成三个子房室和中轴胎座，在每个室中有两个倒生胚珠。

（2）小组讨论与成果展示、巩固训练

学生在课间反复操作，达到能准确地识别花药和子房的各部分结构。

课后将提出的问题解答在作业本上。将百合花药和子房横切面绘在技能报告上。

任务1.10 植物细胞吸水及质壁分离现象的观察

1.10.1 知识和技能要求

• 基本正确地讲述水在植物生活中的生理作用，植物细胞发生质壁分离和吸水原理。

• 会熟练地使用显微镜观察细胞质壁分离现象。

1.10.2 情境（情景）设计

（1）问题的提出

1）植物离开了水，还能生活吗？

2）分析植物细胞处于不同溶液中的吸水情况。

3）说明细胞吸水的方式及原理。

4）简述植物细胞发生质壁分离的条件。

5）解释施用化肥过多造成植物死亡的原因。

6）植物某细胞若能质壁分离与复原，证明该细胞是死，还是活，为什么？

（2）实验器材的准备 显微镜、植物学盒、培养皿、酒精灯、移液管、0.50mol/L（1mol 蔗糖 =342.5g）蔗糖溶液、蒸馏水。紫色洋葱鳞叶（或藓叶、蚕豆叶）。

1.10.3 支撑知识

（1）植物的水分代谢

水是生命的摇篮，没有水就没有生命，也就没有植物。植物对水分吸收、输导、利用散失的过程，称为植物的水分代谢。

（2）植物的含水量

水是植物的主要组成物质。一般植物的含水量占鲜重的70%～90%，不同植物、不同生理状态、不同器官和部位含水量各不相同。水之所以是植物的主要组成成分，是因为水在植物的生活中具有重要的生理作用。

（3）水在植物生活中的主要作用

1）水是细胞质的重要成分　细胞质的含水量一般在70%～90%，适当的含水量使细胞质维持正常的胶体状态，有利于生命活动的进行。如果细胞质含水量减少，就会由溶胶变成凝胶，代谢活动将随之减弱。若失水过多，细胞质的胶体结构会遭到破坏，导致细胞死亡。

2）水是某些生理生化反应的原料　各种水解反应以及光合作用都需要有水的参与。

3）水是某些生理生化反应的介质　植物各代谢过程中的生化反应，必须在水中进行。营养物质必须溶解于水，才能被植物吸收和运输。

4）水能调节植物的体温　水的比热容较高，在吸热或放热时温度变化小，水的汽化热高，由液态转变为气态时，吸收热量多，能使烈日下的植物体温不致过分升高；在较低温度下，植物体温不致过分降低。因此，保证了植物能在适宜的、基本恒定的温度下进行代谢活动。

5）水使植物保持一定的姿态　当植物细胞被水分饱和时，枝、叶等器官就能够挺立，使植物充分吸收阳光，进行气体交换，使花朵开放进行传粉等，保证代谢活动正常进行。否则，植物就会发生萎蔫，造成危害。

因此，满足植物对水分的需要，是保证植物正常生长发育的重要条件。

（4）植物细胞对水分的吸收

植物各个器官都可以吸收水分，它们吸水的基础是细胞对水分的吸收。

1）细胞吸水的方式　植物细胞吸水方式有两种，吸胀作用吸水和渗透作用吸水。

吸胀作用是亲水胶体吸水膨胀的现象。吸胀作用是亲水胶体的特性，而不是生命的特征。干燥的种子都是通过吸胀作用吸收水分的。除了干燥种子外，吸胀作用吸水也常发生于根尖、茎尖的分生组织，以及未形成液泡的其它细胞。渗透作用是溶剂水通过半透膜（只让水分子透过，而溶质不能透过的膜）的扩散作用。

2）细胞吸水的机理　细胞任何一种吸水方式的机理，都与细胞内液泡的溶液（细胞液）浓度和细胞外水溶液的浓度及两溶液的压力差有关。一般说来，细胞吸水的机理是以水总是由溶质浓度相对低的浓度区（高水势区）向相对高浓度区（低水势区）和由相对高压（溶液所承受的压强）区向相对低压区流动的特性为基础的。

①具液泡细胞的吸水

a. 相邻两细胞间水分的移动　水在两细胞间移动，首先靠两细胞液浓度差而引起的渗透来进行。然后由于吸水的细胞液泡体积增大，对细胞质、细胞壁产生膨压，细胞壁因此产生反作用力，称为壁压。这时水分的移动就取决于两细胞液的浓度及压力综合作用的结果。

b. 细胞置于某种溶液中

外界溶液浓度 < 细胞液浓度　水进入细胞，细胞表现吸水。

外界溶液浓度 = 细胞液浓度　液泡与溶液的水分动态平衡，细胞不吸水也不脱水。

外界溶液浓度 > 细胞液浓度　液泡的水进入溶液，细胞表现为脱水。

当细胞处于浓度相对较高的溶液中，细胞开始失水。由于细胞质的伸缩性大于细胞壁的伸缩性，细胞质随着细胞的逐渐脱水，而逐渐脱离细胞壁，最后细胞质收缩成球形小团，与细胞壁完全分离（图1–50）。通常把植物细胞因失水而造成的细胞质与细胞壁分离的现象，称为质壁分离现象。如果把已发生质壁分离而尚未死亡的细胞，重新放入浓度较低的溶液中，或放入纯水中，外界的水分会再次进入细胞，使细胞恢复原来的状态，称为质壁分离复原现象。

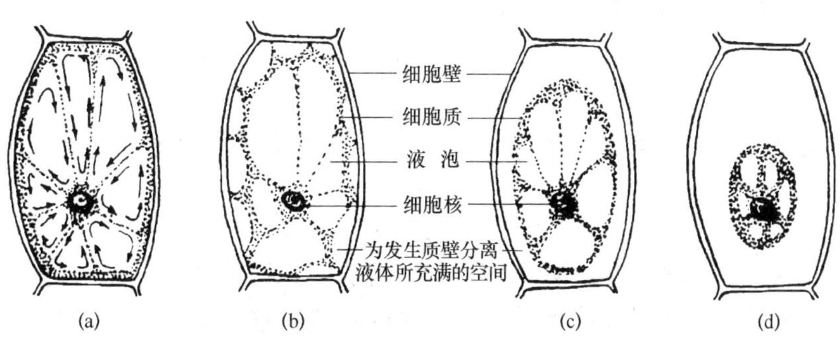

图 1–50　植物细胞的质壁分离

通过观察细胞质壁分离现象，可以判断细胞的死活，只有活细胞才能发生质壁分离，死细胞的质膜由于失去了选择透性，所以不会发生质壁分离。

②无液泡细胞的吸水

无液泡细胞（如干燥种子的细胞）不具有液泡，细胞内只有少量束缚水，不含自由水。无液泡细胞只能通过衬质对水分子的亲和而产生一种对水的吸引力，驱动水分子的运动，致使细胞从环境中吸取水分并膨胀，又称吸胀作用吸水。

1.10.4 拓展知识

（1）水势

水势是单位体积水所具有的自由能。通常以p_w（读作“psai”）表示。水势的单位用压力单位Pa（帕）或大气压（atm）、巴（bar）表示，它们之间的换算关系是：

$$1\text{atm} = 1.013\times10^5\text{Pa} = 1.013\text{bar},\ 1\text{bar} = 0.1\text{MPa} = 0.987\text{atm}$$

水势的绝对值是无法测定的。把水的冰点定作温度的摄氏零度。同样道理，把标准状况下纯水的水势规定为零。当水分子受压力的影响，或受溶质、衬质的作用时，纯水的水势就会发生改变。改变后的水势值，以纯水的水势作为标准，进行计量。

1）溶质势　在水溶液中，由于溶质分子与水分子的相互吸引与碰撞，消耗了水分子的一部分能量，从而使水的自由能降低，溶液的水势也就低于纯水的水势。这种由于溶质的存在而引起水势降低的值，称为溶质势。以“p_s”表示。溶质势小于纯水的水势，是负值。溶液的浓度越高，溶质势越低。

2）衬质势　当水中存在衬质（淀粉、纤维素、蛋白质等一些能吸引水分子而不溶于水的物质）时，由于衬质对水分子的吸引，降低了水的自由能，水势下降。由于衬质存在所引起的水势降低值为衬质势，以“p_m”表示。衬质势与溶质势一样是小于零的。

当水中存在溶质、衬质，溶液承受外界压力时，水体系的水势用以下公式计算：

$$p_w = p_p + p_s + p_m$$

其中，p_s与p_m为负值，p_p一般为正值。若水溶液中不存在衬质，上式可简化为：

$$p_w = p_s + p_p$$

当水溶液处在常压（0.1MPa）下，溶液的水势等于溶质势：$p_w = p_s$

水总是沿着水势梯度降低的方向，由高水势区移向低水势区，直至水势梯度消失为止。渗透现象的发生，正是由于在渗透系统中，半透膜两侧存在着水势梯度。

（2）细胞的水势

一般说来，植物细胞的水势也是由溶质势、压力势、衬质势三部分组成的。但是，不同类型细胞的水势组分又有差异。

1）具有液泡细胞的水势　具有液泡的细胞，其细胞液是多种物质的水溶液，具有一定的浓度。紧靠细胞壁的原生质层（质膜、中质、液泡膜）具有选择透性，相当于半透膜。细胞壁主要是由纤维素分子组成，分子间的空隙较大，水和溶质都可以通过。这类细胞的溶质势（$p_{s细}$）取决于细胞液的浓度。细胞吸水后体积增大，对原生质细胞壁产生膨压。细胞壁因此产生反作用力，称为壁压。壁压导致细胞产生压力势（$p_{p细}$），使细胞水势值增加。在具有液泡的细胞中，含水量一般较高，作为衬质的液泡内溶物，对水分子的引力相对极小。因此，细胞衬质势对细胞水势的影响，可以忽略不计。则具有液泡细胞的水势应该是溶质势（$p_{s细}$）与压力势（$p_{p细}$）之和。即：

$$p_{w细} = p_{s细} + p_{p细}$$

当细胞处于水势较低的溶液中，原生质的伸缩性大于细胞壁的伸缩性。原生质随着细胞的逐渐脱水，而逐渐脱离细胞壁，发生质壁分离现象。

2）无液泡细胞的水势　无液泡细胞不具有液泡，因此，细胞的溶质势、压力势不存在，所以$p_{w细} = p_{m细}$。细胞的衬质势驱使种子通过吸胀作用，从环境中吸取水分。

（3）相邻细胞间水分的移动

植物体内相邻细胞水势的高低，决定着相邻细胞之间水分移动的方向（图 1–51）。

A	B
$p_s = -13 \times 10^5$Pa $p_p = +7 \times 10^5$Pa $p_w = -6 \times 10^5$Pa	$p_s = -12 \times 10^5$Pa $p_p = +4 \times 10^5$Pa $p_w = -8 \times 10^5$Pa

A细胞 →→→→→→→→→→→→ B细胞

图 1–51　相邻细胞间水分移动示意图（‘→’为水的流向）

细胞A的溶质势虽然低于细胞B溶质势，但是细胞A的压力势高于细胞B的压力势，因此，细胞A的水势比细胞B高，水由细胞A移向细胞B。当多个细胞相连时，如果一端的细胞水势较高，则会依次形成一个递降的水势梯度，水分便从高水势的一端移向低水势的另一端。植物细胞之间水势递降的方向，就是水分运行的方向。

1.10.5　任务实施方法与步骤

（1）实验操作

1）实验材料的选择及镜检　选取带有色素的洋葱鳞叶，撕取其内表皮，放在载玻片上0.5mol/L的糖液中，加盖玻片，在低倍镜下观察表皮细胞中的变化。可见细胞质逐渐收缩离开细胞壁。首先发生于角隅处，即初始质壁分离。然后呈现凹形，继而凸形的质壁分离。对已发生质壁分离的材料，由盖玻片的一侧加2～3滴蒸馏水，在另一侧用吸水纸吸去多余的水，放置数分钟后，再用显微镜观察，可看到细胞质重新紧贴细胞壁，这就是质壁分离复原。

2）细胞死活的鉴定　取洋葱鳞叶内表皮死细胞（可用加热处理杀死细胞），按上述方法处理后，用显微镜观察有无质壁分离现象。

（2）小组讨论与成果展示、巩固训练

学生在课间反复操作，达到制作出的装片无气泡、清晰并能准确地观察到植物细胞质壁分离及复原的现象。

课后将提出的问题解答在作业本上。将观察到发生质壁分离现象的洋葱鳞叶内表皮细胞绘在技能报告上。

项目2　植物器官形态、结构的观察

教学目标

- 能正确辨认种子结构、主要类型果实和不同形态、变态的根、茎、叶，能正确区分各类花序。
- 能描述种子、果实结构及类型。会叙述根、茎、叶、花的形态与功能及茎的生长习性。正确说明花发育形成种子的过程。

任务2.1　种子和幼苗及种子形态、结构观察

2.1.1　知识和技能要求

- 能说明种子的不同类型及具体结构，叙述种子萌发过程及幼苗形成过程。
- 能鉴别农业生产中常见种子和幼苗的类型。

2.1.2　情境（情景）设计

（1）问题的提出

1）简述器官及类型。

2）说明种子类型和种子萌发的必要条件。

3）你怎样用子叶是否出土来指导农业播种深度?

4）解剖说明小麦、蓖麻和菜豆种子的结构。

（2）实验器材的准备　放大镜、解剖针、刀片、镊子、培养皿。蓖麻、菜豆（或大豆）、小麦等浸泡的种子。

2.1.3　支撑知识

（1）器官的概念和类型

1）器官的概念　在植物体上，由多种组织按一定顺序组成，具有一定形态特征和特定生理功能，易于区分的部分，称为器官。例如，植物的根、茎、叶、花、果实和种子等部分，都是器官。它们互相联系，构成一个完整的植物体（图1–22）。

2）器官的类型　根据器官生理功能的不同，可把植物器官分为两大类。根、茎、叶的生理功能是共同起着吸收、制造和供给植物体所需营养物质的作用，它们称为营养器官。花以及由花形成的果实和种子是起着生殖作用的，称为生殖器官。

(2) 种子和幼苗

1) 种子的结构与类型

①种子的结构　虽然种子的形状、大小和颜色因植物种类不同差异较大，而其结构是相同的，都由胚、胚乳（或无）、种皮三部分组成（图2–1）。

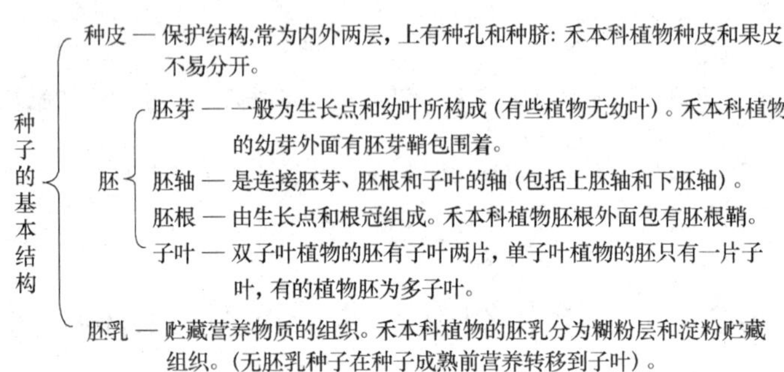

图 2–1　种子基本结构分解图

②种子的类型　根据种子成熟时胚乳的有无，把种子分为两种类型，一种是有胚乳种子，另一种是无胚乳种子。

a. 无胚乳种子　双子叶植物中的豆类、瓜类、白菜、萝卜、桃、梨、苹果等（图2–2）；单子叶植物中的慈姑、眼子菜、泽泻及兰科植物等的种子是由胚和种皮两部分组成，没有胚乳。

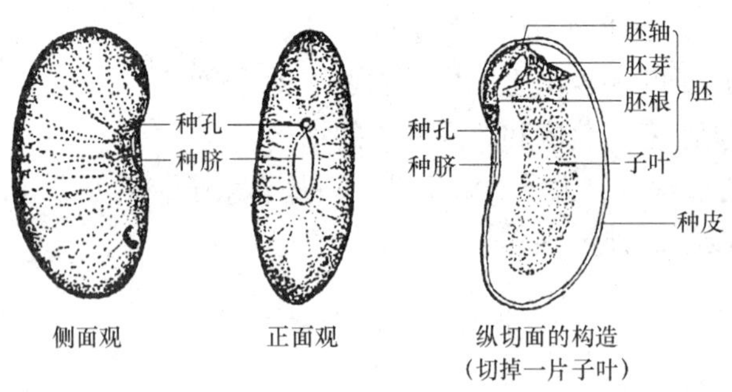

图 2–2　菜豆种子的结构

b. 有胚乳种子　这类种子是由种皮、胚和胚乳三部分组成。如双子叶植物中的蓖麻（图2–3）、荞麦、茄、番茄、辣椒、葡萄等的种子都属此类；大多数单子叶植物的种子是有胚乳的种子。如禾谷类（图2–4和图2–5）、葱、蒜等植物的种子都属于这一类型。

2) 种子的萌发和幼苗的类型

①种子的萌发　种子在充足的水分、适宜的温度和足够的O_2条件下，就能萌发。种子萌发首先是吸水膨胀，种皮由硬变软，其中贮藏的营养物质陆续分

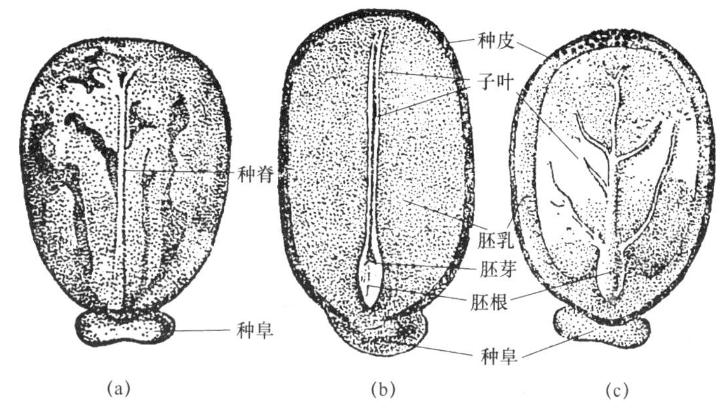

图 2-3　蓖麻种子的结构
（a）表面观　（b）通过宽面的纵切面　（c）通过狭面的纵切面

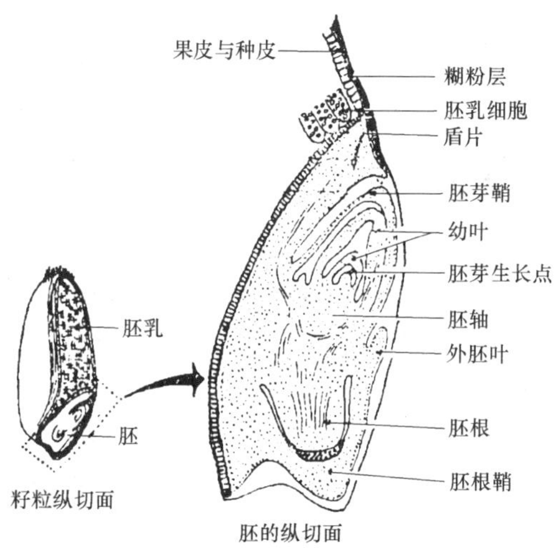

图 2-4　小麦籽粒纵切面（表示出胚的结构）

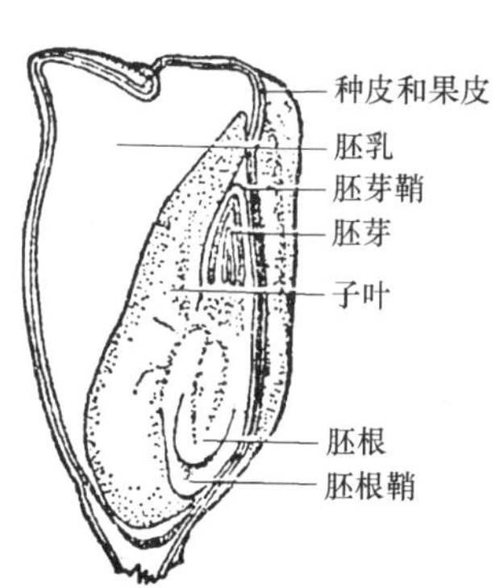

图 2-5　玉米籽粒纵切面图

解转化，供胚生长利用。胚的生长，通常是胚根先突破种皮向下生长，形成主根，由主根再形成侧根，使幼苗很快固定于土壤中，并从土壤中吸收水分和无机盐。在胚根生长的同时，胚轴和胚芽又开始向上生长，突破种皮，形成茎和叶，逐渐形成幼苗。

②幼苗的类型　由胚发育形成的幼小植物体，称为幼苗。幼苗有三种类型，即子叶出土幼苗和子叶留土幼苗。子叶能否出土，主要取决于胚轴生长的特性。从子叶着生处到第一片真叶之间的一段胚轴，称为上胚轴；子叶着生处至根之间的一段胚轴，称为下胚轴。下胚轴能否伸长，决定于子叶能否出土。现将两种不同类型的幼苗分述如下：

a. 子叶出土幼苗　大豆、棉花、瓜类、蓖麻、苹果及葡萄等植物的种子属于此种类型（图2–6）。这类种子萌发时，胚根首先突破种皮，入土形成主根，接着下胚轴伸长，起初弯曲成钩状，出土后逐渐伸直，将子叶和胚芽一起送出土面。子叶出土后见光转绿，并且长大，成为幼苗最早进行光合作用的器官。胚芽展开后，逐渐形成茎和叶。当真叶产生后，许多植物的子叶便逐渐枯萎脱落。

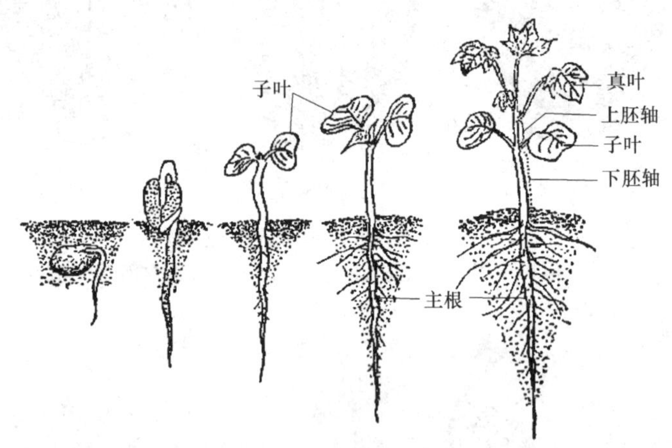

图 2–6　棉花种子萌发过程（表示出子叶出土）

b. 子叶留土幼苗　豌豆、蚕豆、板栗等植物的种子属于此种类型（图2–7）。这类种子萌发时，只是上胚轴和胚芽伸出土面，下胚轴不伸长，子叶仍留在土中，只供给营养物质而不进行光合作用。当幼苗形成后，子叶便自动消失。

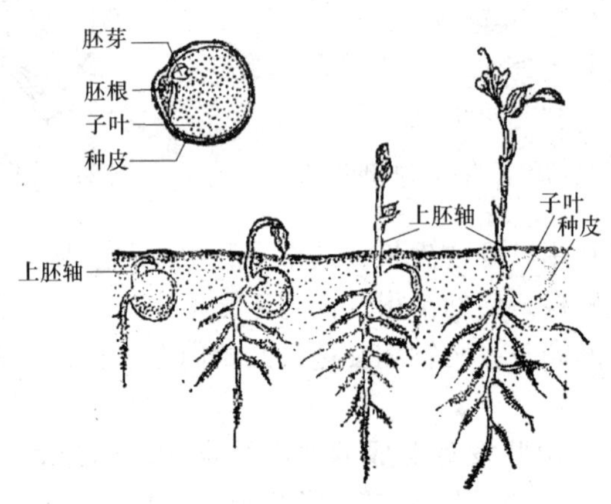

图 2–7　豌豆种子萌发过程，子叶留土

c. 子叶半出土幼苗　花生种子的萌发，兼有子叶出土和子叶留土的特点。因它的上胚轴和胚芽生长较快，下胚轴也能伸长，但有一定的限度。播种较深时，则不见子叶出土；播种较浅时，则可见子叶露出土面，这种情况，可称为

“子叶半出土幼苗”。

在生产上必须注意种子播种深度。一般来说，子叶出土的幼苗，播种适当浅一些，但也要看下胚轴的顶土能力和种子中所含脂肪的多少。如大豆等种子含脂肪较多，脂肪分解需要大量O_2，同时下胚轴的顶土能力较弱，因此要浅播。而菜豆种子下胚轴的顶土能力较强，子叶中脂肪含量又不多，就可适当深播。子叶留土的幼苗，一般出土时阻力较小，可适当深播，以利幼苗扎根、抗旱和防冻。但不管哪一类幼苗，都不能播种过深，否则就使胚轴过于伸长，消耗较多的养料，幼苗不易出土，容易形成弱苗，甚至不能出苗。

2.1.4　拓展知识

（1）种子的说明

种子是种子植物繁殖后代的器官。将种子播种在土壤里，当环境条件适宜时，就能萌发形成具有根、茎、叶的植物体，以后开花结实，又能产生新的种子。

种子是由胚珠发育而成的。如大豆、花生等的种子，都是由胚珠发育而成的。但水稻、小麦、向日葵等的籽粒，一般又称为种子，实际上它们是由子房发育而成的果实。果实内含有种子。

由于植物体是由种子发育而来，种植类植物的生长一般也是从播种开始，所以要了解植物的形态结构以及这些器官形成的过程，首先需要了解种子的结构及幼苗的形成。

（2）介绍几种典型种子的结构

1）双子叶植物无胚乳种子　菜豆种子外面包有一层种皮，在种皮上有一疤痕，称为种脐，在种脐的一端有种孔。如果用手指挤压浸泡的菜豆种子两侧，可以看到有水从种孔流出。种皮里面是胚，剥开种皮，露出两片肥厚的豆瓣，便是子叶。两片子叶连接处是胚轴。胚轴的下端是胚根，它的尖端正对着种孔。胚轴的上端成小叶状的部分称为胚芽。

2）双子叶植物有胚乳种子　蓖麻种子有两层种皮，其外一层坚硬并有花纹，称为外种皮。在种子的一端有海绵状的结构，称为种阜。种阜是由种皮延伸而成，覆盖在种孔外面，具有较强的吸水能力，有利于种子的萌发。剥去外种皮，可见到一层白色膜质的内种皮。种皮以内是白色肥厚的胚乳，含有丰富的脂肪和其它贮藏营养物质。紧贴胚乳里面就是大而薄的两片子叶，其上有显著的脉纹。夹在两片子叶基部，有一小突起，它包括胚根、胚轴和胚芽。

3）单子叶植物有胚乳种子　将小麦籽粒纵切，可见到其最外一层是果皮，它和种皮紧密连合，不易分离，因此小麦籽粒其实为单粒种子的果实。在生产上，由于它直接可作为播种材料，所以习惯把它称为种子。在种皮里面绝大部分是胚乳，胚乳外层细胞含有大量的糊粉粒（即蛋白质粒），这部分称为糊粉层，其余大部分的胚乳细胞中贮藏着淀粉。胚位于种子基部的一侧，在种子中所占的比例很小。胚的上端为胚芽，下端为胚根，胚芽的外面有胚芽鞘包着，胚根的外面有胚根鞘包着。胚芽与胚根之间的部分为胚轴。在紧靠胚乳一侧的胚轴上，生有一盾形的子叶（又称为盾片），种子萌发时，通过子叶自胚乳中吸收养料，供胚芽、胚根生长的需要。在胚轴上与子叶着生处相对的一侧，可看到一小突起，称为外胚叶，它是胚根鞘延伸的部分。玉米籽粒的结构（图2–5）与小麦的大体一致，因此不做详细介绍。

（3）幼苗的形成与供养的转换

1）禾谷类植物幼苗的形成过程　禾谷类植物的幼苗又属于子叶留土的类型。种子萌发时，胚根鞘最先突破种皮，随后胚根穿破胚根鞘入土形成主根。不久在胚轴上又生出数条不定根，这些不定根同主根在栽培学上统称为种子根。当胚根伸出胚根鞘以后，子叶以上的胚轴伸长形成地中茎，可把胚芽推送到近地表面，有利于胚芽出土和生长。在胚轴伸长的同时，胚芽鞘也迅速向上生长，保护胚芽伸出土面，随后第一片真叶破胚芽鞘穿出，并陆续长出新叶。因为下胚轴不伸长，所以禾谷类植物的种子属于子叶留土类型（图2–8）。

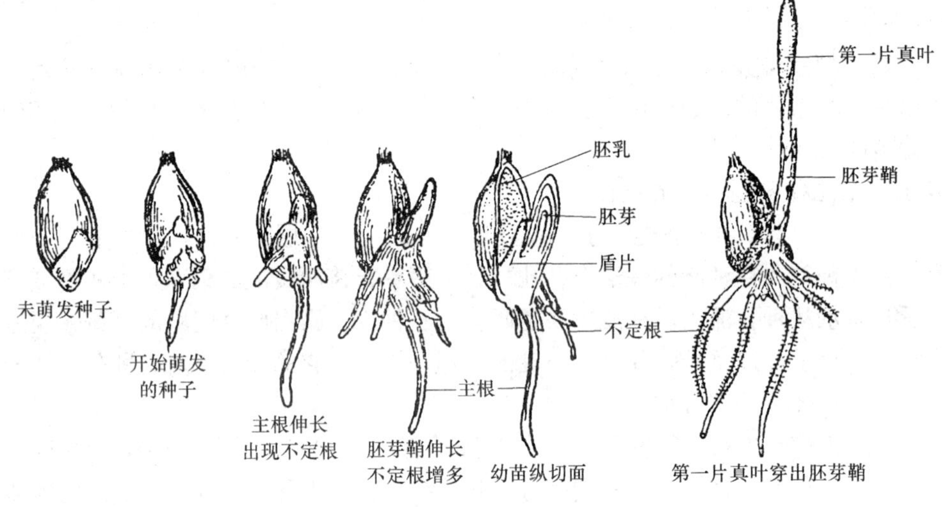

图 2–8　小麦籽粒萌发过程

2）幼苗供养的转换　幼苗在绿叶没有出现以前，是靠种子中的胚乳或子叶所贮藏的营养物质来供应养料的。种子中所含养料越多，幼苗生长越健壮，“种大苗肥”就是这个道理。因此选用粒大、饱满而成熟的种子来播种，是达到苗全、苗齐、苗壮的重要措施之一。当幼苗的子叶出土转绿或真叶产生以后，便可进行光合作用制造有机物质，供幼苗生活需要。由于有机物质不断产生，根、茎、叶不断生长，植株也由小长大，逐渐发展为成年植株。

2.1.5 任务实施方法与步骤

（1）实验操作

1）观察双子叶植物无胚乳种子 取大豆种子观察，种子最外面一层为种皮。种皮有一痕迹称为种脐。种脐的一端有一小孔为种孔。剥去种皮，露出两片肥大的豆瓣便是子叶。分开两片子叶，可见到一个小的构造，在这小构造上生着幼叶部分，称为胚芽；胚芽下面着生子叶的部分，称为胚轴；与胚芽相对的一端，有一光滑的突起称为胚根。

2）观察双子叶植物有胚乳种子 取蓖麻种子观察，种子外表为坚硬有花纹的外种皮，在种子扁平一面的中央，为一条稍有隆起的种脊，在种子较窄的一端，有类似海绵状结构的突起，称为种阜。剥去外种皮，可见一层白色膜质的内种皮。用刀片沿种子宽面纵切，可看到有大量的白色胚乳，胚乳中央有胚，胚有两片很薄的子叶，其上有显著脉纹。胚芽在两片子叶中间，下接胚轴和胚根。

3）观察单子叶植物有胚乳种子 取浸泡过的小麦籽粒，用放大镜观察，可见到一端生有冠毛，腹面有纵沟，称为腹沟，胚位于背面下端。然后，沿腹沟通过胚纵切，做成临时装片，置于显微镜下观察，可见种皮内有发达的胚乳，紧贴种皮的那层胚乳为糊粉层。胚位于下方的一侧，胚的上端是胚芽，下端是胚根。胚芽外的鞘状物为胚芽鞘，胚根外为胚根鞘。胚根与胚芽之间的部分为胚轴。在胚轴上，靠近胚乳的一侧有一片子叶（盾片）。也可用玉米籽粒观察，取浸泡过的玉米籽粒，沿胚（即种子宽的一面）中部纵切成两半，用扩大镜观察，可看到外面为果皮与种子紧密连合在一起。种皮以内大部分为胚乳，胚位于下方，仔细观察胚的构造，分出盾片、胚芽鞘、胚芽、胚轴、胚根和胚根鞘。

（2）小组讨论与成果展示、巩固训练

学生在课间对照课文内容，用放大镜反复观看小麦种子、蓖麻种子和菜豆种子的结构，达到能口头叙述出它们的结构。

课后反复阅读课文，熟记对提出问题的解答，并将问题解答在作业本上。将你看到的小麦种子、蓖麻种子和菜豆种子的结构绘在技能报告上。

任务2.2 根的形态与功能及根形态的观察

2.2.1 知识和技能要求

- 能说出根与根系的区别和根的功能。
- 会识别直根系与须根系。

2.2.2 情境（情景）设计

（1）问题的提出

1）说明根的作用及种类。

2）讲述葡萄扦插、压蔓繁殖的理论基础。

3）如何结合植物根系在土壤中分布特点指导农业生产？

4）结合对实物的观察，讲述小麦、大豆根系的区别。

（2）实验器材的准备 放大镜。大豆、蒲公英和小麦、玉米植株的根系或其标本。

2.2.3 支撑知识

（1）根及其功能

根是植物体的地下营养器官。它的主要功能是吸收、输导水分和无机盐，并使植物固定在土壤中。根还能合成某些重要物质。此外，有些植物的根还具有贮藏营养物质，向土壤分泌体内废物和繁殖的功能。

（2）根的形态与种类

正常的根外形呈圆柱体形，生长在土壤中受土壤压力的影响而呈各种弯曲状态。

植物的根，根据根发生部位的不同，可分为主根、侧根和不定根三种类型。由种子的胚根发育成的根称为主根。主根在一定部位生出许多分支，称为侧根。侧根可再次分支，形成多级侧根。在茎、叶和胚轴上产生的根称为不定根，例如葡萄、草莓等植物的茎上长出的根；玉米、甘蔗靠近地面茎节部的支持根。禾本科植物的胚轴和分蘖节上均能产生不定根。生产上常用扦插、压条等方法进行繁殖，就是利用植物能产生不定根的特性。

（3）根系与种类

植株地下部所有根的总体，称为根系。根系分直根系和须根系两种类型。

1）直根系　主根发达粗壮，与侧根有明显的区别。大多数双子叶植物，如棉、大豆、蒲公英以及果树和林木的实生苗等具有这种根系（图2–9）。

2）须根系　主根不发达或早期停止生长，在茎基部生出许多条不定根，整个根系呈须状。一般说来，单子叶植物的根系都是须根系，如小麦、水稻等的根系，但少数双子叶植物如毛茛、车前等也形成须根系（图2–9）。

3）根系在土壤中的分布状态　根系在土壤中分布很深很广。须根系植物如小麦的根，可深入到1.5～2m的土层中；直根系植物的根系更深，如棉的根可达3m。根系分布较深的，比较耐旱，反之则不耐旱。生产上常把深根作物和浅根作物进行间作或套种，使其充分利用土壤中不同层次的养分和水分。

植物根系的水平分布也比地上部分广，如南瓜的根，其横向扩展可达5m以上；果树根系的扩展范围，一般都超过其树冠范围2～5倍，例如，12年生的红橘植株，树冠扩展范围约为4m，而根系的扩展范围则约达9m，在施肥时应考虑到植物根系分布特点。

根系的分布情况还受外界环境条件的影响。一般土壤肥沃、结构疏松、含水适当而且光照充足的，利于根系分布，地上部分生长也健壮；相反，土壤养分缺乏、结构不良、通透性差、水分缺乏或过多，都会使根系生长不良，整个植株也生长不良。因此，在生产上，改进耕作技术，提高土壤肥力，改良土壤结构，给根系创造一个良好的生长条件，是获得高产的重要措施之一。

植物根系的生长，也可影响土壤，改良土壤的理化性质，从而起到增加土壤的蓄水力和提高土壤肥力的作用。

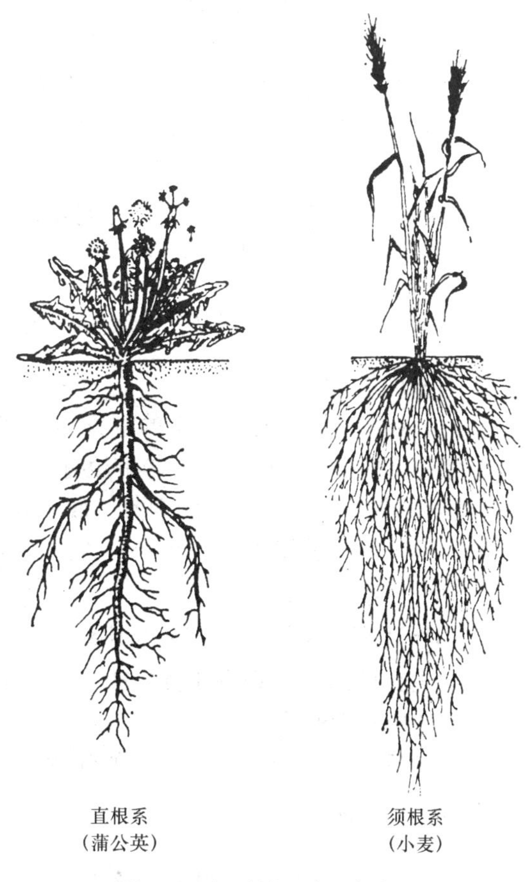

图 2–9　根系的两种基本类型

2.2.4　拓展知识

根的作用

1）支持与固着作用　被子植物具有庞大的根系，其分布范围和入土深度与地上部分相应，以支持茎叶系统，并把植株体固着在土壤中，以利于植株各器官进行各自所承担的生理代谢活动。

2）吸收、输导与贮藏作用　根是植物重要的吸收器官，能够不断地从土壤中吸收水和无机盐，并通过输导作用，满足地上部分生长、发育的需要。此外，根还能吸收土壤溶液中离子状态的矿质元素以及少量含碳有机物、可溶性氨基酸和有机磷等有机物，以及溶于水中的CO_2和O_2。根又可接受地上部分所合成的有机物，以供根的生长和各种生理活动的需要，多余部分的有机物将贮藏在根的薄壁组织内。

3）合成作用　根能合成多种有机物，如氨基酸、植物碱（如尼古丁）及激素等物质；当病菌等异物入侵植株时，根也和其它器官一样，合成被称为“植物保卫素”的一类物质，起防御作用。

4）分泌作用　根能向外分泌代谢物质，包括糖类、氨基酸、有机酸、固醇、生物素等生长物质以及核苷酸、酶等。这些分泌物有的可以减少根在生长过程中与土壤的摩擦力；有的使根形成促进吸收的表面；有的对其它种生物是生长刺激物或抑制物及毒素；有的对后作生长不利；有的可抗病害。根的分泌物还能促进土壤中一些微生物的生长，它们在根际和根表面形成一个特殊的微生物区系，这些微生物对植株的代谢和抗病性等方面起作用。

2.2.5　任务实施方法与步骤

（1）实验操作

1）大豆、蒲公英直根系的观察　取大豆、蒲公英的根系观察：可看到大豆、蒲公英的主根发达粗壮，与侧根有明显的区别。

2）小麦、玉米须根系的观察　取小麦、玉米的根系观察：可看到小麦、玉米的主根不发达或早期停止生长，在茎基部生出许多条不定根，每条根近于等粗，整个根系呈须状。

（2）小组讨论与成果展示、巩固训练

学生在课间反复观察小麦、玉米、蒲公英和大豆植株根系的形态，达到能口头叙述出它们的特点。

课后反复阅读课文，将提出的问题解答在作业本上。把小麦和蒲公英根系的形态绘在技能报告上。

任务2.3　茎的形态与功能及茎形态的观察

2.3.1　知识和技能要求

- 能准确讲解芽与枝条的形态和类型，茎的生长习性及功能，茎的分枝方式及分枝与分蘖的区别。
- 会识别不同类型芽、枝条，不同类茎的生长习性和分枝方式。

2.3.2　情境（情景）设计

（1）问题的提出

1）介绍一下植物茎在植物生长过程中的作用。

2）说出茎的两种分枝及相应的生产意义。

3）怎样结合小麦、水稻分蘖特点指导农业生产？

4）结合对实物的观察，向大家讲述芽的类型和特点。

5）以手中拿的枝条为例，说明它的特点。

6）说出四种生长习性茎的各自特点。

（2）实验器材的准备　放大镜和单面刀片。具并列着生三个芽（鳞芽）的桃枝条，具不定芽的甘薯块根；苹果的长枝和短枝、具单轴分枝的杨、柳枝，具合轴分枝的山楂枝，具假二叉分枝的丁香枝，具分蘖的小麦苗；玉米的直立茎，菜豆的缠绕茎，葡萄、黄瓜的攀援茎，甘薯、草莓的匍匐茎。

2.3.3　支撑知识

（1）茎及其功能

茎是联系植物根、叶以及输导水分、无机盐和有机物质的轴状结构；除少数生于地下外，一般是植物体生长在地上的营养器官之一。茎上着生叶和芽以及花和果等，并以输导和支持为主要功能。此外，还有贮藏营养物质和繁殖等功能。

（2）茎的形态

1）芽的概念　大部分植物茎的顶端和叶腋处都生有芽，芽开展后可形成枝条或花和花序。因此，芽实际上是未发育的枝或花和花序。

2）芽的类型　根据芽在茎、枝条上着生的位置、性质、结构和生理状态，可将芽分为定芽和不定芽及叶芽、花芽和混合芽、鳞芽和裸芽以及活动芽和休眠芽几种类型。一个具体的芽，可以有不同的名称。例如水稻、小麦的顶芽，是活跃生长着的，可称活动芽；它没有芽鳞包被，可称裸芽；它将来能发育成穗，又可称花芽。

3）枝条　当年生具有叶和芽的茎，称为枝条。枝条上着生叶的部位称为节，相邻两节之间的部分称为节间，叶片与枝条之间的夹角称为叶腋。枝条顶端生有顶芽，叶腋处生有腋芽，又称为侧芽。当叶片脱落后，在枝条上留下的痕迹，称为叶痕；叶痕中突起的小点，是茎与叶柄间维管束断离后留下的痕迹，称为叶迹。在木本植物的枝条上还有皮孔，它是茎内组织与外界气体交换的通道。皮孔后来因枝条不断加粗而胀破。所以通常在老茎上就看不到皮孔。枝条上，顶芽开放后，芽鳞脱落留下的痕迹称为芽鳞痕，根据芽鳞痕的数目可以判断枝条的年龄（图2–10）。

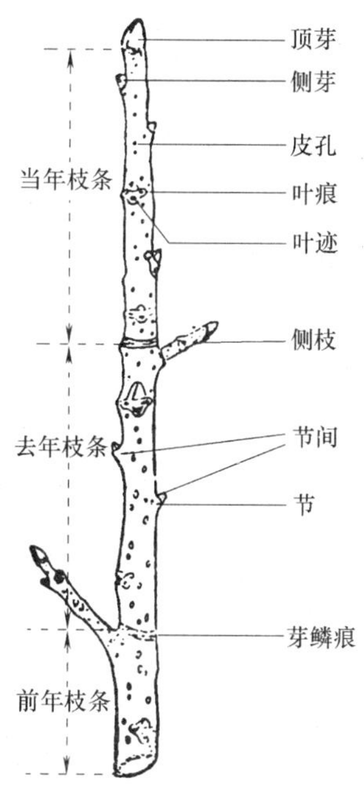

图 2–10　桃冬枝的外形

①长枝和短枝　许多木本植物，如苹果、梨等植物体上有长短不同的两种枝条：长枝节间较长，叶片排列稀疏，一般只生叶芽，没有花芽，称营养枝或叶枝；短枝节间较短，叶片排列较近，通常着生花芽或混合芽，称结果枝或花枝（图2–11）。

在果树修剪中，常剪去弱的结果枝和过多的营养枝，以调节营养和通风透光，提高果实的产量和品质。

②分枝与分蘖

a. 分枝　分枝是植物茎生长时普遍存在的现象，而且分枝是有规律的，每种植物常具有一定的分枝方式（图2–12）。

（a）单轴分枝（总状分枝）　主茎的顶芽活动始终占优势，形成主干。侧芽所形成的分枝，其顶端生长较弱于主轴，这种分枝方式，称单轴分枝。麻类就属于单轴分枝，栽培时要注意保持其顶端生长优势，以提高其品质。松、杉、杨等植物的单轴分枝最为明显，它们的主干高大耸直，能生长出具有经济价值相对高的木材。

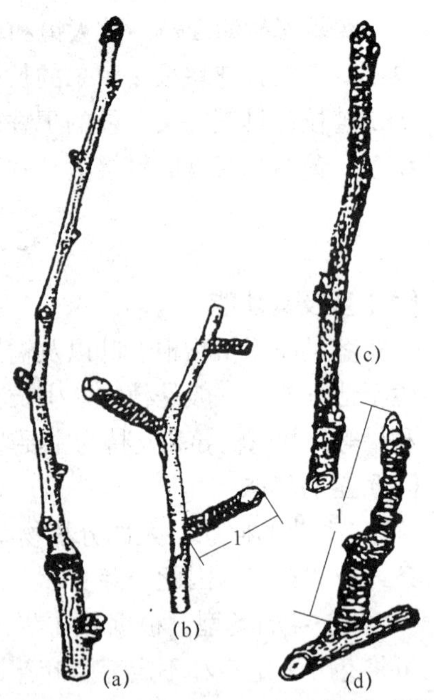

图 2–11　长枝和短枝

（a）银杏的长枝　（b）银杏的短枝

（c）苹果的长枝　（d）苹果的短枝

（b）合轴分枝（分枝）　主茎的顶芽生长到一定时候，便死亡或生长缓慢，或分化成花芽，于是顶芽下的腋芽便萌发长成新枝。新枝生长一段时间后，其腋芽又代替了顶芽生长，如此多次重复，形成由许多侧枝结合而成的茎干，这种分枝方式，称为合轴分枝。其特征是主干弯曲，株形比较开展，而花芽往往较多，有利于植物的繁殖。棉的果枝、柑橘类和葡萄、李、枣等都具有合轴分枝的特性。

（c）假二叉分枝　顶芽死亡或不发育，在近顶芽下面的对生腋芽同时发育出两个分枝。以后各分枝重复这种方式，形成了假二叉分枝，如辣椒、石竹、丁香等。

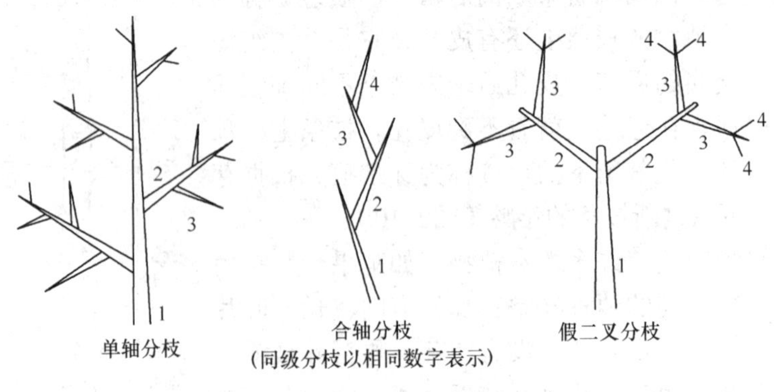

图 2–12　分枝方式

b. 分蘖　分蘖是禾本科植物的特殊分枝方式（图2–13）。如小麦、水稻等，它们能从靠近地面的茎基部产生分枝，同时伴随分枝有不定根的形成，这种分枝，称为分蘖。产生分蘖的节，称为分蘖节，每一个分蘖节都有一个腋芽。分蘖就是由腋芽产生的，分蘖基部能产生不定根。从主茎上长出的分蘖，称为一级分蘖，由一级分蘖上长出的分蘖，称为二级分蘖，以此类推，一株小麦或水稻可产生很多分蘖。凡是能及时抽穗结实的分蘖，称为有效分蘖。不能抽穗或抽穗而不结实的分蘖，称为无效分蘖。分蘖的多少常因作物、品种、栽培条件而异。

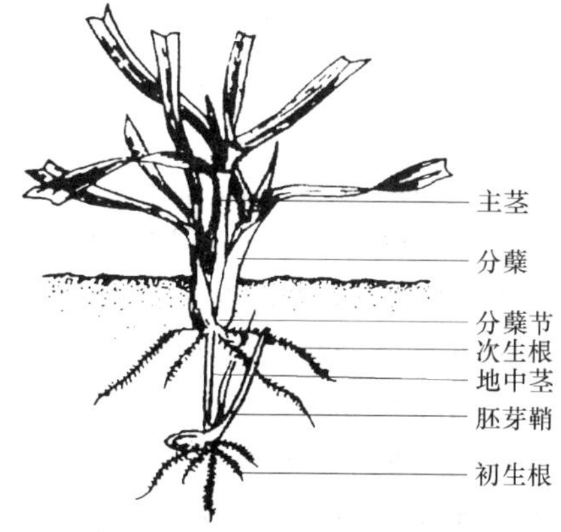

图 2–13　小麦的分蘖

4）茎的形态与生长习性

①茎的形态　从外形看，大多数植物茎为圆柱形，如玉米、苹果等的茎；也有三棱形的，如莎草的茎；还有方柱形的，如薄荷等的茎。

②茎的生长习性（图2–14）

a. 直立茎　大多数植物茎是直立的，高度由数十厘米（如石竹的茎）至一百多米（如红杉的茎）。

b. 缠绕茎　茎细长，成螺旋状生长而绕于其它物体上，如菜豆、牵牛花、菟丝子等的茎。

c. 攀援茎　茎不能直立，需依靠卷须、吸盘等攀援在其它物体上才能向上生长，如葡萄、瓜类等的茎。

d. 匍匐茎　匍匐茎地面生长，在接触地面的节部生不定根，如甘薯、草莓等的茎。

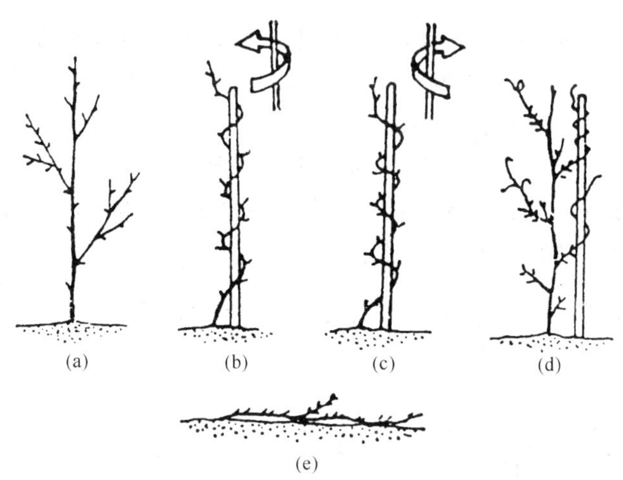

图 2–14　茎的生长习性

（a）直立茎　（b）左旋缠绕茎　（c）右旋缠绕茎　（d）攀援茎　（e）匍匐茎

2.3.4 拓展知识

（1）茎的作用

1）支持作用　茎是地上部分的主轴，它支持着叶、芽、花、果，并使它们形成合理的空间布局，有利于叶的光合作用以及花的传粉和果实、种子的传播。

2）输导作用　根部吸收的水、矿物质，以及在根中合成的有机物除根需要外的部分通过茎运往地上各部分；叶的光合产物也得通过茎输送到植株各部分，如根的贮藏物。

3）贮藏与繁殖作用　茎有贮藏功能，尤其是多年生植物，其贮藏物成为休眠芽于春季萌动的营养来源；有些植物的茎还具有繁殖功能，如马铃薯的块茎、杨的枝条等。

（2）不同类型芽的说明

1）定芽和不定芽　在茎、树条的节上着生有固定位置的芽，称为定芽。定芽可分为顶芽和腋芽。大多数植物每个叶腋只有一个腋芽，但有些植物生长两个芽或两个以上的芽，其中中间的一个为主芽外，其它的芽称为副芽，如桃的三个腋芽中有一个主芽两个副芽。除顶芽与腋芽外，在植物体其它部位发生的芽称为不定芽。如苹果、枣、榆的根，甘薯的块根，桑、柳等老茎上均可生出不定芽。由于不定芽可以发育成新植株，所以，人们经常利用这种特性来繁殖植物。这对于快速育苗和林木更新都有重要意义。

2）叶芽、花芽和混合芽　芽开展后长成枝条的，称为叶芽。芽开展后形成花或花序的，称为花芽。如果一个芽开展后，既生枝叶，又有花或花序形成的，称为混合芽。如梨、苹果和海棠等都具有混合芽。花芽和混合芽通常较叶芽肥大。

3）鳞芽和裸芽　芽为芽鳞包被者，称鳞芽。鳞片外表常覆盖绒毛或蜡质，可增强保护作用。许多木本植物秋、冬季形成的芽，多属于鳞芽。有些植物的芽不具芽鳞，称为裸芽。草本植物及生长在热带潮湿气候的木本植物多为裸芽。

4）活动芽和休眠芽　芽形成后能在当年或第二年生长季节中萌发的，称为活动芽。有的芽形成后，当年生长季节中暂不萌动，需经一段时间的休眠才能萌发，或多年也不萌发的，称为休眠芽或潜伏芽。

2.3.5 任务实施方法与步骤

（1）实验操作

1）芽的类型观察

①取具并列生三个芽的桃枝条观察　可看到桃的一个叶腋处生长三个腋芽，其中中间的一个为主芽，它将来发育成枝叶，又称叶芽；左右的芽略肥大，称为副芽，它将来发育成花，又称花芽。其它叶腋处多数都生长一个或两个

芽。芽上都有芽鳞包被着，又称鳞芽。枝条侧面的这些芽位置都是在叶腋处，因此它们又都为定芽中的腋芽。

②取具不定芽的甘薯块根观察　可看到在甘薯块根不固定的部位上都分布着芽包或已经发生成芽，这些位置不固定的芽就称为不定芽。它又是裸芽。

2）枝条种类及分枝方式的观察

①取当年生桃枝条观察　上面明显分布着节、节间、叶腋、顶芽、腋芽、叶痕、叶迹和皮孔等枝条的形态。

②取苹果的长枝和短枝观察　长枝节间较长，叶片排列稀疏，只生叶芽，没有花芽；短枝节间较短，叶片排列较近，着生花芽或混合芽。

③取具单轴分枝的杨、柳枝观察　有明显的由主茎的顶芽形成的主干和侧芽所形成的分枝，可见主轴的生长占优势。

④取合轴分枝的山楂枝观察　主茎的顶芽生长到一定时候，便分化成花芽，后发展成伞房花序，于是顶芽下的腋芽便萌发长成新枝。如此多次，形成了弯曲的主干。

⑤取具假二叉分枝的丁香枝观察　顶芽形成圆锥花序后，在顶芽下面的对生腋芽同时发育出两个分枝。以后各分枝都是重复这种方式。

⑥取具分蘖的小麦苗观察　从靠近地面的茎基部产生的分枝上有不定根。剥去叶鞘后可见到分蘖节，同时每一个分蘖节上都有一个腋芽。

3）茎的类型观察　取下列植物的茎可观察到：玉米是直立茎，菜豆是缠绕茎，葡萄和黄瓜是攀援茎，甘薯和草莓是匍匐茎等。

（2）小组讨论与成果展示、巩固训练

学生在课间对照课文内容，反复观察实验材料的形态，达到能口述它们的特点。

课后反复阅读课文，将提出的问题解答在作业本上。将桃冬枝的外部形态绘在技能报告上。

任务2.4　叶的形态与功能及叶形态的观察

2.4.1　知识和技能要求

- 能准确讲述叶组成及功能，叶片、叶脉的形态，单叶与复叶的区别，叶序的类型。
- 会辨认不同类型的叶序，不同形态的叶片、叶脉，单叶与复叶。

2.4.2　情境（情景）设计

（1）问题的提出

1）说出植物叶在植物生长过程中的作用。

2）比较完全叶、不完全叶。

3）你怎样结合稗草、水稻叶的区别指导农业生产者除草？

（2）实验器材的准备 放大镜和单面刀片。梨、瓜类、荠菜、稗草、水稻；榆、杏、柳、莲、苹果、菠萝、长花蓼、含笑花、猪殃殃；甘薯、桑、茄、油菜、木薯、马铃薯；葡萄、棉花、美人蕉、棕榈、蒲葵；玉米、大豆、菜豆、大麻、刺槐、花生、柚、柑橘;小麦、桃、向日葵、芝麻、丁香、夹竹桃、银杏、落叶松、蒲公英、车前草和白菜的叶序。

2.4.3 支撑知识

（1）叶及其功能

叶是由叶原基发育形成的植物地上部分重要的营养器官，它是观赏价值较高的部分，也是鉴别植物较重要的依据。叶起源于茎尖生长锥周围的叶原基。它的主要功能是进行光合作用、蒸腾作用和气体交换。此外，有些植物的叶还有吸收、分泌、贮藏营养物质和繁殖的功能。

（2）叶的形态

1）叶的组成　一个完全的叶包括叶片、叶柄和托叶三个部分，如棉、桃、梨、月季等（图2–15）。叶缺少其中一部分或两部分的，称为不完全叶，如丁香、茶、瓜类、向日葵的叶缺少托叶；油菜花薹上的叶，荠菜、莴苣等的叶缺少叶柄和托叶，又称为无柄叶。禾本科植物的叶有些不同。它由叶鞘和叶片两部分组成（图2–16）。叶鞘在叶片下方，包围着茎秆，如稗草等。有些植物在叶鞘与叶片之间的内方，有膜状突起物，称为叶舌。有些植物在叶舌的两侧，有一对膜质突起物，称为叶耳。叶舌和叶耳的形状、大小以及有无，可作为识别植物的依据。

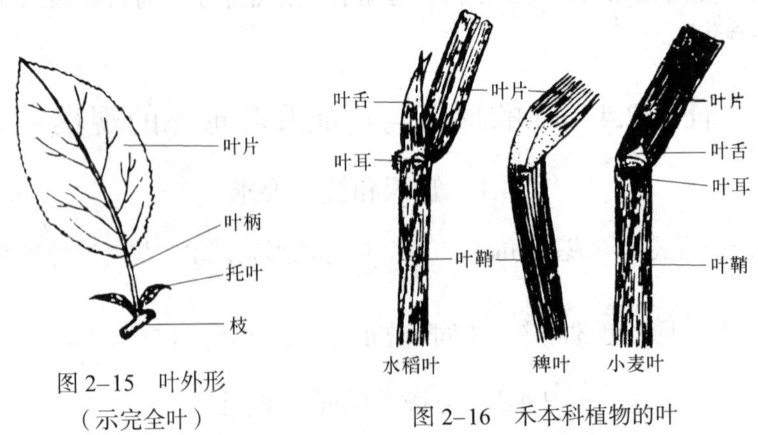

图 2–15　叶外形（示完全叶）

图 2–16　禾本科植物的叶

①托叶　托叶是叶柄下方的附着物，是位于叶柄和茎相连接处的绿色小

叶，通常是成对分离，有早落现象。托叶的形状随植物种类而不同，如梨的托叶为线形；豌豆的托叶宽大；荞麦的托叶包围在茎节基部，称为托叶鞘。

②叶柄　叶柄是叶片基部与茎相接的中间柄状部分。它能支持叶片，并能转动，从而改变叶片的位置和方向，使叶片不致互相重叠，更多地接受阳光。叶柄又是叶片和茎之间输送水分和营养物质的通道。

③叶片　叶片是叶的主要部分，通常为绿色，外形多为宽大而扁平，这些特征与它的生理功能相适应。植物的光合作用和蒸腾作用主要是通过叶片进行的。叶片内分布着叶脉，叶脉是叶中的维管束，它有支持叶片伸展、输导水分与养料的作用。

a. 叶片的大小和形状　叶片的大小和形状随植物种类不同，相差很大。叶片的长度可由几毫米到几米。例如，柏树的叶长仅几毫米；芭蕉的叶片长达1 ~ 2 m。

叶片的形状以叶片的几何形状为基础，加长度和宽度的比例及最宽处所在的位置来确定的（图2–17）。如榆、杏叶为卵形，桃、柳叶为披针形，莲叶为圆形，苹果叶为椭圆形，小麦叶为线形，菠萝叶为剑形。上述基本形的中间类型，可用“长、阔、倒”等形容词给以定性。例如，长披针形（长花蓼）、阔披针形（含笑花）、倒披针形（猪殃殃）等。但也有一些植物，在同一株上，具有不同形状的叶片，如桧柏树上既有针形叶，又有鳞片状叶。叶片的形状虽然变化很大，但每一种植物仍有特定的形态特征，所以叶片是鉴定植物的依据之一。

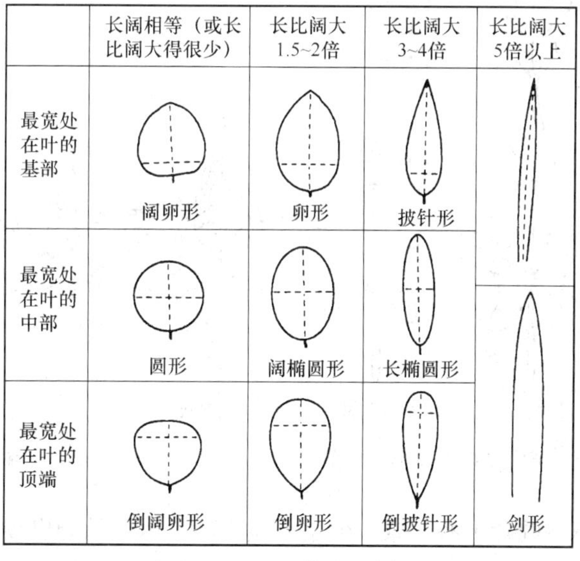

	长阔相等（或长比阔大得很少）	长比阔大1.5~2倍	长比阔大3~4倍	长比阔大5倍以上
最宽处在叶的基部	阔卵形	卵形	披针形	
最宽处在叶的中部	圆形	阔椭圆形	长椭圆形	
最宽处在叶的顶端	倒阔卵形	倒卵形	倒披针形	剑形

图 2–17　叶片的基本形状

b. 叶缘与叶裂　叶片的边缘称为叶缘。叶缘完整无缺的，称为全缘，如甘薯；叶缘像锯齿形的，称为锯齿缘，如桃；叶缘像牙齿形的，称为牙齿缘，如桑；

叶缘凹凸像波浪形的，称为波状缘，如茄（图2–18）。

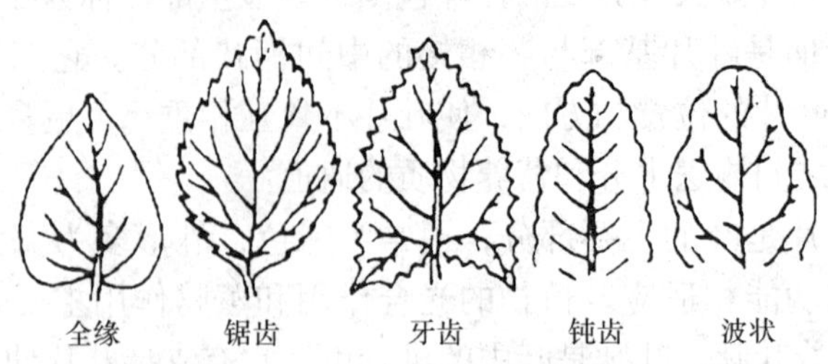

图 2–18　叶缘的基本类型

如果叶缘凹凸很深，称为叶裂。叶裂具有一定的形式，可分为羽状和掌状两种，每种又可分为浅裂、深裂和全裂三种（图2–19）。叶裂不到或仅达叶片宽度的1/4时，称为浅裂，如油菜、棉花；叶裂超过叶片宽度1/4而不到主脉时，称为深裂，如蒲公英、蓖麻等；叶裂深达主脉或基部的，称为全裂，如木薯、马铃薯等。

c. 叶脉的类型　根据叶脉在叶片上分布的方式，叶脉可分为网状脉与平行脉两种类型（图2–20）。

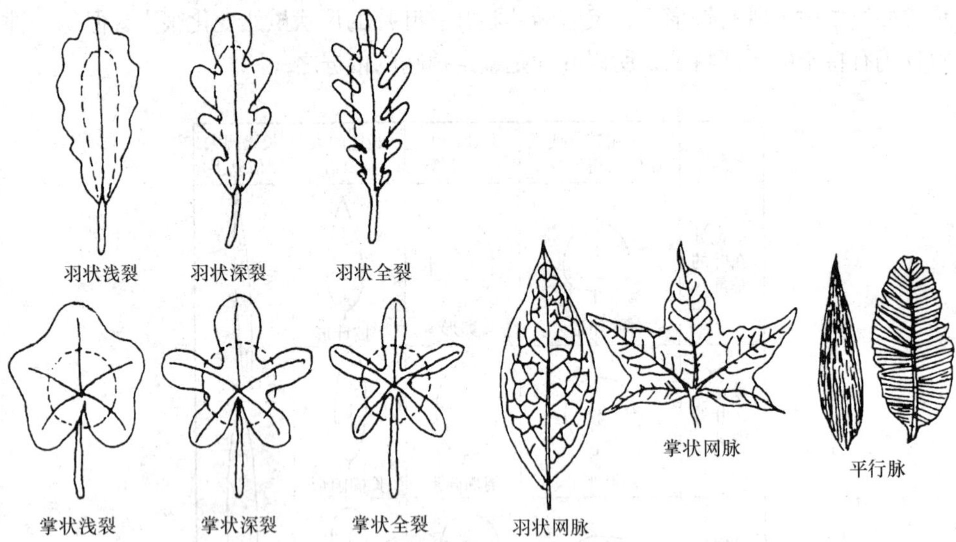

图2–19　叶裂的类型（虚线为叶片一半的界线）

图 2–20　叶脉的类型

（a）网状脉　叶片上有一条或数条明显主脉，由主脉分出较细的侧脉，由侧脉分出更细的小脉，各小脉交错连接成网状的，称为网状脉。双子叶植物具有网状脉。凡侧脉由主脉向两侧分出，排成羽状的，称为羽状网脉，如桃、板栗等；如数条中脉汇集于叶柄顶端，开展如掌状的，称为掌状网脉，如葡萄、棉花等。

（b）平行脉　叶片中央有一条中脉，中脉两侧有许多侧脉，相互平行或近于平行的，称为平行脉。单子叶植物具有平行脉。平行脉又可分为直出平行脉（水稻、小麦）、弧状脉（车前草）、横出脉（香蕉、美人蕉）、射出脉（棕榈、蒲葵）和叉状脉（银杏）五种。

2）单叶和复叶

①单叶　一个叶柄上只生一个叶片的，称为单叶，如梨、棉、玉米等。

②复叶　一个叶柄上生有两个或两个以上叶片的，称为复叶。复叶的叶柄称为总叶柄，总叶柄上着生的叶称为小叶。复叶的小叶叶腋内没有芽，所以能够和单叶区别开。

复叶根据小叶排列方式可分为四种类型（图2–21）。

a. 三出复叶　由三片小叶着生在总叶柄上，顶端一片，两边各一片，如大豆等。

b. 掌状复叶　由三片以上小叶着生在总叶柄的顶端，形似手掌，如大麻、木棉等。

c. 羽状复叶　由很多小叶着生在总叶柄的两侧，呈羽毛状。如果羽状复叶的顶端生一小叶，小叶的数目为单数的，称为奇数羽状复叶，如紫云英、刺槐等；如果羽状复叶的顶端小叶是偶数的，称为偶数羽状复叶，如花生、蚕豆等。根据羽状复叶叶柄分枝的次数，又可分为一回羽状复叶（如月季）、二回羽状复叶（如合欢）和三回羽状复叶（如南天竹）。

d. 单身复叶　是三出复叶的变形，其两侧的小叶退化，仅留下顶端的一片小叶，外形似单叶，但是在小叶基部有显著的关节，如柚、柑橘等。

（3）叶序与叶镶嵌

1）叶序　叶在茎上排列的方式，称为叶序，可分以下几种类型（图2–22）。

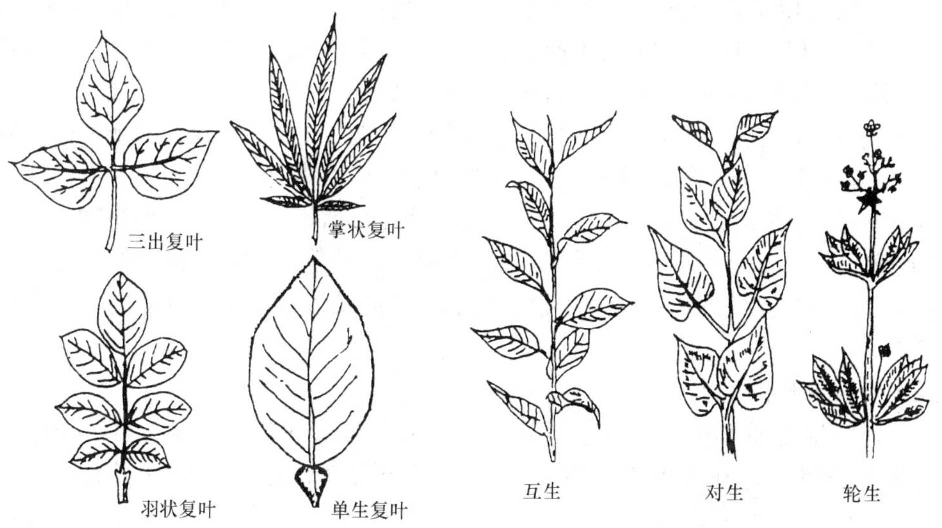

图 2–21　复叶的种类

图 2–22　叶序

①互生　若茎的每个节上只生一个叶时，称为互生，如小麦、桃、向日葵等。

②对生　若茎的每个节上相对生两片叶时，称为对生，如芝麻、薄荷、丁香等。

③轮生　若茎的每个节上轮生三片或以上的叶，称为轮生，如夹竹桃、茜草等。

④簇生　叶着生在节间极度缩短的枝条上。如银杏、落叶松短枝上的叶。

⑤基生叶和茎生叶　整个茎或仅茎下部的节间极度缩短，形似从根上长出许多叶。这种叶序在草本植物中常见，如平车前、白菜、荠菜。相对于基生叶，其茎上部正常节上的叶，称为茎生叶。

2）叶镶嵌　在各种叶序中，上下相邻节上的叶，排列方向不同，而且叶柄可以转动；下部叶柄较长，上部叶柄较短，使同一枝条上的叶片彼此互不遮挡，镶嵌排列，可充分地接受光照，这种现象称为叶镶嵌。

2.4.4　拓展知识

（1）叶的功能

1）进行光合作用制造有机物　叶是绿色植物进行光合作用的主要器官。光合作用是绿色植物利用光能，将所吸收的CO_2和H_2O合成有机物质，并放出O_2的过程。O_2是人类和一切需氧生物的生活及有机物的氧化分解和燃烧等的必需条件；人类所需的粮食、蔬菜、水果、纤维、油料、木材及药材等都来自它直接或间接合成的有机物质。

2）进行蒸腾作用协调各种生理活动　叶又是植物进行蒸腾作用的主要器官。蒸腾作用是水分通过植物体表面，以气体状态从体内散失到大气中的过程。蒸腾作用促进植物对水分的吸收，水分在植物体内的运行。降低叶表面的温度，使其免受热害。促进矿物质营养的运输、分配。

3）具有一定的吸收、分泌、贮藏和繁殖等能力　根外施肥，喷施生长调节剂、农药和除草剂，都是通过叶表面的吸收进入植物体内而起作用的。有些植物的叶具有分泌能力，如猪笼草、茅膏菜的叶捕捉与消化昆虫。也有些植物的叶具有贮藏能力，如洋葱、百合的鳞叶和甜叶菊、芦荟等。还有些植物的叶具有繁殖能力，在生产实践中，落地生根、柑橘、秋海棠等常采用叶扦插的方法进行繁殖。

（2）全裂单叶和复叶

有些植物如番茄、马铃薯等的单叶，由于边缘的裂片很深，直达中脉，成为全裂单叶，在外形上很像复叶，但仔细观察，它与复叶有明显的区别（表2–1）。

表2-1　　全裂单叶和复叶的区别

顺序	全裂单叶	复　叶
1	裂片的形状与大小，常差异很大	每一小叶的形状与大小，常基本相同
2	裂片基部没有关节，裂片不各自脱落	每一小叶基部常有小叶柄、关节，小叶各自脱落
3	裂片的基部不生小托叶	每一小叶基部有时生有托叶

（3）叶序的说明

有的植物如向日葵，在同一植株上可发生两种叶序，其下部为对生，上部却为互生。

2.4.5　任务实施方法与步骤

（1）实验操作

1）叶组成的观察

①完全叶的观察　取桃、梨观察，它们的叶是由叶片、叶柄和托叶三个部分组成的，是完全叶。

②不完全叶的观察　取以下材料看它们叶的组成，分别为：丁香、瓜类、向日葵的叶缺托叶；荠菜的叶缺少叶柄和托叶。

③禾本科植物叶的观察　取以下材料看它们叶的组成，分别为：稗草叶由叶鞘和叶片两部分组成；水稻叶由叶鞘、叶片、叶舌和叶耳四部分组成。

2）叶片形态观察

①叶片的形状观察　取以下材料看它们的叶片形状，分别为：榆和杏的叶为卵形叶；桃和柳叶为披针形叶；莲叶为圆形叶；苹果叶为椭圆形叶；小麦叶为线形叶；菠萝叶为剑形；长花蓼的叶为长披针形；含笑花的叶为阔披针形；猪殃殃的叶为倒披针形。

②叶缘与叶裂的观察　取以下材料看它们的叶缘，分别为：甘薯的叶为全缘叶；桃的叶为锯齿缘；桑的叶为牙齿缘；茄的叶为波状缘。油菜的叶为羽状浅裂；棉花的叶为掌状浅裂；蒲公英的叶为羽状深裂；蓖麻的叶为掌状深裂；马铃薯的叶为羽状全裂；木薯的叶为掌状全裂。

③叶脉类型观察　取以下材料看它们的叶脉，分别为：桃的叶脉为羽状网脉；葡萄和棉花的叶脉为掌状网脉；水稻和小麦的叶脉为直出平行脉；车前草的叶脉为弧状脉；美人蕉的叶脉为横出脉；棕榈和蒲葵的叶脉为射出脉；银杏的叶脉为叉状脉。

3）单叶和复叶的观察　取以下材料看它们的叶，分别为单叶或复叶：小麦和玉米的叶为单叶；大豆和菜豆的叶为三出复叶；大麻的叶为掌状复叶；刺槐的叶为奇数羽状复叶；花生的叶为偶数羽状复叶；柚和柑橘的叶为单身复叶。

4）叶序的观察　取以下材料看它们的叶序，分别为：小麦、桃和向日葵为互生叶序；芝麻和丁香为对生叶序；夹竹桃为轮生叶序；银杏和落叶松为簇生叶序；车前草和白菜为基生叶序。

（2）小组讨论与成果展示、巩固训练

学生在课间反复观察实验材料的形态，达到能够准确说出它们的特点。

课后将提出的问题解答在作业本上。将菜豆、大麻、刺槐的复叶绘在技能报告上。

任务2.5　植物营养器官的变态及其观察

2.5.1　知识和技能要求

- 能准确讲述营养器官变态的概念。
- 会准确识别各种变态的营养器官。

2.5.2　情境（情景）设计

（1）问题的提出

1）列举根和根状茎实物，说明器官变态。

2）比较块根与块茎。

3）比较叶刺与茎刺。

4）依据实验材料对应填表2–2，并向大家讲述。

表2–2　**植物变态的营养器官记载表**

植物名称	变态器官	变态后功能	鉴别依据

（2）实验器材的准备（课前按15套准备。实验材料：实物、标本或照片）

放大镜和菜刀。萝卜和胡萝卜、甘薯的块根、玉米根系、常春藤的一段蔓、球茎甘蓝、葡萄枝条、山楂枝条、莲藕、马铃薯块茎、蒜、洋葱、豌豆叶、刺槐枝条。

2.5.3　支撑知识

（1）营养器官的变态

植物的各种营养器官由于适应不同的生长环境而形成特殊的生理功能，使其形态结构相应发生与一般形态不一样的变化，并成为该物种的遗传特性的现象称为器官的变态。变态器官在外形上不易区分，要从形态发生上加以判断。

（2）根的变态

主根、侧根和不定根都可以发生变态，主要有以下几种类型。

1）贮藏根　贮藏根是适应于贮藏大量营养物质功能的变态根。贮藏根通常生于地下，富含薄壁组织，贮藏大量养分。

①肉质直根　由主根和下胚轴膨大而形成的肉质肥大的贮藏根，称为肉质直根。常见于两年生或多年生的草本双子叶植物，由于它主要由主根发育而成，所以每株植物只有一个肉质直根。萝卜、胡萝卜、甜菜等（图2–23）的肥大根部，属于肉质直根。从形态学来说，肉质直根的上部为下胚轴发育而成，这部分没有侧根发生。下部为主根基部发育而成，具有二纵列或四纵列侧根。

②块根　植物的不定根（营养繁殖的植株）或侧根（实生苗发育的植株）经过增粗生长，产生大量薄壁组织，形成不规则的块状贮藏根，称为块根。在一株植物上可形成多个块根，其外形不如肉质直根规则，在它们的块根中含有丰富的淀粉。如木薯、甘薯、大丽花、麦冬等（图2–24）。

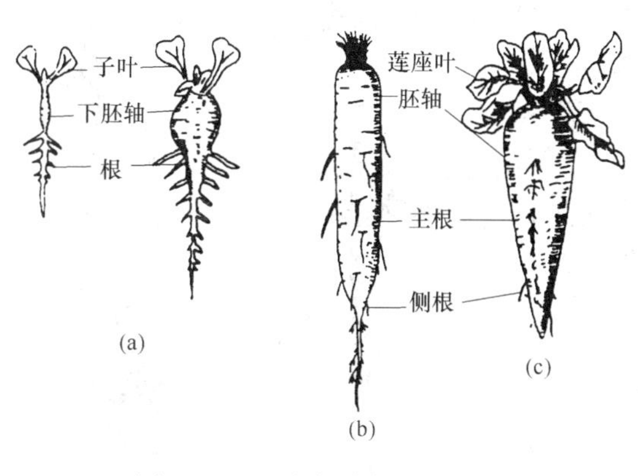

图 2–23　几种肉质直根的形态
（a）萝卜肉质直根的发育及外形　（b）胡萝卜肉质根　（c）甜菜的肉质根

图 2–24　甘薯的块根与正常根

2）气生根　生长在空气中的根称为气生根（图2–25）。

①支持根　有些植物在近地面的茎节上生出许多气生的不定根，向下伸入土中，形成起支持作用的辅助根。这种起支持作用的不定根，称为支持根。如甘蔗、高粱、玉米等都有支持根（图2–25）。支持根又有吸收的功能。

②攀援根　有些藤本植物，茎细长柔弱，不能直立，从茎的一侧产生许多短的不定根，这些根的根端扁平，能分泌黏液，易固着于它物（如树干、山石或墙壁等）表面，使茎向上攀援生长，这种根称为攀援根，如常春藤、凌霄等（图2–25）。

③呼吸根　一些生长在沼泽或热带海滩地带的植物，如水松、红树等，由于它们生长在泥水缺氧的土壤环境中，根呼吸困难，因而有部分根竖直向上生长，伸出土面暴露于空气中进行呼吸，这种根称为呼吸根（图2–25）。呼吸根内部常有发达的通气组织。

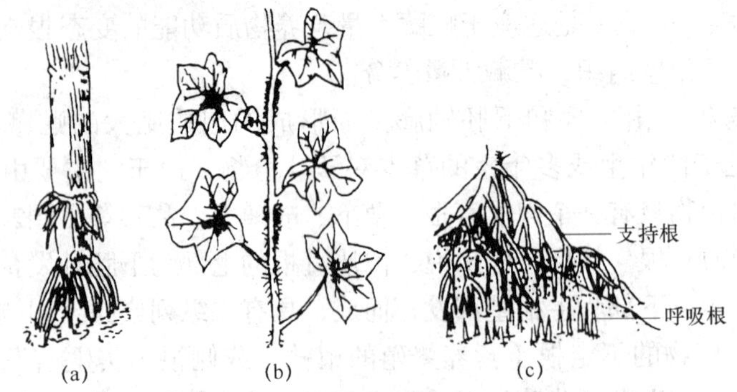

图 2–25　几种植物的气生根

（a）玉米的支持根　（b）常春藤的攀援根　（c）红树的支持根和呼吸根

3）寄生根　高等寄生植物如菟丝子、列当等，叶退化为鳞片状，不能进行光合作用制造营养；茎细长而卷曲，缠绕在寄主的茎上，并生出许多不定根深入寄主茎内，吸收养料形成吸器（图2–26）。这种从寄主体内吸取营养物质，严重影响寄主植物生长的变态根，称为寄生根（图2–27）。

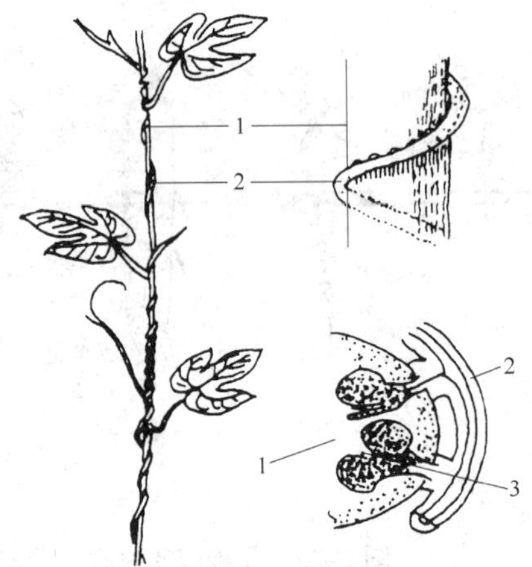

图 2–26　菟丝子的寄生根

1—寄主　2—菟丝子茎　3—寄生根图解

（3）茎的变态

1）地上茎的变态

①肉质茎　肉质茎肥大多汁，常为绿色，不仅可以贮藏水分和养料，还可以进行光合作用。如球茎甘蓝（图2–28）、莴苣和许多仙人掌科的植物具有这种变态茎。肉质茎有球状、块状、多棱柱等形状，有的茎上有变成刺状的变态叶。

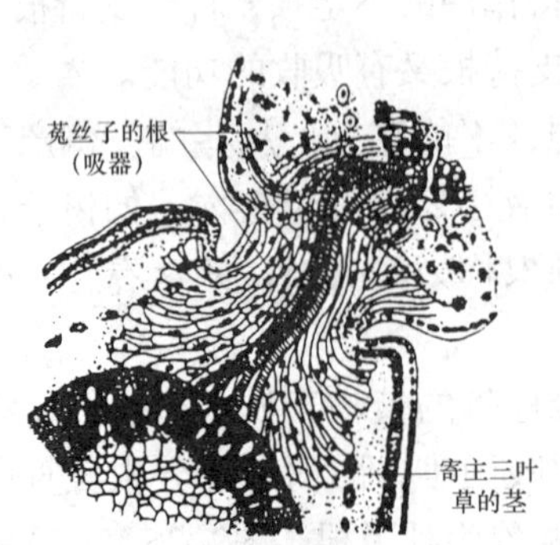

图 2–27　菟丝子寄生根的纵切图

图 2 28　肉质茎（球茎甘蓝）

②茎卷须　有些藤本植物的部分叶腋或顶芽部位不生长枝条而形成卷曲的细丝，其上不生叶，用以缠绕其它物体，使植物体得以攀缘生长，这种卷曲的细丝称为茎卷须，如南瓜、葡萄等（图2–29）。

③茎刺　有些植物的部分叶腋部位不生长枝条而长成长形刺状物（或说由幼枝变态而形成了茎刺），这种长形刺状物称为茎刺。茎刺位于叶腋，由腋芽发育而来，起保护作用。山楂、柑橘等都有茎刺；皂荚的茎刺还能生出分枝（图2–29）。

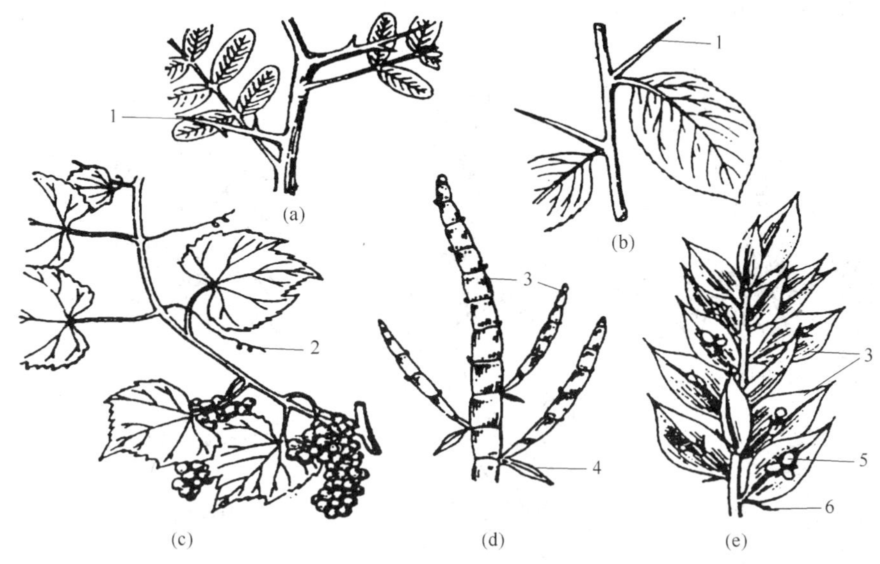

图 2–29　茎的变态（地上茎）

（a）、（b）茎刺［（a）皂荚（b）山楂］（c）茎卷须（葡萄）

（d）、（e）叶状茎［（d）竹节蓼、（e）假叶树］

1—茎刺　2—茎卷须　3—叶状茎　4—叶　5—花　6—鳞叶

2）地下茎的变态

①根状茎　根状茎的外形与根相似，横着伸向土中，但它具有明显的节和节间，顶端有顶芽，节上有不定根和鳞片状的退化叶，退化叶的叶腋中还有腋芽。腋芽可长成地上枝，节上还可长出不定根。根状茎贮藏着丰富的营养物质，可生活一年至多年。如芦苇、白茅、姜、竹、莲等（图2–30）。

②块茎　地下茎的先端膨大并积累养料所形成的块状的肉质地下茎，称为块茎。如马铃薯块茎（图2–31）。顶端有顶芽，四周有许多“芽眼”，成螺旋状排列。每个“芽眼”内有几个芽，每一芽眼所在地方实际上相当于茎节，在螺旋线上相邻的两个芽眼之间为节间。可见，块茎实际上是节间缩短的变态茎。

③鳞茎　一个节间极短，节上着生肉质或膜质鳞叶的扁平或圆盘状的地下茎，称为鳞茎。如洋葱鳞茎（图2–32）最中央的基部为一个扁平而节间极短的鳞

茎盘，其上生有顶芽，将来发育为花序。四周有肉质鳞片叶重重包围着，为食用的主要部分。肉质鳞片叶之外，还有几片膜质的鳞片叶保护。这两种鳞片叶都是叶的变态。叶腋处有腋芽，鳞茎盘下端可产生不定根。此外，蒜、百合等也具有鳞茎。

④球茎　先端膨大成圆球形或扁圆球状，并积累贮存大量营养物质的地下茎，称为球茎。球茎有明显的节和节间，节上具褐色膜质退化叶（鳞片即变态叶）和腋芽，顶端具顶芽，有时有数个腋芽。如荸荠、慈姑的球茎都是地下匍匐枝先端膨大而成，唐菖蒲则是由主茎基部膨大而成（图2–33）。

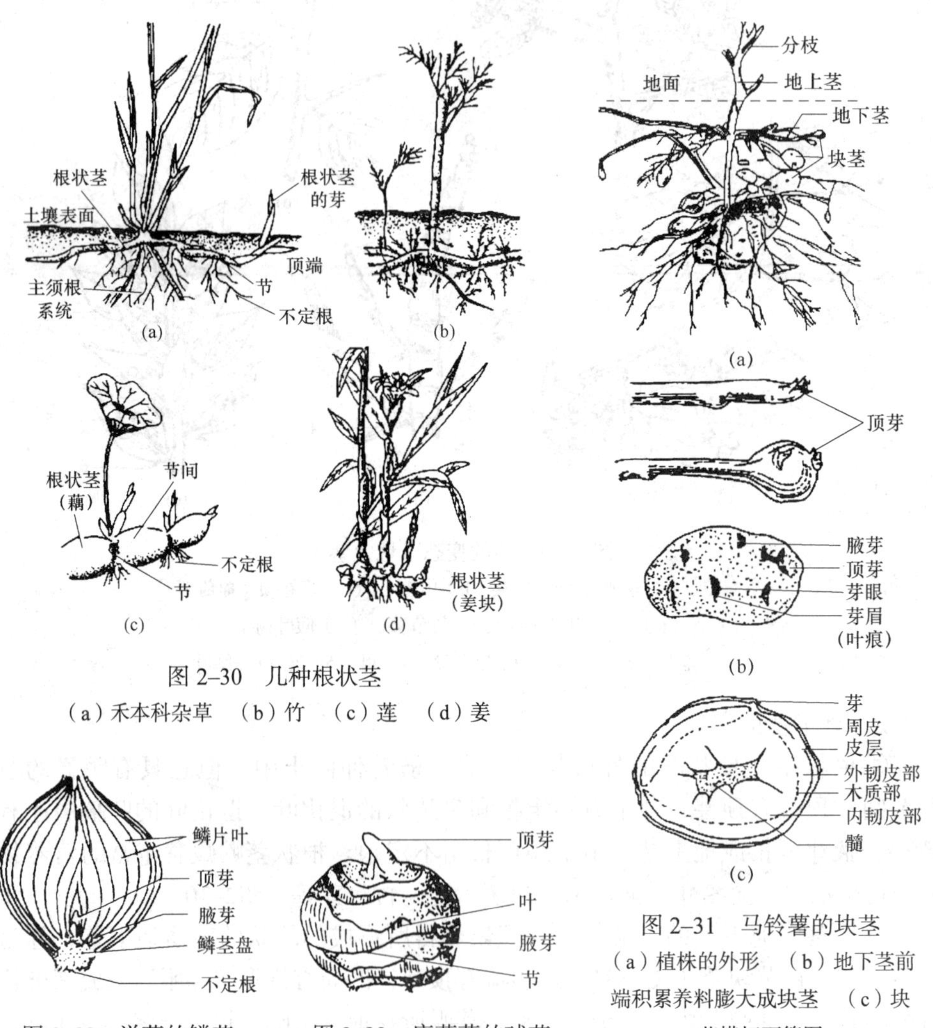

图 2–30　几种根状茎

（a）禾本科杂草　（b）竹　（c）莲　（d）姜

图 2–31　马铃薯的块茎

（a）植株的外形　（b）地下茎前端积累养料膨大成块茎　（c）块茎横切面简图

图 2–32　洋葱的鳞茎

图 2–33　唐菖蒲的球茎

（4）叶的变态

1）鳞叶　功能特化、形态退化成鳞片状的叶称为鳞叶。单子叶植物如百合、水仙、蒜、洋葱等，它们着生于鳞茎盘周围的肉质肥厚，贮藏丰富营养的变态叶，称为鳞叶（图2–32）；木本植物鳞芽外面的，常具有茸毛和黏液，具有保护幼芽作用的芽鳞片，又称为鳞叶；莲、竹和荸荠地下茎节上具有的褐色膜质退化叶（鳞片），又称它为鳞叶。

2）苞片和总苞　生于花下的变态叶，称为苞片。数多而聚生在花序基部外围的苞片总体称为总苞，如玉米和菊科植物等。

3）叶卷须　有些植物叶的一部分长成能攀缘它物的卷须。如豌豆、巢菜复叶顶端的小叶就长成为卷须状。这种长成为卷须状的变态叶，称为叶卷须。

4）叶刺　叶的全部或一部分（如托叶）长成刺状，称为叶刺。如小檗枝上的刺，仙人掌肉质茎上的刺等为叶的变态，称为叶刺；刺槐、铁海棠的一对硬刺是托叶的变态，因此称为托叶刺。

2.5.4 拓展知识

（1）营养器官变态的说明

人们将前面讲述的大多数被子植物营养器官的一般形态、结构和生理功能看做是常规的，而有些植物的营养器官就发生了与常规的不一样的，并成为该种植物的正常的遗传特性的变化，因此称它为变态。因此植物营养器官的变态是正常的形态、结构和生理功能，不要把变态理解为不正常的病态。

（2）肉质直根的说明

萝卜和胡萝卜的结构大体相似（图2–34、图2–35）。萝卜的次生木质部非常发达，其中有发达的薄壁组织，贮藏着大量营养物质和水分，且不木质化，为食用的主要部分；胡萝卜则次生韧皮部发达，其中有大量的韧皮薄壁组织，贮藏着胡萝卜素（经胃液消化后水解为维生素A）和糖。

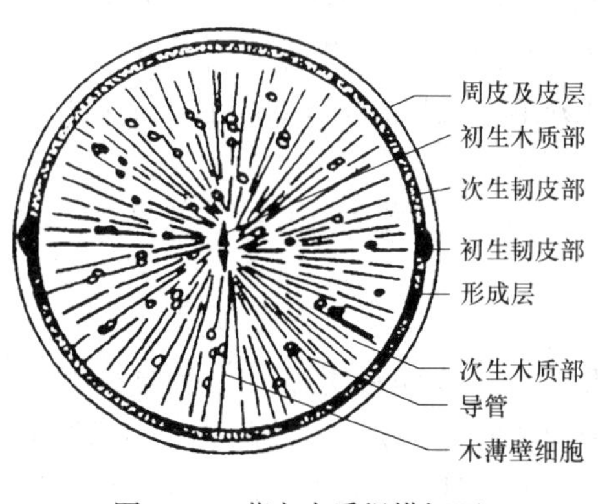

图 2–34　萝卜肉质根横切面

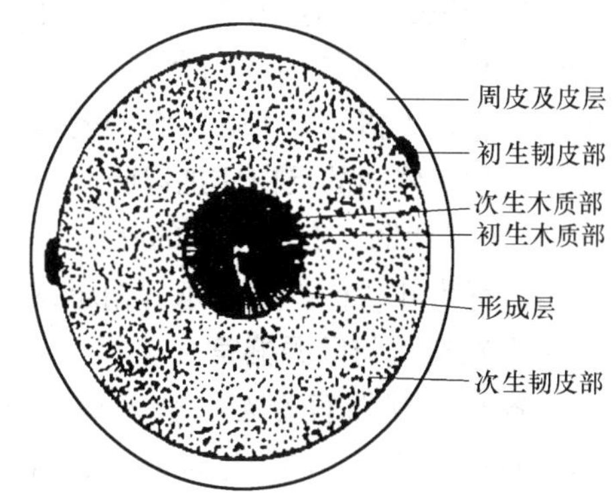

图 2–35　胡萝卜肉质根横切面

（3）块根的说明

甘薯的块根通常是在营养繁殖时，由茎蔓上产生的不定根发育形成。甘薯在栽插后20～30d，其不定根即开始膨大。开始是形成层活动产生次生结构，其中有大量的木薄壁组织和分散在其中的导管。以后，在许多导管周围的木薄壁细胞恢复分生能力，转变为副形成层，相继产生块根的三生结构。在三生结构的薄壁细胞中，贮藏大量糖分和淀粉，在韧皮部中还有乳汁管。副形成层可多次发生而使块根不断膨大。

（4）皮刺与茎刺的区别

蔷薇、月季等茎上有刺，数目较多，分布无规则，这是茎表皮的突出物，称为皮刺。皮刺内部没有维管束与茎相连接，所以容易用手掰下，这可与茎刺相区别。

（5）地上茎变态的补充说明

地上茎变态除以上类型外，有些植物茎长成叶片状（或说茎变态成叶状），扁平，呈绿色，称为叶状茎或叶状枝，如竹节蓼、假叶树。假叶树的侧枝叶片状，而侧枝上的叶退化为鳞片状不易识别，叶腋内可生小花，因此人们常误认为“叶”上开花（图2–29）。

有些植物还存在小鳞茎（百合叶腋内）、小块茎（薯蓣、秋海棠叶腋内）等。

（6）根状茎的说明

许多杂草如白茅、绊根草等的根状茎蔓生能力很强。在耕犁时，它们虽被切断，但每小段的腋芽仍可发育为新枝，因此不易铲除（图2–30）。

（7）块茎的内部结构

块茎的内部结构自外而内分别为周皮、皮层、外韧皮部、形成层、木质部、内韧皮部和髓。其中内韧皮部发达，是组成块茎的主要部分。整个块茎除周皮外，主要由薄壁组织组成，薄壁组织细胞内贮存着大量淀粉（图2–31）。

（8）叶变态的补充说明

1）捕虫叶　有些植物具有能捕食小虫的变态叶，称为捕虫叶；具有捕虫叶的植物称为食虫植物或肉食植物。捕虫叶的形态有囊状（狸藻）、盘状（茅膏菜）、瓶状（猪笼草）等。它们的叶上具有分泌黏液和消化液的腺毛，能捕捉昆虫并消化其体内的蛋白质加以吸收。

2）叶状柄　有些植物的叶，叶片不发达，叶柄转化为叶片状，并具有叶的功能，称为叶状柄。如广东的相思树。

（9）同功器官与同源器官

各种不同器官变态，从来源和功能看，可分为两种类型。一种是来源不同，但功能形态相同，这样的变态器官称为同功器官，例如甘薯的块根与马铃薯的块茎，前者是根的变态，后者是茎的变态，但都具有贮藏养分的功能，形态均为块状。另一种是来源相同而功能形态不同，称为同源器官，如豌豆的卷须和刺槐的刺均来自于叶，但变态后功能与形态不相同。

2.5.5　任务实施方法与步骤

（1）实验操作

1）贮藏根的观察　取萝卜和胡萝卜观察，它们是由主根和下胚轴膨大而形成的肉质肥大的直根，有贮藏功能，上部没有侧根发生，下部具有二纵列（萝卜）或四纵列（胡萝卜）侧根，因此称肉质直根；取甘薯块根观察，它形状不规则，肉质块状说明它有贮藏功能，它顶端无顶芽，四周无“芽眼”，因此它为块根。

2）气生根的观察　取玉米根系观察，可见在近地面的茎节上生出了许多气生的，向下伸入土中的辅助根，这种不定根对玉米的生长起支持作用，称为支持根；取常春藤的一段蔓观察，可见其茎细长柔弱，不能直立。并从茎的一侧产生许多短的、根端扁平的不定根，这些根能分泌黏液，易固着于它物表面，使茎向上攀援生长，因此称攀援根。

3）地上茎变态的观察　取球茎甘蓝观察，可见其茎为球状，肉质肥大多汁、绿色，说明它不仅贮藏了营养，还可以进行光合作用，因此称为肉质茎；取葡萄枝条观察，可见在叶腋部位长出了卷曲的细丝，其上不生叶，用以缠绕其它物体，使葡萄得以攀缘生长，称为茎卷须；取山楂枝条观察，可见在叶腋部位长出了长形刺状物，它对茎起保护作用，因此称为茎刺。

4）地下茎变态的观察　取莲藕观察，可见顶端有顶芽，有明显的节和节间，节上有不定根和鳞片状的退化叶，叶腋中还有腋芽，外形似根，因此称根状茎，它执行根的功能，也贮藏营养；取马铃薯块茎观察，可见顶端有顶芽，四周有许多“芽眼”，实际上它是节间缩短肉质的地下变态茎，称为块茎，它具有贮藏营养的功能。取洋葱营养体剥去肉质肥厚的鳞叶后，可见到中央基部为一个扁平状而节间极短的圆盘的鳞片状茎，称为鳞茎。它的功能特化，形态退化。

5）叶变态的观察　取蒜（或洋葱）营养体纵切后观察，可见肉质肥厚的蒜瓣（或葱瓣）着生于鳞茎盘周围，贮藏丰富营养，它是功能特化，形态退化的叶，称为鳞叶；取豌豆叶观察，可见在复叶顶端长出了卷须，它能攀缘它物使植株站立，它是小叶长出的卷须，称为叶卷须；取刺槐枝条观察，可见在复叶柄基部长出了一对刺，起保护作用，它是托叶长成了刺状，称为托叶刺。

（2）小组讨论与成果展示、巩固训练

学生在课间对照课文内容，反复观察实验材料的形态，达到能说出它们的特点。

课后反复阅读课文，将**问题的提出**前三道题解答在作业本上。将所准备的实验材料全部对应地填入技能报告上的植物变态的营养器官记载表内。

任务2.6　植物的花、花序及其形态观察

2.6.1　知识和技能要求

- 能准确说出花、花序的概念，描述各花序的特点。
- 会准确识别组成花、花序的各部分，区分各类花序。

2.6.2　情境（情景）设计

（1）问题的提出

1）以小麦（或水稻）和油菜（或白菜）花为例，说出花的组成。

2）叙述本课所列各花序的特点。

3）说明白菜花各组成部分的特点。

4）指出营养生长与生殖生长的区别。

（2）实验器材的准备　放大镜、植物学盒。取小麦、水稻、丁香、车前、玉米棒、山楂、韭菜、胡萝卜、向日葵、无花果等花序，油菜（或白菜）花。

2.6.3　支撑知识

（1）花芽的分化

花或花序由花芽发育而来。当植物生长发育到一定阶段，在适宜的条件下，就转入生殖生长，茎尖的分生组织分化形成花或花序，这一过程称为花芽分化。水稻、小麦和玉米等禾本科植物花序的形成，一般称为穗分化。被子植物花的形成和发育过程，一般称为生殖生长，它是在营养生长基础上进行。

（2）花的组成

一朵典型的花由花柄、花托、花被（花萼、花冠）、花蕊（雄蕊、雌蕊）组成。花萼、花冠、雄蕊和雌蕊四部分齐全的称为完全花；缺少其中任何一部分的称为不完全花。花柄是枝条的一部分。花托是花柄顶端略为膨大的部分，它的节间极短。花被、雄蕊和雌蕊是变态叶，它着生于花托上。因此，花是适应于生殖的变态短枝（图2–36）。

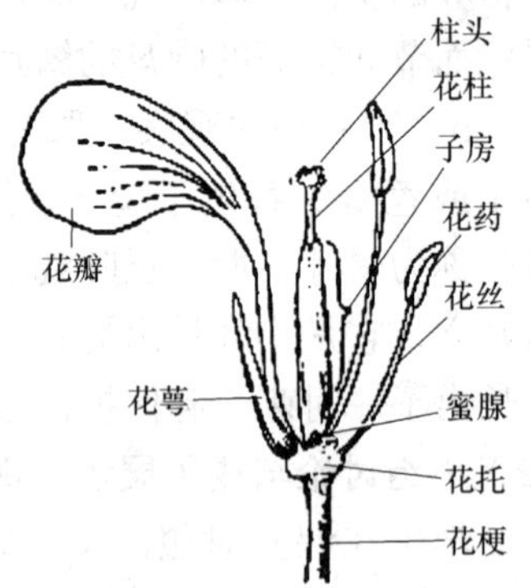

图 2–36　油菜花的一部分（示出花的组成）

1）花柄和花托　花柄是着生花的小枝，它支持着花，使花位于一定的空间，同时又是各种营养物质由茎向花输送的通道。果实形成时，花柄成为果柄。花柄的长短或有或无，随植物而异。花托具有花柄同样的生理功能，有的花托参与果实的形成。花托的形状因植物的种类不同有多种。

2）花被　花被是花萼和花冠的总称。同时具有花萼和花冠的花，称为两被花。如油菜、蚕豆、棉、桃的花；只有花萼或花冠的花，称为单被花。如大麻、桑、芝麻的花；完全没有花被的，称为无被花。如白杨、柳、胡椒等的花。当花萼和花冠形态相似不易区别时，又可通称为花被。

①花萼　花萼位于花的最外面，由若干萼片组成，各萼片之间完全分离的，称离萼。如油菜、茶等；彼此连合的，称合萼，如棉、扶桑等。合萼下端连合的部分称萼筒，顶端分离的部分称萼裂片。萼片通常在开花后脱落，称落萼，但又有随果实一起发育而宿存的，称宿萼，如茄、柿等。菊科植物如蒲公英等萼片变成毛状，称冠毛。冠毛有利于果实种子借风力传播。花萼通常为绿色，其结构与叶相似，具有保护幼花和光合作用的功能。一串红、绣球花等的花萼具有颜色，类似花冠，有招引昆虫传粉的作用。

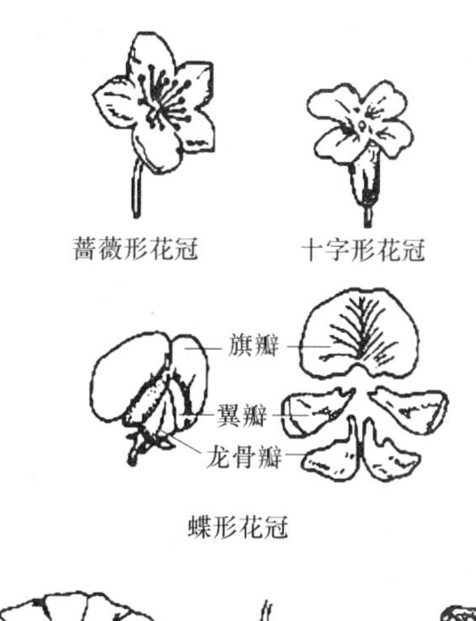

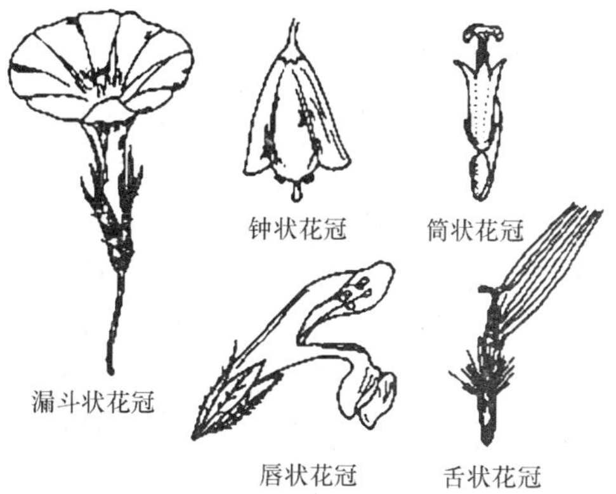

图 2–37　花冠的类型

②花冠　花冠位于花萼的内轮，由若干花瓣组成，排列成一轮或数轮，多数植物的花瓣，呈现鲜艳的颜色，有的还能分泌蜜汁和香味，所以，花冠除具有保护雌蕊、雄蕊外，它的色泽、香味和蜜汁，还有招引昆虫传送花粉的作用。按花瓣的离合情况，花冠可分为两种类型（图2–37）。

a. 离瓣花冠　一朵花中的花瓣基部彼此完全分离的，称为离瓣花冠，这种花称为离瓣花。常见的离瓣花冠有：蔷薇形花冠、十字形花冠、蝶形花冠。

b. 合瓣花冠　一朵花的花瓣，基部互相连合或全部连合的，称为合瓣花冠，这种花称为合瓣花冠。连合的部分称为花冠筒，分离的部分称为花冠裂片。常见的合瓣花冠有：漏斗状花冠、钟状花冠、唇形花冠、筒状花冠、舌状花冠、轮状花冠。

3）雄蕊（雄蕊群）　雄蕊群是一朵花中雄蕊的总称，由多数或一定数目的雄蕊组成，它位于花冠的内侧，是花的重要组成部分之一。每个雄蕊由花药、花丝两部分组成。花丝一般细长，由一层角质化的表皮细胞包围着花丝的薄壁组织，其中央是维管束。花丝的功能是支持花药，使花药在空间伸展，有利于花药的传粉，并向花药传运营养物质。花药着生于花丝的顶端，呈囊状，常分有2～4个花粉囊，可产生大量花粉粒。

雄蕊的数目及类型是鉴别植物的标志之一。雄蕊根据离合情况，可分为离生雄蕊和合生雄蕊两种类型（图2–38）。

①离生雄蕊　花中全部雄蕊各自分离，其中特殊的雄蕊，数目固定，长短悬殊，典型的有：二强雄蕊花中雄蕊4枚，2长2短。如芝麻等；四强雄蕊花中雄蕊6枚，4长2短。如萝卜、油菜十字花科植物。

②合生雄蕊　花中各雄蕊形成不同程度的联合，重要的有：单体雄蕊、二体雄蕊、多体雄蕊、聚药雄蕊。

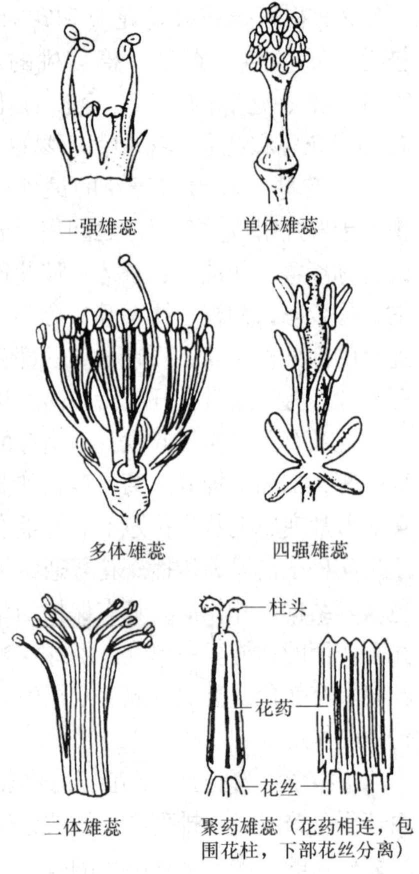

图 2–38　雄蕊的类型

4）雌蕊及其类型

①雌蕊（雌蕊群）　雌蕊位于花的中央，是花的另一个重要组成部分。一朵花中所有的雌蕊称为雌蕊群。每个雌蕊是由一个或数个变态叶（心皮）卷合而成的。心皮的边缘互相连接处，称为腹缝线；相当于叶的中脉处，称为背缝线（图2–39）。雌蕊包括柱头、花柱和子房三部分。柱头是雌蕊顶端略为膨大的部分，是接受花粉的地方。柱头的形状，各种植物不尽相同，有的呈头状，如油菜；有的呈羽毛状，如小麦、水稻；而棉花的柱头呈3～5裂等。柱头与子房之间的部分，称为花柱。花柱是花粉管进入子房的通道。其形状、长短因植物而异。南瓜的花柱粗短，玉米的花柱细长如丝。雌蕊基部膨大的部分称为子房。子房外围为子房壁，内为1或

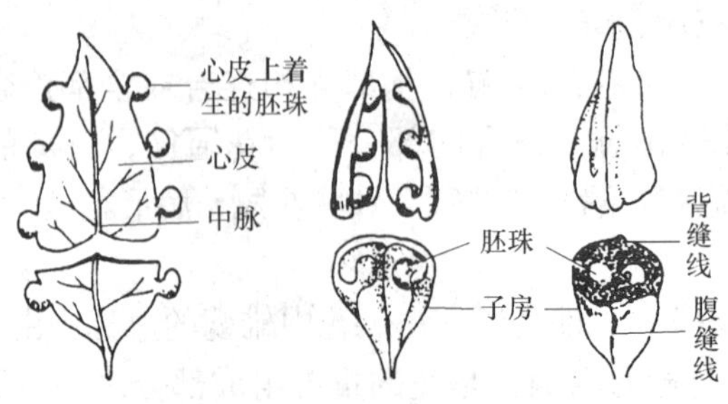

图 2–39　心皮卷合成雌蕊图解

多个子房室，如大豆为1室、棉花为3～5室。每个子房室内有1至多个胚珠。胚珠着生在胎座上。受精后子房发育成果实，里面的胚珠发育成种子。

②雌蕊的类型　根据雌蕊中心皮的数目和离合，雌蕊可分：

a. 单雌蕊　一朵花中的雌蕊只是由一个心皮构成，如大豆、花生、桃、李等。

b. 离生单雌蕊　一朵花中有数个彼此分离的单雌蕊，如莲、草莓、毛茛等。

c. 合生雌蕊（复雌蕊）　一朵花中有一个由2个或2个以上心皮合生构成的雌蕊，称为合生雌蕊，属于复雌蕊，如油菜、棉花、梨、小麦等。判断雌蕊心皮的数目可结合柱头、花柱、子房室等的数目进行分析，一般二者数目一致（图2–40）。

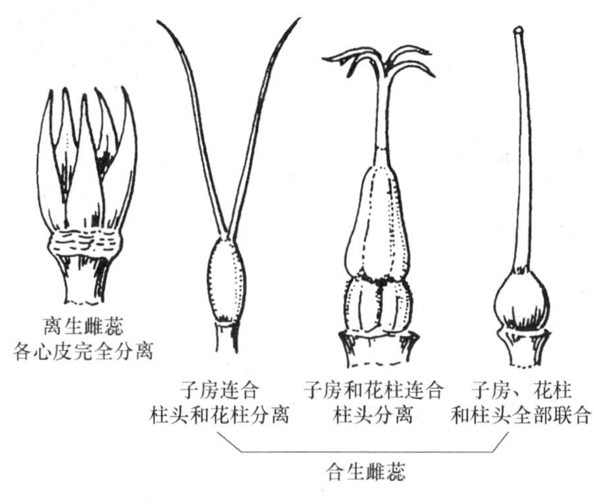

图 2–40　雌蕊的类型

（3）禾本科植物花结构特点

小麦水稻等禾本科植物的花，与上述的典型花不同，花的最外面有外稃和内稃各一枚，外稃中脉明显，并常延长成芒，外稃的内侧基部有鳞片（浆片）二枚，通常认为外稃是花基部的苞片，内稃和鳞片是退化的花被，里面有3或6枚雄蕊，中间是一枚雌蕊（图2–41），开花时，鳞片吸水膨胀，将内外稃撑开，使花药和柱头露出，以利于风力传粉。

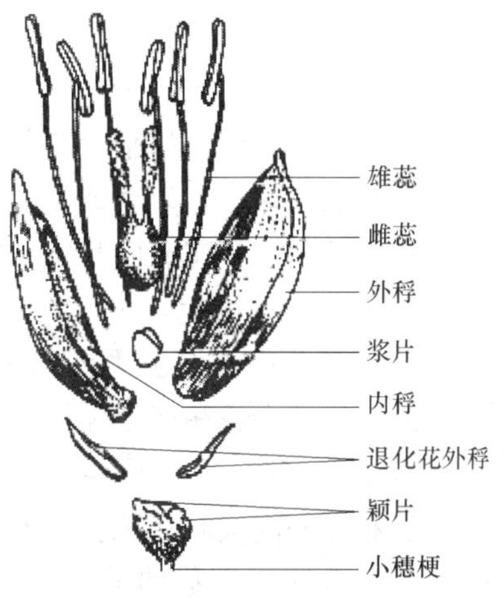

图 2–41　水稻小穗的结构

禾本科植物常由1至数朵小花共同着生于小穗轴上，组成小穗，每个小穗基部有一对颖片，颖片相当于花序外面的总苞片，下面的一片称为外颖，上面的一片称为内颖，许多小穗

再集中排列为花序（穗）（图2–42）

（4）花序

有些植物的花是单独着生于叶腋或枝顶，称为单生花。如棉花、桃等。但大多数植物是许多花着生在一个分枝或不分枝的总花柄（花轴）上。这种花在花轴上有规律的排列方式，称为花序。有的花在花柄基部下侧有一变态叶，称为苞片，在花序基部集生的苞片，称为总苞。根据花轴的生长和分枝方式，开花顺序及花柄长短，可把花序分为无限花序和有限花序两大类型（图2–43和图2–44）。

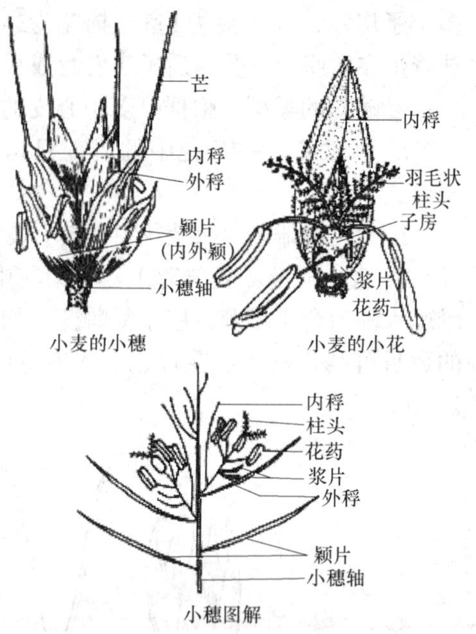

图 2–42　小麦小穗的结构

1）无限花序　花轴顶端可以继续生长，花由花轴下部先开，渐及上部；或花轴较短，其边缘的花先开，渐及中央。常见的无限花序又有以下几种。

①总状花序　花轴长，不分枝，其上着生多数花柄近于等长的花，如萝卜、油菜、荠菜等。有些植物的花轴具有若干次分枝，如果每次分枝构成一个总状花序时，称为复总状花序（又称圆锥花序），如水稻、荔枝、烟草、葡萄、玉米雄花序等。

②穗状花序　花序长，不分枝，着生的花无柄或柄极短，如车前草。如果花轴分枝，每个分枝构成一个穗状花序，称为复穗状花序，如小麦、大麦等。穗状花序的花轴膨大呈棒状时，称为肉穗花序，花穗基部常为总苞所包围，如玉米的雌花序。

③伞房花序　花有柄但不等长，下部的花柄长，上部的花柄渐短，全部花排列近于一个平面，如梨、苹果、山楂等。

④伞形花序　花轴顶端集生很多花柄近于等长的花，全部花排列成圆顶状，形如张开的伞，开花顺序是由外向内。如人参、五加、常春藤、韭菜等。如花轴顶端分枝，每一分枝为一伞形花序，称为复伞形花序，如胡萝卜、小茴香等。

⑤柔荑花序　许多无柄或具短柄的单性花排列于一细长而柔软下垂的花轴上，开花后整个花序或果序一齐脱落，如杨、柳、桑、板栗和胡桃的雄花序。

⑥头状花序　花轴短或宽大，其上着生无柄或近无柄的花，如三叶草。有的头状花序外面具有总苞，如向日葵、茼蒿等菊科植物。

⑦隐头花序　花轴顶端膨大，中央凹陷如囊状，许多无柄或短柄花，全部着生于囊状体的内壁上，隐藏于囊内，如无花果、榕树等。

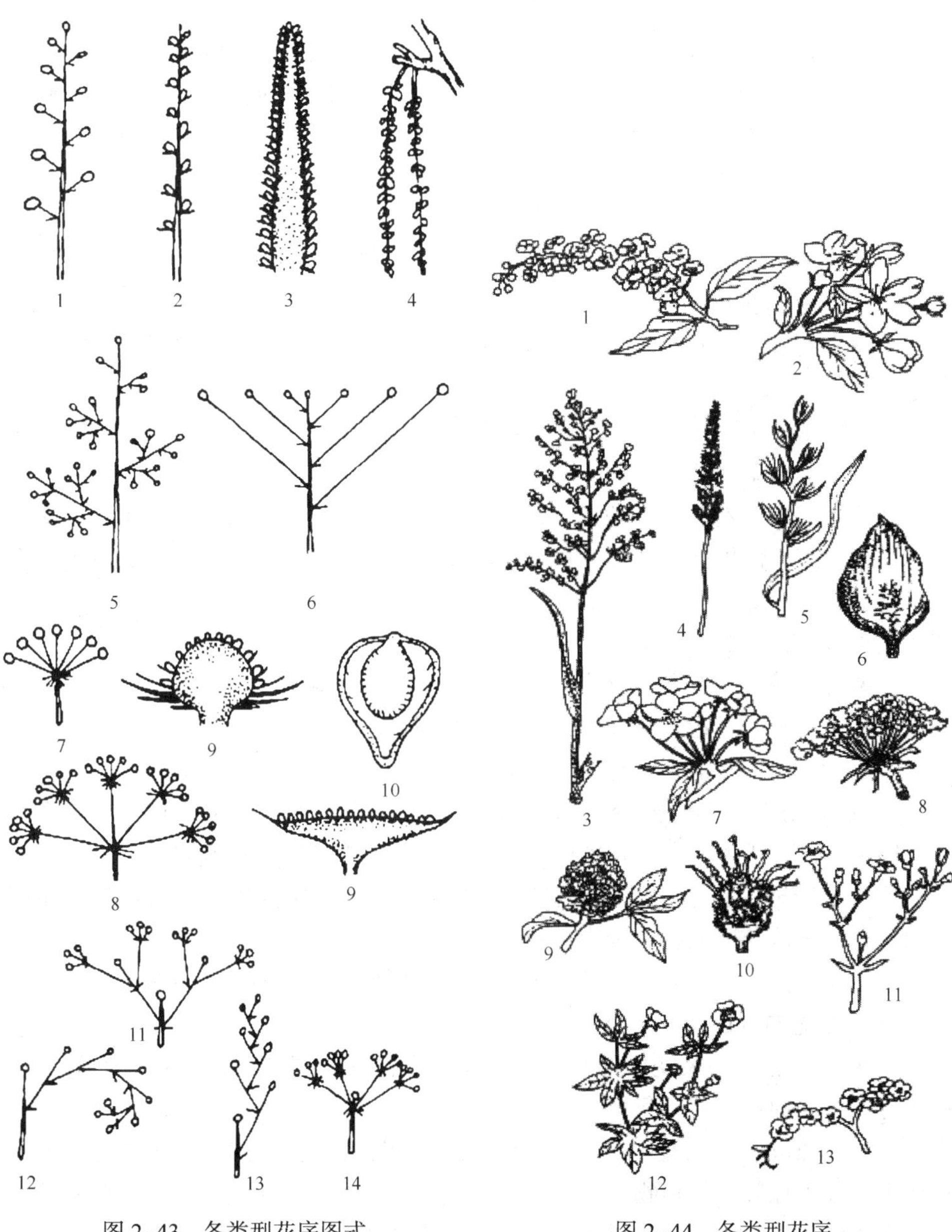

图 2-43　各类型花序图式

1—总状花序　2—穗状花序　3—肉穗花序
4—柔荑花序　5—圆锥花序　6—伞房花序
7—伞形花序　8—复伞形花序　9—头状花序
10—隐头花序　11～14—聚伞花序

图 2-44　各类型花序

1—稠李　2—梨　3—早熟禾　4—车前草
5—黑麦草　6—水芹　7—樱桃　8—胡萝卜
9—三叶草　10—牛蒡　11—石竹
12—委陵菜　13—勿忘草

2）有限花序（聚伞花序） 花序顶端或中心的花先形成，开花的顺序是由上而下，由内而外，因而花轴的伸长受到限制。花轴如为合轴分枝式，开花顺序也是如此，如甘薯、番茄等。在自然界中，有些植物是有限和无限花序混生，如葱、韭菜是伞形花序，但中间的花先开，又有有限花序的特点；水稻是圆锥花序，但上部枝梗的花先开，下部枝梗的花后开，每一个枝梗上又是顶端的花先开，以后由下而上顺序开花，又有有限花序的特点。

2.6.4 拓展知识

（1）离瓣花冠的分述

①蔷薇型花冠 由5个（或5的倍数）分离花瓣排列成五星辐射状，如桃、梨等。

②十字形花冠 由4个分离的花瓣排列成十字形，为十字花科植物的特征之一，如油菜、白菜、萝卜等。

③蝶形花冠 花瓣5片离生，花形似蝶，最外面一片最大，称为旗瓣；两侧两瓣称为翼瓣；最里面的两瓣，顶部稍联合或不联合，称为龙骨瓣，如花生、蚕豆、豌豆、大豆等。

（2）合瓣花冠的分述

①漏斗状花冠 花瓣连合成漏斗状，如牵牛、甘薯等。

②钟状花冠 花冠较短而广，向上展开似钟形，如南瓜、桔梗等。

③唇形花冠 花冠裂片呈上下二唇，如紫苏、薄荷、芝麻等。

④筒状花冠 花瓣合生部分相对较长，上下粗细相似，呈筒状，花冠裂片向上伸展。此种类型为菊科植物所特有，如向日葵花序中央的盘花。

⑤舌状花冠 花冠筒较短，花冠裂片向一侧延伸成舌状，如向日葵花序周边的边花；莴苣花序的花，全为舌状花。

⑥轮状花冠 花冠筒短，裂片由基部向四周扩展，如茄、常春藤等。

（3）合生雄蕊的分述

①单体雄蕊 一朵花中的雄蕊，其花丝下部连合成花丝筒，花丝上部和花药仍分离，如棉花等锦葵科植物。

②二体雄蕊 一朵花中雄蕊10枚连合成两组，常见的有9枚花丝连合，另一枚单生，如大豆等豆科植物。

③多体雄蕊 一朵花中雄蕊多数，花丝连合成多束，如蓖麻、金丝桃。

④聚药雄蕊 花丝分离，花药聚合成筒状，如向日葵、菊花和南瓜等。

（4）有限花序（聚伞花序）的分述

1）单歧聚伞花序 主轴顶端先开一朵花，然后由下面的苞腋中发出一侧枝；侧枝生长一段时间后，枝端又开一朵花，如此反复，形成一个合轴分枝式的花序轴。根据分枝排列的方式，分为蝎尾状聚伞花序，如唐菖蒲、附地菜；螺旋状聚伞花序，如勿忘草。

2）二歧聚伞花序　主轴顶端花下有2个苞片，每个苞腋中同时发出一个分枝，如此反复分枝，如石竹、大叶黄杨。

3）多歧聚伞花序　主轴顶端花下有3个及3个以上苞片，每个苞腋中同时发出一个分枝，各分枝又形成一个小的聚伞花序，如大戟、泽漆。

（5）花与植株的性别

1）花的性别　同时具有雄蕊和雌蕊的花称为两性花，如小麦、水稻、大豆、苹果等的花。只有雌蕊或雄蕊的花，称为单性花。单性花中，只有雄蕊的称为雄花，只有雌蕊的称为雌花。雄蕊和雌蕊都没有的，称为无性花或中性花，如向日葵花序边缘的舌状花。

2）植株的性别　单性花植物，雌花和雄花生在同一植株上的，称为雌雄同株，如玉米、蓖麻等。雌花和雄花分别生于不同植株上的，称为雌雄异株，如银杏、杨柳、菠菜等。只有雄花的植株，称为雄株；只有雌花的植株，称为雌株。如果一株植物上既有两性花又有单性花或无性花的称为杂性同株，如柿、荔枝、向日葵等。

2.6.5　任务实施方法与步骤

（1）实验操作

1）观察典型花的组成部分

①花柄、花托、花被（花萼、花冠）的观察　取油菜花仔细观察，在花的基部有一起支持它，使它位于一定空间，着生着它的小枝，就是花柄。花柄顶端略为膨大的，节间极短的部分即为花托。花柄和花托皆为绿色。着生于花托上位于花的最外一轮，由四个萼片组成且基部相连呈绿色的部分即为花萼。花萼内一轮呈十字形排列的四个鲜艳色的花瓣即为花冠。

②雄蕊的观察　取油菜花仔细观察，在花冠内一轮有六枚（4长2短）细丝，且顶端着生着花药的部分即为雄蕊。

③雌蕊的观察　取油菜花仔细观察，位于花的中央顶端略为膨大而下部大部分膨大的部分，就是花的雌蕊。

2）禾本科植物花的结构特点的观察　取小麦、水稻等禾本科植物的花，用放大镜仔细观察，可看到最外面有两枚硬壳即为内、外稃；外稃向上延长部分就是芒；内、外稃里面有3～6枚雄蕊；花的中央上部为羽毛状，下部膨大的部分就是雌蕊。

3）各类型花序的观察　取丁香、车前草、水稻、小麦、玉米棒、山楂、韭菜、胡萝卜、向日葵、无花果等花序，用放大镜等观察，丁香和水稻为复总状花序，车前为穗状花序，小麦为复穗状花序，玉米棒为肉穗状花序，山楂为伞房花序，韭菜为伞形花序，胡萝卜为复伞形花序，向日葵为头状花序，无花果为隐头花序。

(2)小组讨论与成果展示、巩固训练

学生在课间对照课文内容，观察实验材料的形态，叙述出它们的特点。

课后反复阅读课文，将提出的问题解答在作业本上。将水稻花序、小麦花序、玉米棒、韭菜花序、山楂花序和向日葵花序以示意图形式绘在技能报告上。将组成油菜（或白菜）花的各部分绘在技能报告上。

任务2.7　开花、传粉、受精与果实结构、类型观察

2.7.1　知识和技能要求

- 能简述植物开花、传粉和受精的过程及花受精后发育形成果实的过程。
- 会正确识别不同类型的果实。

2.7.2　情境（情景）设计

(1)问题的提出

1）说出植物开花、传粉和受精的过程。

2）如何指导农业生产上利用传粉规律。

3）以真果、假果和聚合果、聚花果的区别为例，说明果实结构。

4）受精后，花各部分发生的变化有哪些？果实成熟后传播方式有哪些？

(2)实验器材的准备　植物学盒、水果刀和放大镜。桃花与桃果（或番茄花与果）、桃的成熟果实、苹果花与果实（或黄瓜花与果实）、草莓花和草莓果、桑的雌花序和桑葚（或凤梨）。

2.7.3　支撑知识

(1)开花

当花中花粉粒和胚囊（或二者之一）成熟时，花被展开，露出雄蕊和雌蕊，这种现象称为开花。禾谷类植物开花则是指内、外稃张开的时候。各种植物的开花年龄、开花季节和花期的长短各不相同，但有一定的规律性。

一株植物中，从第一朵花到最后一朵花开毕经历的时间，称为花期。各种植物的花期长短，决定于植物的特性，也与所处的环境密切相关。

(2)传粉

成熟的花粉粒借助外力传到雌蕊柱头上的过程，称为传粉。方式如下：

1）自花传粉　自花传粉是指成熟的花粉粒传到同一朵花的柱头上的过程。在实践中，农作物同株异花间的传粉和果树栽培上同品种异株间的传粉，又称为自花传粉。如水稻、小麦、棉花、豆类和桃等都是自花传粉植物。而豌豆、花生的花尚未开放，花蕾中的成熟花粉粒就直接完成受精过程，这种传粉方式是典型

的自花传粉，又称闭花受精。

2）异花传粉　异花传粉是一朵花的花粉粒传到另一朵花的柱头上的过程。玉米、瓜类、油菜、梨、苹果等都是异花传粉植物。在异花传粉的过程中，花粉一定要以外力为媒介，常是昆虫和风。靠昆虫传粉的植物称为虫媒花植物，如油菜、向日葵、瓜类等，它们的花称虫媒花；靠风传粉的植物称为风媒花植物，如玉米、板栗、核桃等，它们的花称风媒花。植物的传粉方式，除风媒、虫媒外，还有少数是靠鸟、兽或水传播的。

3）常异花传粉　自花传粉和异花传粉只是相对而言，异花传粉植物在条件不具备时，仍可进行自花传粉；而且自花传粉植物，又常有一部分进行异花传粉，如，通常认为小麦、水稻是自花传粉植物，但常有1%～3%的花朵进行异花传粉。当自花传粉植物的花朵，其异花传粉率达到5%～50%范围时，称为常异花传粉植物，如棉花、高粱等。因此，这种自花传粉的方式和自花传粉的植物，仍能在自然界长期存在。

4）农业上对传粉规律的利用

①异花传粉的利用　异花传粉的植物，在花期往往会遇到不良的外界条件或雌、雄蕊异熟的情况，从而降低受精机会，造成作物减产。在农业生产中，常采用人工授粉的方法，以弥补传粉的不足。同时，人工辅助授粉后，柱头上的花粉粒增加，所含的激素总量也增加，可促进花粉粒的萌发和花粉管的生长，从而提高受精率。

鸭梨是自花不孕植物，核桃、苹果等为雌、雄蕊异熟植物，因此，生产上必须与其它品种混栽，配置授粉树。果园养蜂也是提高异花传粉不足的有效途径。

②自花传粉的利用　在玉米育种中，重要的环节是培育自交系（品种提纯）。根据育种目标，从优良的品种中选择具有某些优良性状的单株，进行人工自花传粉（即自交），经过连续4～5代严格的自交和选择后，生活力虽有衰退，但在苗色、叶形、穗粒、生育期等方面达到整齐一致时，就能成为一个稳定的自交系。利用这样两个纯合的优良自交系配制的杂交种（即单交种），具有明显的增产效益。

（3）受精作用

雌、雄配子，即卵细胞和精子相互融合的过程，称为受精。由于被子植物的卵细胞位于胚珠的胚囊中，精子必须依靠由花粉粒在柱头上萌发形成的花粉管传送，经过花柱进入胚囊，受精作用才能进行。

1）花粉粒的萌发和花粉管的伸长　传粉后，落在柱头上的花粉粒经识别，若亲和的则吸收柱头上的水分和分泌物，内壁开始从萌发孔突出，继续伸长，形成花粉管。这个过程，称为花粉粒的萌发。花粉粒萌发后，花粉管进入柱头，穿过花柱而达到子房。当花粉管生长时，花粉粒中的营养核和两个精子（或一个生殖细胞），随同细胞质都进入花粉管内（生殖细胞在花粉管内又分裂成为两精子），成为具有3个细胞的花粉管。花粉管到达子房后，即向一个胚珠伸进，通常是从珠孔经珠心进入胚囊，但也有穿过珠被或穿过合点而进入胚囊的。花粉管在花柱中生长，除消耗本身的贮藏物质外，还大量地从花柱组织中吸取养料，用于新管壁的合成和伸长。

2）双受精过程　当花粉管进入胚囊后，花粉管顶端破裂，两个精子和其它内含物进入胚囊，这时，营养核已经逐渐解体（图2–45）。接着一个精子和卵细胞融合成为合子（受精卵），合子将来发育成胚；在被子植物中，另一个精子和两个极核（或次生核）融合，形成初生胚乳核，将来发育成胚乳（图2–46）。花粉管中的两个精子分别和卵细胞及极核融合的过程，称为双受精作用。

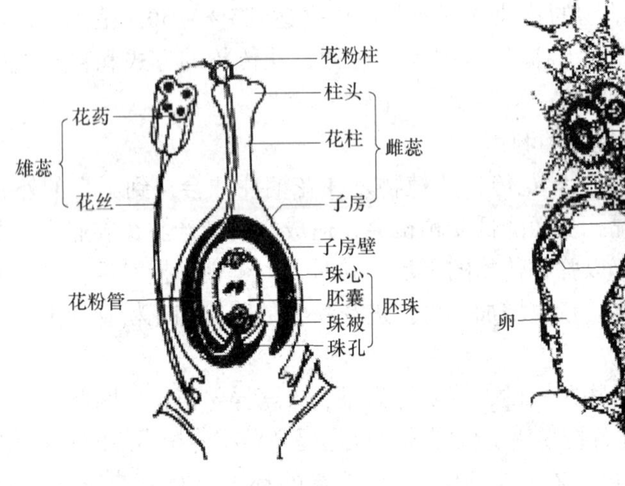

图 2–45　被子植物的受精过程图

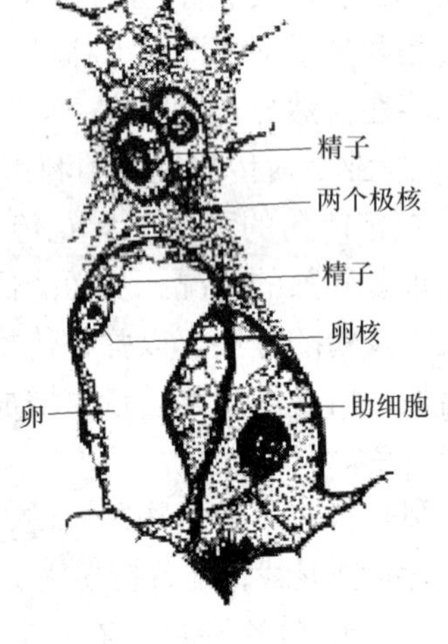

图 2–46　棉花的双受精（示胚囊内的一部分）

3）受精的选择性和多精入卵　在一般情况下，也只有一条生活力最强的花粉管才能进入胚囊，将精子送入胚囊进行受精。有时，也可能有几条花粉管同时进入一个胚囊中，这样，胚囊中就有两对以上的精子，即多精子现象，但卵细胞总是选择遗传上最适合的精子受精，多余的精子解体，被胚及胚乳转化吸收。有时还可有两个以上的精子入卵，即多精入卵现象。但一般还是只有一个精子与卵融合，其余的精子被转化吸收。可见，植物在传粉、受精的整个过程中，各个阶段都有选择作用，这种现象称为受精的选择性。这是生物体在长期的自然选择的条件下，所形成的一种适应性。受精的选择性可避免自体受精或近亲受精的害处，获得异体受精的利益，使后代的生活力提高，适应性增强，甚至获得优良的新品种。

（4）受精后花各部分的变化

经过开花、传粉和受精之后，在种子发育的同时，花的各个部分都发生显著的变化。花萼枯萎或宿存；花瓣和雄蕊凋谢；雌蕊的柱头、花柱枯萎，而子房膨大发育成果实；花柄发育成果柄。

（5）种子的形成

双受精之后，胚珠发育成种子，它包括胚、胚乳（或无）和种皮三部分。

1）胚的发育　受精后的合子通常要经过一段休眠期（休眠期的长短因植物而异），然后经过分裂，逐渐形成胚。合子的分裂，标志着胚发育的开始，也是植物个体发育的起点。胚发育的早期，胚体呈球形，在这时，单子叶植物和双子叶植物没有明显的区别。后来，随着胚的发育，双子叶植物的球形胚体，其两侧加快分裂生长，逐渐突起，形成两片子叶，而中间生长较慢的部分将来发育成胚芽，球形下端分化为胚根，胚芽和胚根之间分化为胚轴（图2–47）。这样，一个具有子叶、胚芽、胚轴和胚根的胚就形成了。

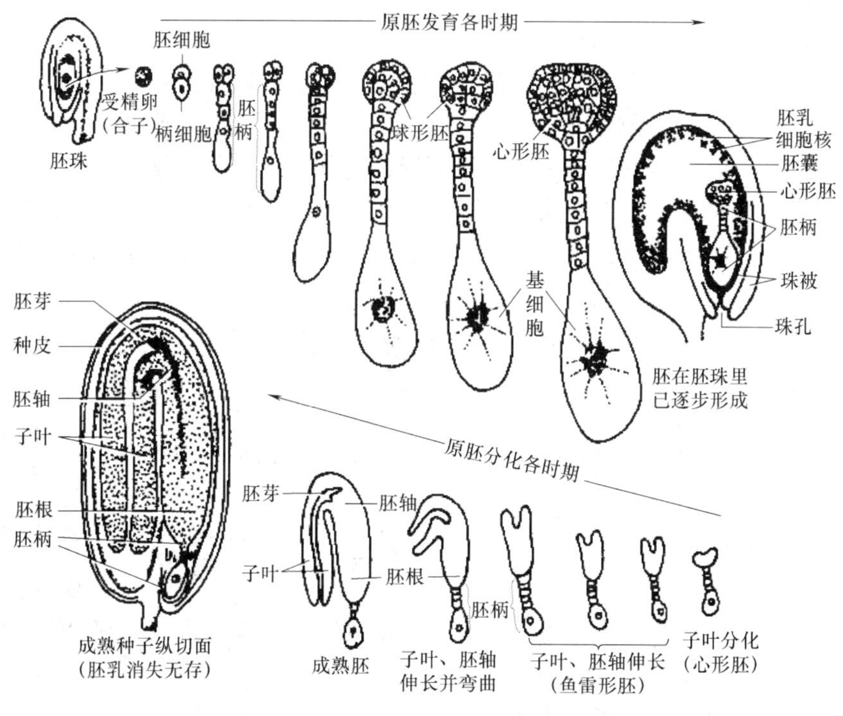

图2–47　荠菜胚的发育

在单子叶植物的胚发育时，生长点偏向胚的一侧，因而只形成一片子叶。

2）胚乳的发育　被子植物的胚乳，由初生胚乳核发育而成。极核受精后，初生胚乳核不经休眠或经短暂休眠，即开始分裂。因此，胚乳的发育早于胚的发育，为幼胚的发育创造条件。胚乳的发育，一般分为核型和细胞型。

①核型胚乳　初生胚乳核的分裂不伴随形成细胞壁，胚乳核呈游离状态分布在胚囊中（游离核的数目随植物种类而异）。待发育到一定阶段，通常在胚囊周围的胚乳核之间先出现细胞壁，此后，由外向内逐渐形成胚乳细胞。核型胚乳

在单子叶植物和具有离瓣花的双子叶植物中普遍存在，如水稻、玉米、小麦、棉花、油菜、苹果等都属此类型，它是被子植物中最普遍的胚乳发育形式。

②细胞型胚乳　细胞型胚乳的特点是初生胚乳核分裂后，随即产生细胞壁，形成胚乳细胞。所以，胚乳自始至终，没有游离核时期。如番茄、烟草、芝麻等大多数双子叶合瓣花植物胚乳的发育属此类型。

3）种皮的发育　胚、胚乳发育的同时，珠被发育成一层或二层种皮，包在种子外面起保护作用。珠柄脱落后留下的痕迹为种脐，珠孔形成种孔。一般种皮坚硬而厚，有各种色泽和花纹或其它附属物。如棉的外种皮细胞向外突出，伸长和增厚形成"纤维"即棉絮。内种皮一般薄而软。有些植物的种皮外面还有假种皮，它是由珠柄或胎座发育而成的结构。荔枝、龙眼的可食部分就是由珠柄发育而来的假种皮。

（6）果实的形成、结构和类型

1）果实的形成　伴随着胚珠发育成种子，子房也随着长大，发育成果实。

通常情况下，植物结实一定要经过受精作用，受精是促成结实的重要条件之一，但是植物界也有很多例外的情形，有的不经受精，子房也能发育为果实，这样形成的果实，里边不含种子，因此，称为无子结实或单性结实。例如，葡萄、橘、南瓜、黄瓜等，都有无子结实的现象。但是无子的果实不一定都是单性结实而来的，也可能在植物受精后，胚珠的发育受到阻碍，因而成为无子果实的。

2）果实的类型

①真果与假果　多数植物的果实，是只由子房发育而来的，称为真果。也有的植物果实，除子房外，尚有花的其它部分（花被，花托）一起参与果实形成，这样的果实称为假果。例如，梨、苹果、向日葵以及瓜类作物的果实。

②单果与聚合果及复果　多数植物一朵花中仅一雌蕊，形成一个果实，称为单果。也有些植物，一朵花中具有许多聚生在花托上的离生雌蕊，以后每一雌蕊形成一个小果，这些小果聚生在花托上，形成聚合果

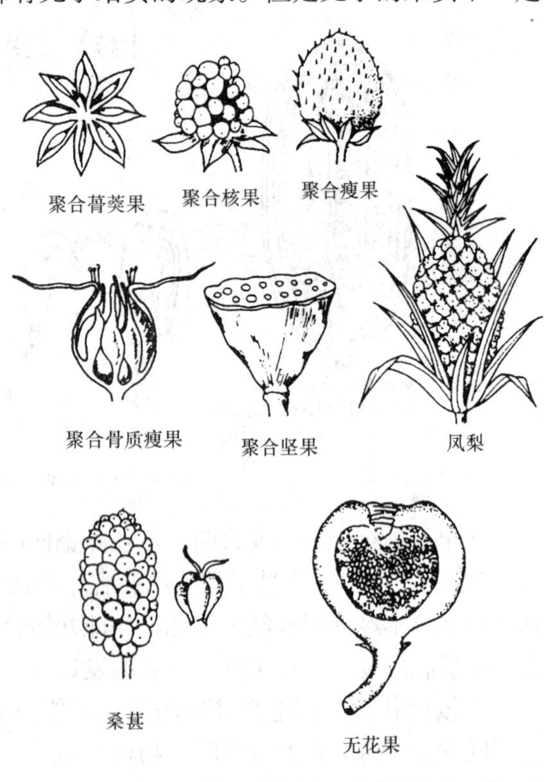

图 2–48　聚合果、聚花果

（图2–48）。例如：莲（聚合坚果）、草莓、毛茛（聚合瘦果）、悬钩子（聚合核果）、八角、牡丹、芍药、玉兰（聚合蓇葖果）。还有些植物的果实，是由一个花序发育而成的，称复果（花序果、聚花果），例如桑、凤梨、无花果等（图2–48）。

3）单果的结构与类型　单果的结构比较简单，外为果皮，内为种子。果皮可分为三层：外果皮、中果皮和内果皮。果皮的结构、色泽以及各层发达程度，因植物的种类而不同。根据果皮是否肉质化，单果又分为两大类型：肉果和干果。

①肉果及其类型　果实成熟后，通常肉质多汁，又分（图2–49）：

a. 浆果　果皮除外面几层细胞外，其余部分都肉质化并充满汁液，内含多数种子。如茄、番茄、葡萄、柿等。

b. 柑果　外果皮革质，有挥发油腔。中果皮疏松，具有分枝的维管束（橘络）。内果皮薄膜状，每个心皮的内果皮形成一个囊瓣。其食用部分是囊瓣内伸出的许多肉质多浆的表皮毛，如柚、橙、柑橘等。柑果是芸香科植物的果实特征。

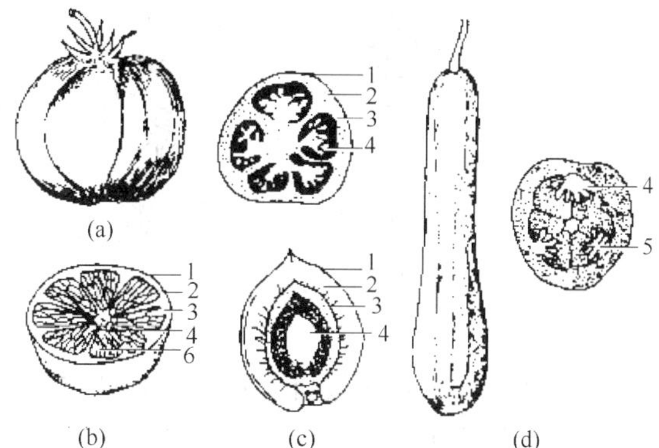

图2–49　肉质果主要类型（外形和剖面）
（a）浆果　（b）柑果　（c）核果　（d）瓠果
1—外果皮　2—中果皮　3—内果皮　4—种子
5—胎座　6—肉质毛囊

c. 核果　外果皮薄，中果皮肉质，内果皮坚硬木质化为果核，核内有一粒种子，如桃、梅、杏、李、樱桃等。

d. 瓠果　瓠果似浆果，但它是由下位子房和花托一并发育而成的假果。花托和外果皮结合成坚硬的果壁，中果皮和内果皮肉质，胎座常很发达。南瓜、冬瓜供食用部分主要是果皮，西瓜供食用的部分主要是胎座。瓠果是葫芦科植物的果实特征。

e. 梨果　为下位子房形成的假果。果的外层由花托发育成，果肉大部分由花筒发育而成，子房发育的部分很少，位于果实的中央。由花筒发育的部分和外果皮、中果皮均为肉质，内果皮纸质或革质，如梨、苹果、枇杷、山楂等（图2–50）。

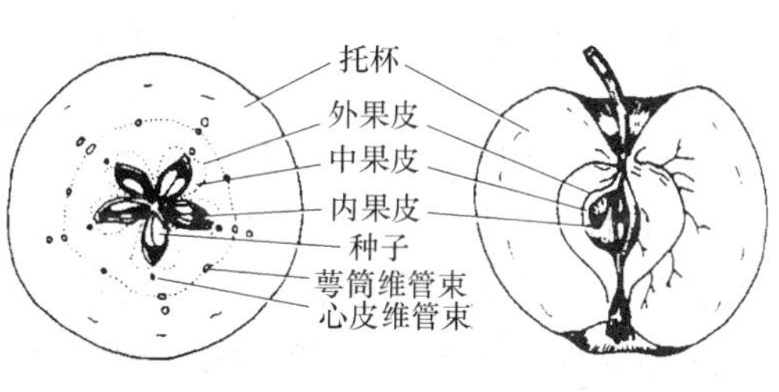

图2–50　苹果果实的横切面和纵切面

②干果及其类型　果实成熟后，果皮干燥，又分闭果和裂果两类：

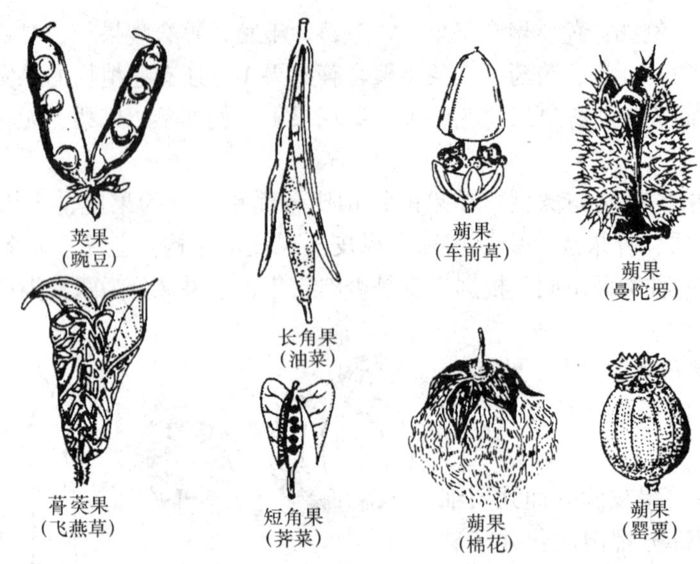

图 2–51　裂果的主要类型

a. 裂果　因心皮数目、卷合及开裂方式不同，又分（图2–51）：

（a）蓇葖果　果是由单心皮或离生心皮发育而成的果实，子房一室，成熟时仅沿腹缝线或背缝线之一开裂，如梧桐、芍药、牡丹、八角茴香、飞燕草等。

（b）荚果　由单心皮发育成，子房一室，成熟时沿腹缝线和背缝线两面开裂，如大豆、豌豆等。也有不开裂的，如花生、合欢、含羞草等。荚果是豆科植物的果实特征。

（c）蒴果　由两个以上心皮的合生雌蕊形成的果实，有一室或多室，成熟时有多种开裂方式，如棉、油茶、百合、马齿苋、罂粟等。

（d）角果　由两个心皮的合生雌蕊发育而成，子房一室，后来由心皮边缘合生处生出隔膜，将子房隔为二室，这一隔膜称为假隔膜。果实成熟后沿两个腹缝线自下而上开裂，呈两片脱落，只留隔膜，这是十字花科植物的特征。角果细长的称为长角果，如油菜、白菜等；角果短，呈圆形或三角形的称为短角果，如荠菜、独行菜等。

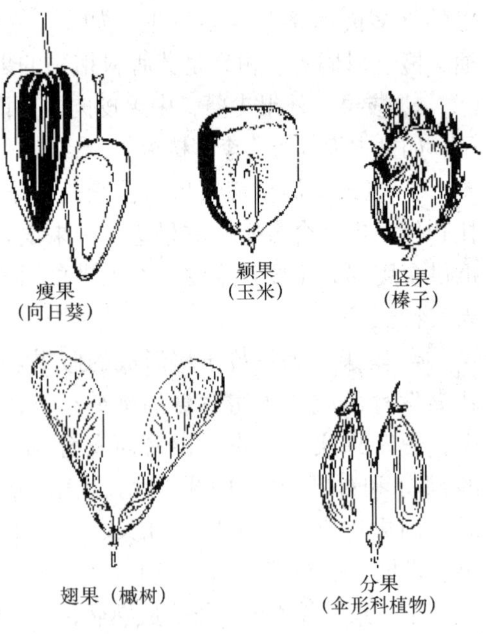

图 2–52　闭果的主要类型

b. 闭果　干果成熟后，果皮不开裂，又可分为以下几种类型（图2–52）：

（a）瘦果　由1～3心皮一室的子房形成，含一粒种子，果皮种皮分离，如向日葵、荞麦、蒲公英等。

（b）颖果　由2～3心皮一室的子房形成，含一粒种子，果皮与种皮紧密愈合不易分离，为小麦、水稻、玉米等禾本科植物果实所特有的类型。

（c）翅果　由单雌蕊或复雌蕊一室的子房形成，含一粒种子，果皮伸展成翅，如榆、槭、臭椿等。

（d）坚果　由复雌蕊一室的子房形成，含一粒种子，果皮坚硬，仅于胎座处相连，如栗、榛子等。

（e）分果　果实由两个或两个以上心皮组成，每室含一粒种子，成熟时，各心皮沿中轴分开，如胡萝卜、芹菜等伞形科植物的果实。

（7）果实和种子的传播

果实和种子成熟后传播各处，扩大了后代植株的生长范围，对于植物的种族繁衍是极其有利的。传播的方式，因植物种类而异，或借助外力，或利用本身的力量。

1）借风力传播　借风力传播的果实和种子，大都小而轻，或具毛、翅。如蒲公英、莴苣的果实有冠毛、榆、白蜡树和松的种子有翅等。

2）借水力传播　水生植物和沼泽植物的果实或种子多借水力传播。如莲的花托形成的“莲蓬”、椰子的果实，适于飘浮水面传播。

3）借人和动物传播　借人和动物传播的种子或果实常具钩、刺，当人和动物经过时，附于衣服或毛皮上，携至远方。如职土牛膝、三叶鬼针草等。另外，有些植物的种子和果实成熟后为鸟、兽吞食，其坚硬的种皮或果皮不受消化液的侵蚀，随粪便排出，传播到各地仍能萌发。如番茄的种子和稗草的果实等。

4）借果实的弹力传播　有些植物的果实成熟后常发生“爆裂”，将种子弹射出去，如凤仙花、酢浆草和绿豆等。

2.7.4 拓展知识

（1）开花

一般一、二年生植物，生长几个月后即能开花，一年中仅开花一次，花后结实产生种子，植株就枯萎死亡，如番茄、茄子、西瓜等。多年生植物在达到开花年龄后，能每年按时开花，延续多年。

（2）传粉

1）自花传粉的花具有的特点

①花两性，花的雄蕊常围绕着雌蕊，而且二者挨得很近。所以花粉易于落在本花的柱头上。②雌、雄蕊是同时成熟，且雌蕊柱头相对雄蕊花药的位置

一般低。③雌蕊的柱头对于本花的花粉萌发和花粉管中雄配子的发育没有任何阻碍。

2）异花传粉的花具有的特点

①单性花　单性花植物必然是异花传粉。如雌、雄同株的玉米、瓜类，雌雄异株的桑、菠菜、杨、柳等。

②雌、雄蕊异熟　植物的花虽为两性花，但花中的雌、雄蕊成熟时间不一致，花期不遇。如油菜、苹果、向日葵等。

③雌、雄蕊异长　为两性花，但在同一株上的花中雌、雄蕊的长度不同，造成自花授粉困难。

④雌、雄蕊异位　为两性花，但雌、雄蕊的空间排列不同，也可避免或减少自花授粉的机会。

⑤自花不孕　粉粒落到同一朵花的柱头上不能结实。如向日葵、荞麦和番茄等。

3）虫媒花和风媒花的特点　一般来说，虫媒花的花冠大而明显具有鲜艳的颜色、香气或特殊的气味，或具有蜜腺，能分泌蜜汁。虫媒花的花粉粒也较大，外壁粗糙，有花纹，有黏性，易黏着在昆虫体上。这些色彩、气味和蜜汁均能招引昆虫，从而起到了传粉的作用。而风媒花的花被很小或退化，无颜色，无香味；有的具有柔软下垂的葇荑花序或雄蕊的花丝细长，易被风吹摆动散布花粉；有的柱头呈羽毛状，以利于扩大接受花粉的表面和增加授粉机会。同时，风媒花产生的花粉粒较多，小而轻，外壁光滑干燥，适于随风传播。所以，在玉米的杂交试验或制种时，必须有数百米的隔离区，以防混杂。

（3）受精

1）双受精的生物学意义　双受精作用是一切被子植物所共有的特点，在生物学上具有重要意义。首先，精子与卵细胞融合。两个单倍体的雌、雄性细胞融合，形成一个二倍体的合子，恢复了各种植物体原有染色体的倍数，保持了物种的相对稳定性。其次，精、卵融合将父母本具有差异的遗传物质重新组合，形成具有双重遗传性的合子，所以，合子发育的新一个植株，往往会发生变异，出现新的遗传性状，如果对一些优良的变异性状，经过选择和培育使其稳定，就有可能培育成新品种。再次，精子与极核融合形成三倍体的初生胚乳核，同样结合了父母本的遗传特性，生理上更活跃，并作为营养物质被胚吸收，使子代的生活力更强，适应性更广。所以，双受精作用不仅是植物有性生殖的最进化形式，又是植物遗传和育种学的主要理论根据。

2）无融合生殖与多胚现象

①无融合生殖现象　在正常情况下，被子植物的有性生殖是经过卵细胞和精子的融合后发育成胚，但在有些植物里，不经过精、卵融合，也能直接发育成胚，这类现象称为无融合生殖。无融合生殖可以是卵细胞不经过受精，直接发育

成胚，如蒲公英、早熟禾等，这类现象称孤雌生殖；或是由助细胞、反足细胞或极核等非生殖细胞发育成胚，如葱、鸢尾、含羞草等，人们称这类现象为无配子生殖；也有的是由珠心或珠被细胞直接发育成胚的，如柑属，称为无孢子生殖。

②多胚现象　在出现多精现象或多精入卵现象时，多余的精子也可能与胚囊中的助细胞或反足细胞受精，发育成胚，形成多胚现象，或是两个以上的精子与卵融合，产生多倍体的现象，但这毕竟是少数。

2.7.5　任务实施方法与步骤

（1）实验操作

1）真果结构的观察　取桃花与桃果（或取番茄的花与果），先观察桃花的各部分，然后与纵剖为二的桃对照观察。分析花各部分在形成果实时，发生了哪些变化？一般花凋谢时，花萼、花冠和雄蕊同时枯萎，雌蕊的柱头与花柱也萎谢，仅子房迅速膨大形成果实，称为真果。

取桃的成熟果实观察，外面是一层膜质的外果皮，中间为肉质多汁的中果皮，内果皮坚硬木质，这是典型的真果。

2）假果结构的观察　取苹果花与果实，观察其子房的位置。用刀片通过花的正中作纵剖，可看到子房完全陷入花托之中，并与花托紧密结合在一起，而花萼、花冠和雄蕊均为上位（上位花）。然后，将幼小的苹果纵剖为二，与花的结构对照分析。在果实形成时，保留了下位子房与花托，有时花萼宿存，其它部分枯萎和凋落。

用刀片通过花托与下位子房形成的果实横切观察。可见它是由五个心皮连合构成的中轴胎座，与花托紧密结合为一体，食用的部分主要来源于花托。这种由子房和其它部分参与形成的果实是假果。黄瓜等一些瓜类又是假果。

3）聚合果结构的观察　取草莓花和草莓果，均作纵剖观察。可看到一朵草莓花中有许多分离的雌蕊（心皮），然后，每个雌蕊的子房发育成一个小瘦果，这是真正的果实。人们食用的肉质部分是花托膨大而成。所以，从本质上看，草莓又是假果；从结构上看，称聚合瘦果。

4）聚花果结构的观察　取桑的雌花序和桑葚（果实）作纵剖观察，可看到桑的雌花序是由许多朵雌花组成的，每朵小花只有花萼及雌蕊，而桑葚就是由整个雌花序发育而成，人们食用部分是由许多雌花的肉质花萼形成的，称聚花果。凤梨也类同。

（2）小组讨论与成果展示、巩固训练

学生在课间对照课文内容，反复观察实验材料的形态，叙述出它们的特点。

课后将提出的问题解答在作业本上。将桃果实、苹果果实纵切结构和番茄果实、黄瓜果实横切结构绘在技能报告上。

任务2.8　栽培植物的形态描述

2.8.1　知识和技能要求

- 准确描述当地常栽培植物各器官的形态特征。
- 能识别当地常栽培的不同种的植物。

2.8.2　情境（情景）设计

（1）问题的提出

描述玉米、葡萄、大豆、李子和葱的形态特征。

（2）实验器材的准备　水果刀、放大镜和移植铲。生长着的玉米、葡萄（和2、3年生的扦插苗）、大豆、李子（和2、3年生的实生苗）和葱植株（或其标本、或其图片）。

2.8.3　支撑知识

（1）被子植物分科概述

被子植物约25万种，隶属于300余科，1万多属。我国约有3万种，250余科，2700余属。分双子叶植物纲和单子叶植物纲，且在形态结构上有明显的区别（表2–3）。

表2–3　双子叶植物纲和单子叶植物纲的基本区别

双子叶植物	单子叶植物
1. 胚具两片子叶（极少3或4） 2. 主根发达，多为直根系 3. 茎内维管束环状排列，具形成层 4. 叶具网状脉 5. 花部通常5或4基数，极少3基数 6. 花粉具3个萌发孔	1. 胚内仅含1片子叶（或有时胚不分化） 2. 主根不发达，由多数不定根形成须根系 3. 茎内维管束散生，无形成层，通常不能加粗 4. 叶具平行脉或弧形脉 5. 花部常为3基数，极少4基数，绝无5基数 6. 花粉具单个萌发孔

（2）双子叶植物纲的主要科

1）十字花科　一年生或多年生草本。叶互生，无托叶，基生叶呈莲座状。花两性，辐射对称，总状花序；萼片和花瓣各4，花瓣排成十字形；雄蕊6个，4长2短，为四强雄蕊；雌蕊由两个心皮构成，由假隔膜分为二室，侧膜胎座。果实有长短角果之分。

识别要点：多为草本。基生叶常成莲座状，茎生叶互生，无托叶。总状花序；十字形花冠，四强雄蕊，侧膜胎座。长或短角果，具假隔膜（图2–53）。

本科主要有栽培蔬菜和油料作物。白菜、萝卜、榨菜、甘蓝、芜青、芥菜等，是主要蔬菜。芥、黑芥、白芥的种子，可作调味品和药用。油菜是我国重要的油料作物。此外，独行菜等是田间杂草。

2）藜科　草本。单叶互生，无托叶。花单性或两性，淡绿色，花萼2～5裂，宿存或没有；无花瓣；雄蕊常与萼片同数且对生；上位子房（甜菜为中位）胚珠1个。胞果或瘦果，胚环形（图2–54）。

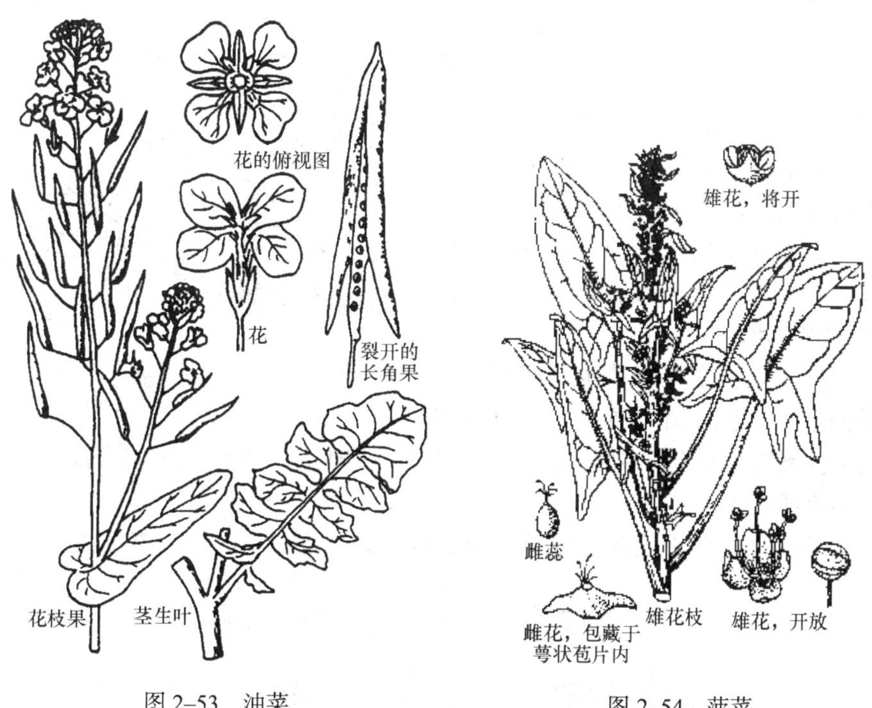

图2–53　油菜

图2–54　菠菜

识别要点：草本。单叶互生。花小、单被，无花冠，雄蕊与萼片同数且对生；胞果。

本科栽培植物中有甜菜，是我国北方主要糖用作物；菠菜是常见的蔬菜；莙达菜是甜菜的变种，常作饲料；地肤作扫帚用，果实药用，它和沙蓬的种子含油15%～20%，是油源植物，土荆芥含有驱蛔素。野生植物中常见的有梭梭、白梭梭、盐角草、猪毛菜、盐节草、沙蓬，多成为指示植物，杂草中常有藜、小藜、灰绿藜等。

3）葫芦科　攀援或匍匐状草本，全株有粗毛，具螺旋状卷须。单叶互生，常为掌状分裂。单性花，辐射对称。雌雄同株或异株。萼片和花瓣各5，花瓣常结合成钟状或杯状。雄蕊5枚，一般两两连合，一条单独，组成三组，花药折叠；雌蕊由三个心皮合生，子房下位，侧膜胎座，瓠果（图2–55）。

识别要点：草质藤本，全株有粗毛，常具卷须、攀援。单叶互生，常掌状分裂。花单性，雌雄同株或异株；花药折叠；子房下位、1室；侧膜胎座。瓠果。

本科植物经济价值很高，包括一切瓜类，是优良的蔬菜和水果。常见的如南瓜、冬瓜、黄瓜、甜瓜、厚皮甜瓜、苦瓜、瓠瓜、西瓜等。

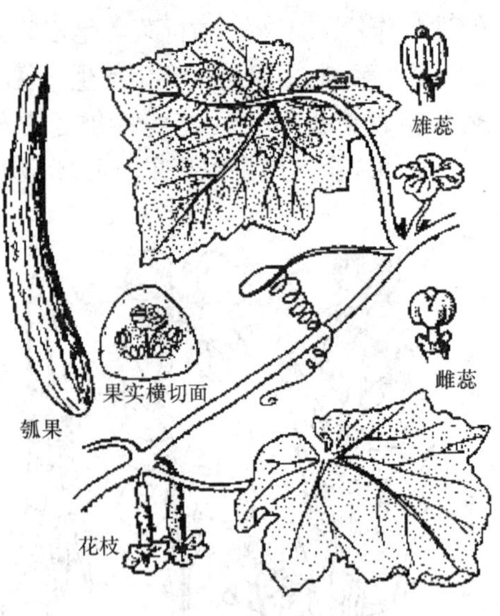

图 2–55　黄瓜

4）蔷薇科　蔷薇科有四个亚科（图2–56）。灌木、乔木或草本。单叶或复叶，多互生，常有托叶。花两性，辐射对称；花托突起、下陷或平展；萼片或花瓣常5数；雄蕊多数，着生于花托边缘或花筒上面；雌蕊心皮1至多数，离生或合生，子房上位，有的子房和花托愈合成子房下位。蓇葖果、瘦果、核果或梨果，极少蒴果。

识别要点：木本或草本。有托叶，花托凸起或凹陷，花为5基数，雄蕊多数离生，雌蕊心皮1至多数，合生或离生，子房上位或下位。果实为蓇葖果、核果、梨果或瘦果。

蔷薇科是经济价值高、种类多的大科，如：果树中的桃、李、杏、樱桃、

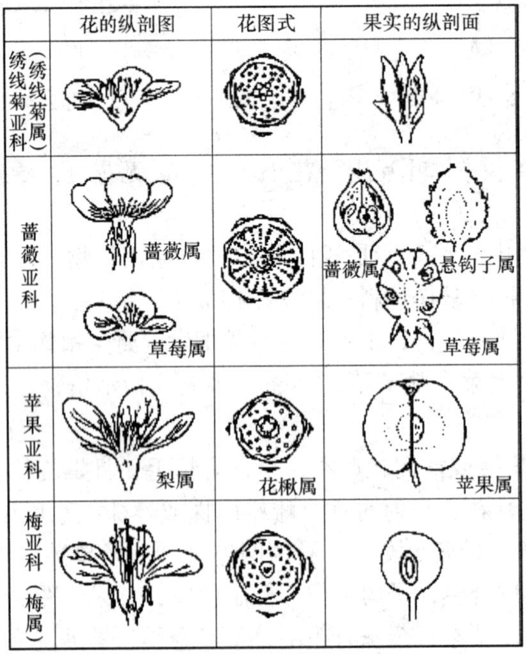

	花的纵剖图	花图式	果实的纵剖面
绣线菊亚科（绣线菊属）			
蔷薇亚科	蔷薇属 草莓属		蔷薇属 悬钩子属 草莓属
苹果亚科	梨属	花楸属	苹果属
梅亚科（梅属）			

图 2–56　蔷薇科四亚科比较图

梅、梨、苹果、木瓜、山楂、枇杷、海棠、沙果、草莓等；药用植物中的金樱子、龙牙草、地榆、翻白草、委陵菜；观赏植物中的绣线菊、珍珠花、麻叶绣球、珍珠梅、月季、木香、玫瑰、碧桃、日本樱花、石楠、垂丝海棠等。

5）豆科　乔木、灌木或草本。叶多为羽状复叶或三出复叶，常互生，具托叶，叶柄基部常有叶枕。花两性，萼片和花瓣均为5；多为蝶形花，少数为假蝶形花或辐射对称；雄蕊10，多成二体雄蕊，少有单体或分离，稀多数。单心皮，子房上位，胚珠1至多数，边缘胎座。荚果，种子无胚乳（图2–57）。

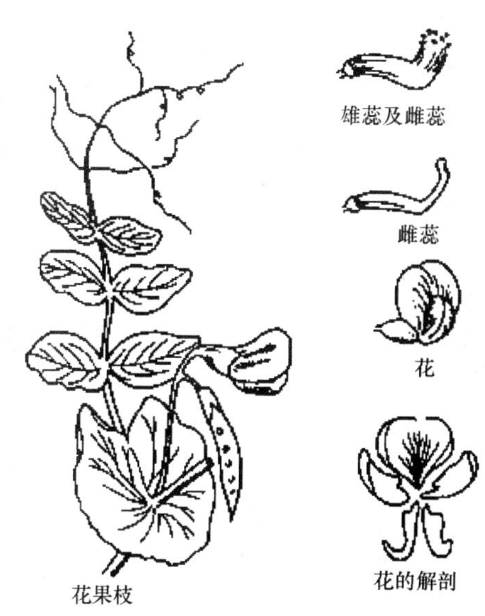

图 2–57　豌豆

识别要点：木本或草本。根系常具根瘤。叶多为羽状复叶或三出复叶，常互生，具托叶；花两性，萼片和花瓣均为5，蝶形花冠，雄蕊10枚，多成二体；雌蕊单心皮，边缘胎座，胚珠1至多数，子房上位；荚果。

本科主要有油料作物，如大豆、花生；杂粮作物，如蚕豆、豌豆、绿豆、小豆等；绿肥作物及饲料作物，如三叶草、草木樨、紫穗槐、苜蓿、紫云英、胡枝子等；蔬菜作物，如菜豆、豇豆、扁豆、豆薯等；药用植物，如甘草、黄芪、皂荚等；观赏植物，如含羞草、合欢等。

6）葡萄科　多为木质藤本，稀有灌木、乔木或草本。茎卷须与叶对生，单叶或复叶，互生，有托叶。花小，两性或单性异株，或有时为杂性，排成聚伞花序或圆锥花序，花序多与叶对生；花萼细小，4～5裂，不明显；花瓣4～5片，镊合状排列，分离或基部连合。雄蕊与花瓣同数而对生；上位子房2至多室，每室有1～2个胚珠。浆果（图2–58）。

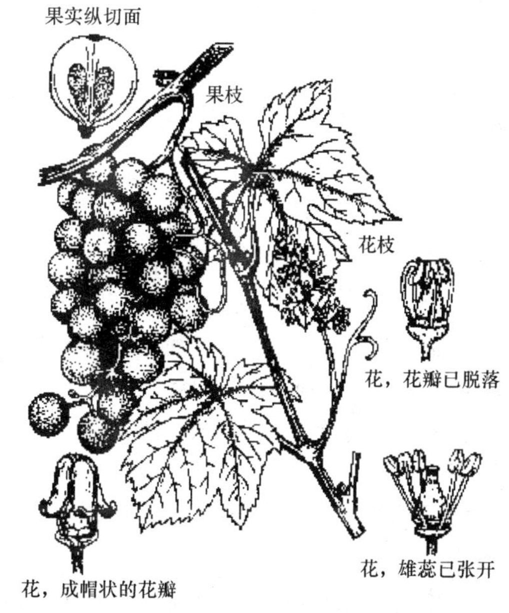

图 2–58　葡萄

识别要点：木质藤本，茎卷须与叶对生。花4～5数，子房上位，2至多室。浆果。葡萄是本科的主要栽培果树。野生刺葡萄、秋葡萄和山葡萄等，不但果实可以加工，并可利用为育种的原始材料。爬山虎为遮阴植物。

7）锦葵科　草本或木本。单叶互生常为掌状脉，托叶早落，花辐射对称，两性；萼片5，常有副萼；花瓣5，螺旋状排列；雄蕊多数，花丝连合成管，为单体雄蕊。花药一室，上位子房，雌蕊由2至多心皮合生。蒴果或分果（图2–59）。

识别要点：草本或木本。单叶，单体雄蕊，花药1室，蒴果或分果。

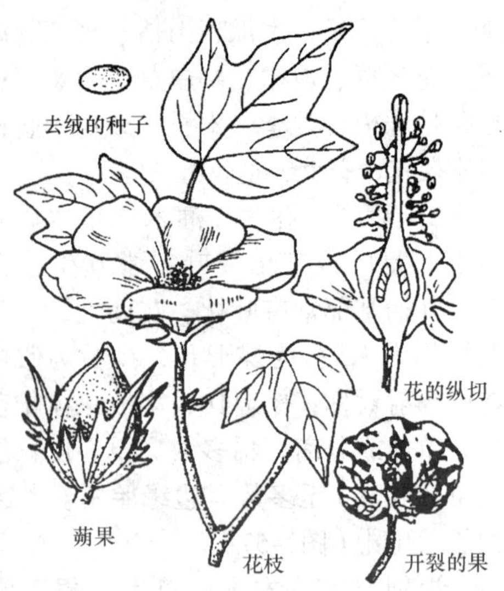

图 2–59　陆地棉

本科有许多著名的纤维植物，如棉花的纤维是我国纺织工业的主要原料。木芙蓉、苘麻、木槿、秋葵及黄蜀葵等纤维植物的根和茎的韧皮纤维，也可供纺织、造纸及作人造棉用。另外，冬寒菜是蔬菜，蜀葵、锦葵可供观赏用。

8）桑科　乔木、灌木或藤本。体内常有乳汁管。单叶互生，有托叶。花小，单性，雌雄同株或异株，花序为头状、隐头、穗状或柔荑花序。花单被，萼片4个，雄蕊与萼片同数而对生。雌花仅有雌蕊，雌蕊由2心皮组成，上位子房，一室。果为核果或瘦果，由增大的肉质花被所包围，通常集合成聚花果（图2–60）。

识别要点：木本，多有乳汁，单叶互生。花单性，单被；雄蕊与萼片同数而对生。柔荑花序、聚花果。

本科植物有一定的经济价值。如桑、柘树的叶子可饲养家蚕，桑树的皮可做造纸的原料，桑果可食用和酿酒，根皮、枝、果可入药，榕树、印度橡皮树为南方常见的乔木，常做行道树和观赏用。构树的纤维是造纸原料，构叶可作猪饲料。菠萝蜜、无花果的肉质聚花果可食用。

9）菊科　多为草本，稀灌木。叶常互生，单叶，无托叶。头状花序，小花的萼片常变成冠毛或鳞片状；花瓣5片，合生，有两种形式，一种呈筒状花冠，一种是舌状花冠；雄蕊5枚，花药聚合，特称聚药雄蕊；雌蕊由两个心皮合生，子房下位，1室，柱头二裂，瘦果。种子无胚乳（图2–61）。

识别要点：多为草本，稀灌木。头状花序，聚药雄蕊，瘦果顶端常具冠毛或鳞片。

本科是双子叶植物中最大的一科，有很多经济作物。如橡胶草，含胶量达27.8%，山橡胶草达40%，是重要的橡胶原料植物。红花、艾蒿、青蒿、大蓟、

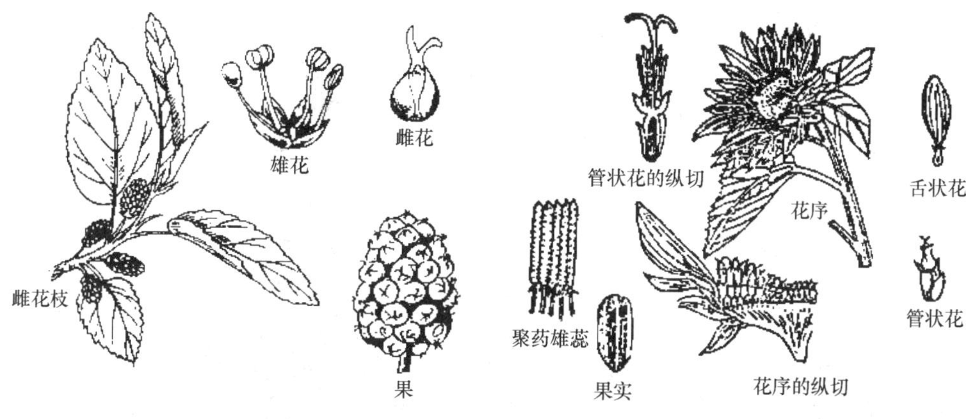

图 2–60　桑

图 2–61　向日葵

小蓟、苍耳、牛蒡、蒲公英、黄花蒿、茵陈蒿等是药用植物。莴苣、茼蒿、菊芋等供作蔬菜。向日葵为重要的油料作物。除虫菊可制杀虫农药。秋菊、翠菊、大理菊是很好的观赏植物。

10）伞形科　多为草本，具分泌腔，常含芳香油。茎常中空。叶互生，常为羽状裂叶或羽状复叶，叶柄基部常成鞘状抱茎。花小，两性，多聚成伞形或复伞形花序；花萼裂齿5不明显；花瓣5片，雄蕊5个，雌蕊由2心皮合成，子房下位。分果（图2–62）。

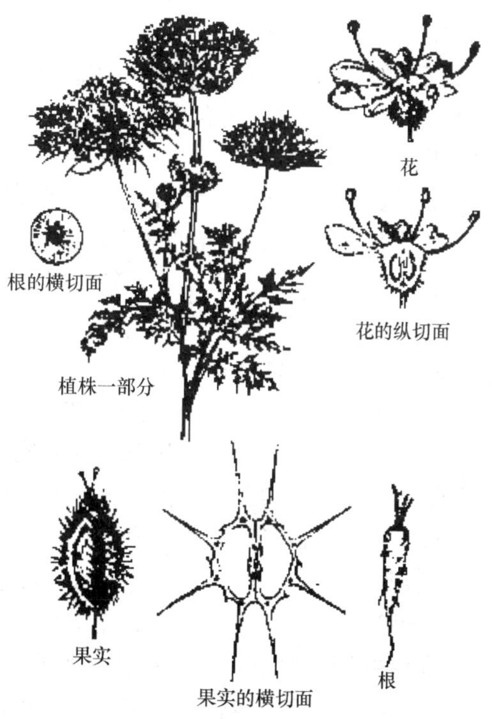

图 2–62　胡萝卜

识别要点：草本。叶柄基部扩展成鞘状抱茎，伞形或复伞形花序，分果。

本科经济作物较多，主要是蔬菜和药用植物。胡萝卜、芹菜、芫荽、茴香等是常见的蔬菜。当归、柴胡、前胡、川芎、白芷、茴香等可药用。窃衣、毒芹等可作土农药。

11）茄科　草本或藻木。叶互生，无托叶。花两性，辐射对称，常为聚伞花序或丛生，有时单生；花萼常5裂，宿存；花冠常5裂。轮状；雄蕊与花冠裂片同数且彼此互生，花药常黏合，纵裂或孔裂；子房上位，2心皮合成，二室，胚珠极多。果为浆果或蒴果（图2–63）。

识别要点：花萼宿存，花冠轮状，雄蕊5个，着生于花冠基部，与花冠裂互生，花药常黏合和孔裂。

马铃薯是本科的重要粮食作物，其块茎既为粮食又为蔬菜；番茄、茄、辣椒为重要蔬菜。曼陀罗、颠茄及枸杞是主要的药材。烟叶为烟草工业的主要原料，含烟碱，是麻醉性毒剂，稍有兴奋作用，吸食对人体有危害。

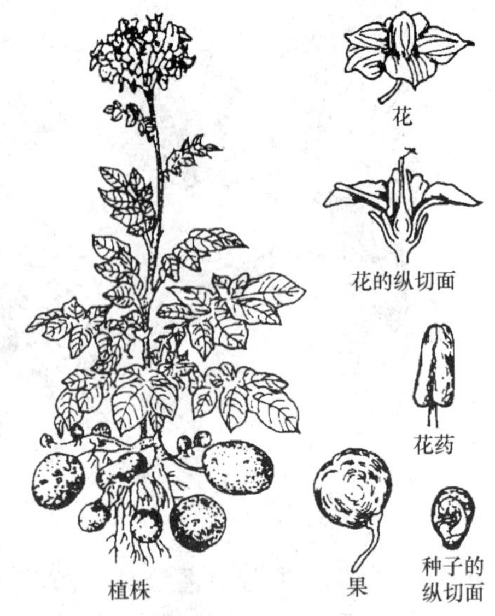

图 2–63　马铃薯

12）旋花科　草本，多为缠绕茎，常具乳汁。单叶互生，无托叶。花两性，整齐，单生或聚伞花序；萼片5枚，分离，宿存；花冠漏斗状；雄蕊5个，生于花冠筒的基部；子房上位，2心皮合生2～4室。果多为蒴果（图2–64）。

识别要点：缠绕茎，常具乳汁。花冠漏斗状；蒴果。

甘薯是本科的重要粮食作物。蕹菜又称空心菜，嫩茎可吃。菟丝子是森林、农田的有害杂草。牵牛、茑萝、月光花是观赏植物。

13）芸香科　乔木、灌木，稀草本。常具刺。叶为羽状复叶或单身复叶，稀单叶，无托叶，常具透明腺点。茎的皮部、叶片、花被及果皮内，都具有挥发油腺。花辐射对称，通常两性，稀单性，组成聚伞或总状花序；萼片4～5枚，常合生；花瓣4～5片，分离；雄蕊与花瓣同数或为其二倍或多数，常排成两轮，花丝分离或合生，着生于环状的肉质花盘周围；雌蕊通常由4～5个心皮组成，有时较多或较少，上位子房，4～5室，也有多室的。果为柑果或核果（图2–65）。

识别要点：茎常有刺，叶有透明油滴，无托叶，多为羽状复叶或单身复叶。花辐射对称，整齐，萼片、花瓣4～5数，花盘明显，果多为柑果或核果。

本科中包含大量的重要果树，如柑、橘、橙、柚、柠檬和金柑等。大多味美多汁，营养丰富，且便于运输、贮藏和加工。除作水果外，还可用于医药、糖果、饮料及化妆品工业等。

（3）单子叶植物纲的主要科

1）百合科　草本，具根茎、鳞茎、球茎，茎直立或攀援状。单叶互生，少数对生或轮生、基生，有时退化成鳞片状。花序为总状、穗状、圆锥花序，如是伞形花序则是腋生，而无总苞片；花两性，辐射对称；花被花瓣状，常6片；排列为两轮；雄蕊通常6枚，与花被片对生；雌蕊3个心皮组成，子房上位3室。蒴果或浆果，种子有胚乳。

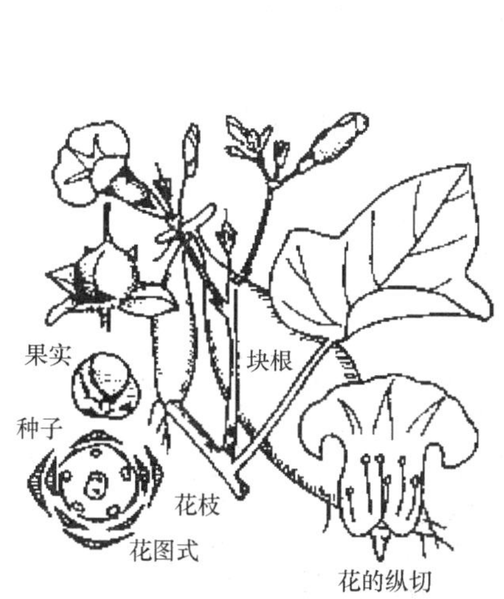

图 2–64　甘薯

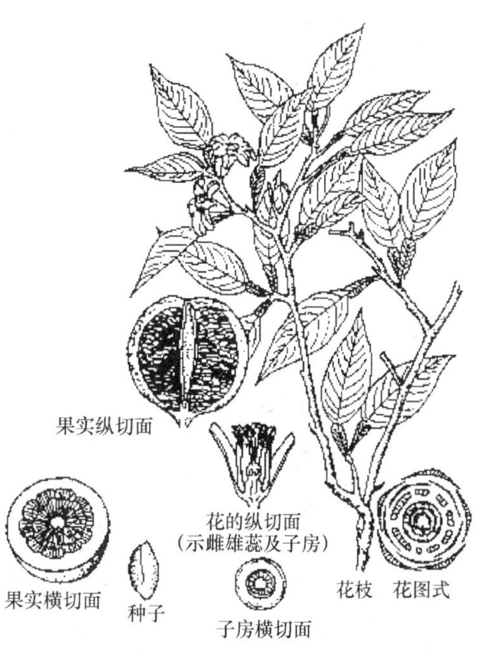

图 2–65　酸橙

识别要点：草本，具根茎、鳞茎、球茎。花序为总状、穗状或圆锥花序，如为伞形花序则为腋生，而无总苞片，子房上位；蒴果或浆果。

本科植物百合（图2–66），供药用和食用。北黄花菜、小黄花菜、石刁柏等供蔬菜用。贝母、川贝母、麦门冬、天门冬、黄精、苎草、芦荟等，均可作药用。

图 2–66　百合

2）禾本科　一年生、二年生或多年生草本或木本（竹类植物）。须根系。茎圆，有明显的节和节间，节间常中空，很少实心，茎基部常产生分蘖。单叶互生，成2列；由叶片和叶鞘组成，叶鞘包秆，通常一侧开裂，叶片扁平狭长，平行脉。常具叶耳、叶舌。花序由小穗排列成复穗状、圆锥状等。小穗有小花1至多朵，排列于小穗轴上，通常基部有2片不孕的苞片称为颖，生在下面（或外面）的1片称为第一颖，生在上面（或里面）的1片称为第二颖；小花两性、单性或中性，由外稃和内稃及其所包被的鳞片（浆片）、雄蕊和雌蕊组成；鳞片通常2枚；雄蕊通常3枚或6枚；雌蕊1、由2～3心皮构成，花柱通常2，常为羽毛状或刷帚状。子房上位；1室，有1胚珠，颖果。种子含大量胚乳。

识别要点：草本或木本（竹类），茎为圆形。叶排成二列，叶鞘开口，有叶耳、叶舌，雄蕊3或6枚，雌蕊柱头常二裂羽毛状。颖果。

禾本科植物中很多是人类主要粮食作物，如小麦和水稻（图2–67）、大麦、玉米、高粱、粟等。甘蔗为重要的糖料作物。竹可造纸，制器具和造屋等。其它如芦苇等是造纸及人造纤维的原料。本科植物还有牧草、草坪草和常见的田园杂草如看麦娘、早熟禾、马唐、鹅观草、白茅、稗等。

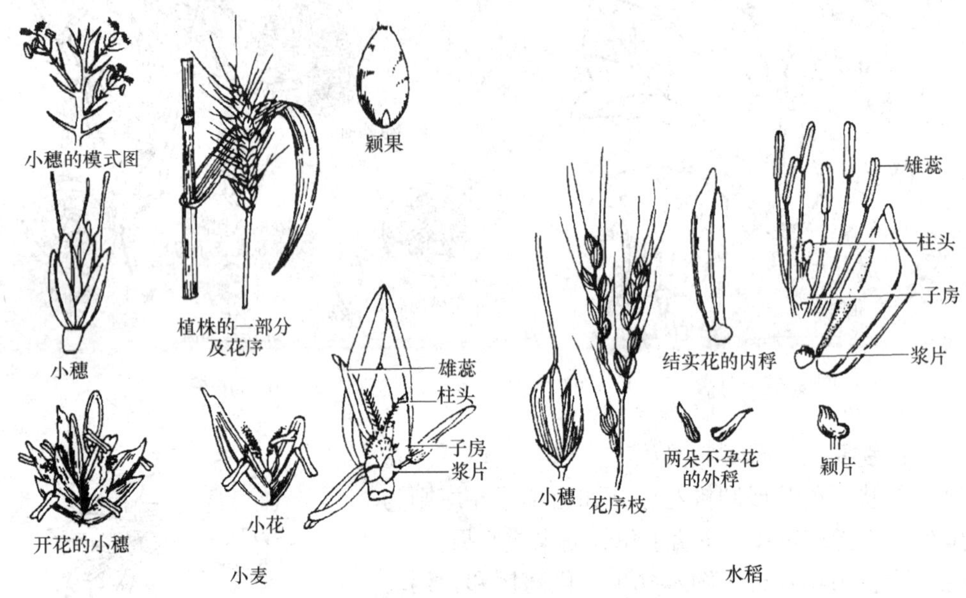

图 2–67　小麦和水稻

2.8.4　任务实施方法与步骤

（1）到室外收集材料信息，完成实验操作

1）到作物试验基地观看大豆、玉米植株的形态

①大豆外形观察　根与根系：主侧根分区明显，为直根系，根上有根瘤分布；茎：直立茎；叶：三出复叶，互生叶序，网状叶脉；花与花序：花单生；种子与果实：双子叶无胚乳种子，荚果。

②玉米外形观察　根与根系：不定根组成的须根系，各根近于等粗；茎：直立茎；叶：单叶互生，直出平行脉；花与花序：颖花，雄花为圆锥花序，雌花为肉穗花序；种子与果实：单子叶有胚乳种子、颖果。

2）到园艺试验基地观看葡萄（和2、3年生的扦插苗）和李子（和2、3年生的实生苗）植株的形态

①葡萄外形观察　根与根系：不定根上生侧根组成直根系，有时可见内生菌根；茎：木质藤本茎，有茎卷须为攀援茎，合轴分枝；叶：单叶互生，掌状网

脉；花与花序：圆锥花序；种子与果实：双子叶有胚乳、浆果。

②李子外形观察　根与根系：直根系；茎：有叶痕、叶迹、皮孔和鳞芽分布的木质直立茎，合轴分枝；叶：单叶互生，网状脉；花与花序：花在结果枝上簇生；种子与果实：双子叶无胚乳、核果。

3）到蔬菜试验基地观看大葱植株的形态

大葱外形观察　根与根系：不定根组成须根系，近于等粗；茎：鳞茎；叶：筒状叶、单叶互生，直出平行脉；花与花序：伞形花序；种子与果实：单子叶有胚乳、蒴果。

（2）小组讨论与成果展示、巩固训练

学生在课后反复阅读项目2的课文，熟记在各任务中提出问题的解答。对不能熟练描述其形态的植株，反复观察。

将观察到的各植株的形态填入技能报告上的栽培植物形态记载表中。

项目3　植物基本生理功能的检验

教学目标

- 会使用农业生产与科研常用到的实验仪器做好相关检验；会使用植物检索表检索植物。
- 能叙述酶的作用及特点，植物吸收盐的特点，叶绿体色素种类、颜色及作用和光合作用过程。能简述植物休眠意义及萌发过程，各种激素的生理作用，主要类群植物的形态特点。能说出植物分类的方法。

任务3.1　植物细胞酶及淀粉酶提取与活力检验

3.1.1　知识和技能要求

- 能说出植物细胞酶的组成、性质，酶活力与温度的关系。
- 能提取小麦种子中淀粉酶，能按实验要求检验出淀粉酶的活力。

3.1.2　情境（情景）设计

（1）问题的提出

1）说出你对酶、酶的作用及其特点的理解。

2）以辅基和辅酶的区别为例，说明酶的化学组成。

3）以失活和抑制为例，说明影响酶促反应的因素。

4）说明本次实验原理。

（2）实验器材的准备（按六组）　烧杯、温度计、小量筒、研钵、试管、滴管、酒精灯、试管夹、小漏斗、试管架、白纱布、火柴、碘液（2g 碘化钾加 1g 碘溶于 300mL 蒸馏水中）、淀粉胶层（取淀粉 1g，加少许冷水调湿后加水至 50mL，再加 5g 事先捍碎的白明胶，用烧杯装好，置于酒精灯上加热煮至熔化。煮时要不断用玻璃棒搅拌。取出约 10mL，倒入培养皿中，使之冷凝成一薄层）和 1% 淀粉液（将 1g 淀粉加少量水调匀，再加水至 100mL，然后加热煮沸，煮时要不断搅拌，待冷后使用）；发芽及未发芽小麦。

3.1.3　支撑知识

（1）酶的概念

植物体内的代谢过程是极为复杂的生物化学反应过程，这些过程在植物体内极易进行，但在体外则很难发生。如植物体内的糖能在常温下氧化成CO_2和水，但在体外就必须使之燃烧才能发生；在种子萌发过程中，蛋白质能水解成氨基酸，淀粉能水解成糖，这些过程在植物体外就必须加浓酸煮沸才能进行。这是因为植物体内有酶的缘故，它能催化各种生物化学反应的进行。

什么是酶呢？酶是由生活细胞产生的，具有催化活力的蛋白质。酶又称生物催化剂。酶所催化的反应，称为酶促反应。酶促反应中的反应物，称为底物。

（2）酶的化学组成

植物体内已发现的酶有上千种，所有的酶都是由蛋白质组成的。其中有的酶除蛋白质外，还含有其他成分，因此，从化学组成看，酶可分为单成分酶和双成分酶两大类。单成分酶是完全由蛋白质组成的酶，大多数水解酶如脲酶、蛋白酶、核糖核酸酶均属于这一类。双成分酶是除了蛋白质成分外，还含有非蛋白质的部分，大部分氧化还原酶属于这一类。双成分酶中的蛋白质部分称为酶蛋白，非蛋白质部分称为辅基（或辅酶）。酶蛋白和辅基（或辅酶）结合在一起称为全酶，即：

全酶＝酶蛋白＋辅基（或辅酶）

辅基和辅酶的区别在于：辅基与酶蛋白的结合较牢固，不容易分离开；而辅酶与酶蛋白的结合不牢固，容易与酶蛋白分离开。酶蛋白和辅基（或辅酶）单独存在时，都不表现催化活力，只有互相结合成全酶时，才能表现出酶的催化作用。

（3）酶作用的特点

酶是生物催化剂，是催化活力很强的蛋白质，相比一般催化剂，有自己的特点：

1）高催化效率　酶具有极高的催化效率，通常比无机催化剂要高$10^7 \sim 10^{13}$倍（一千万至十万亿倍）。例如，1mol无机催化剂Fe^{3+}在0℃下，1s可以分解10^{-5}mol的过氧化氢；而在同样条件下，1mol过氧化氢酶却可以分解10^5mol的过氧化氢。过氧化氢酶比Fe^{3+}的催化效率大100亿倍。由于酶有高度的催化活力，所以只要有少量的酶就能催化大量的物质转化。

2）作用的专一性　作用的专一性是指酶对所作用的底物有严格的选择性。通常一种酶只能对一类物质，甚至一种物质起作用。如：脂肪酶只能催化含有酯键的化合物水解；淀粉酶只能使淀粉水解；蛋白酶只能催化蛋白质水解，它们对其它物质都没有催化作用。植物体内的代谢过程包括着许多复杂的生化反应，如果没有酶的专一性，没有许多专一性的酶组成一系列酶的催化体系，就不会进行有规律的代谢活动过程，生命也就不存在。

（4）影响酶促反应的因素

酶促反应受许多因素的影响，如温度、pH、酶浓度、底物浓度、激活剂和抑制剂等。任何一个因素的变化都能影响酶促反应的速度，甚至使酶失去活力。因此，了解这些影响因素，对促进和控制植物正常的生长发育是很重要的。

1）温度　温度对酶促反应有双重影响。首先，因为酶促反应是化学反应，反应速度随温度的上升而增快。但另一方面，因为酶是蛋白质，它对热是不稳定的，随温度的上升，活力逐渐降低甚至失去活力。一般在30℃时，酶便开始破坏，但很轻微，甚至40～50℃时，温度对酶促反应的促进作用仍占优势。但到50～60℃时，温度对酶的破坏作用占优势，酶的作用下降。60℃以上时，酶就迅速失去活力（简称失活）。

反应速度达到最高时的温度，称为酶作用的最适温度，一般植物和微生物酶的最适温度为45～55℃。但最适温度不是固定不变的，随作用时间的延长，最适温度会降低。

2）酸碱度（pH）　酶的活力和pH关系很大，一种酶只在一定的pH范围内才表现出活力。而且每种酶都有它作用的最适pH，高于或低于这个pH时，活力就降低，其原因是pH能影响酶的稳定性和酶与底物的结合。植物和微生物的酶，最适pH多在4.5～6.5。

3）酶浓度　酶作为催化剂，它在反应终了时不参与反应产物的化学组成。但是在催化过程中，酶首先要与底物相结合，所以在一定情况下，酶浓度越大，底物被转化的越多。当底物浓度保持恒定并大于酶的浓度时，酶促反应速度与酶的浓度成正比关系。

3.1.4　拓展知识

（1）辅基和辅酶的种类

辅基和辅酶的种类很多，有些是简单的金属离子，其中许多是微量元素，如Fe^{3+}、Cu^{2+}、Mn^{2+}、Zn^{2+}、Mo^{2+}等；有些则是由有机物如B族维生素等组成。由此可见，微量元素及维生素对植物生活的重要性。植物体内常见的辅基有黄素单核苷酸（FMN）和黄素腺嘌呤二核苷酸（FAD），二者都含有核黄素（维生素B_2），它们都是一些氧化还原酶的辅基，在氧化还原过程中起传递氢的作用。体内常见的辅酶有辅Ⅰ（烟酰胺腺嘌呤二核苷酸，NAD^+）、辅酶Ⅱ（烟酰胺腺嘌呤二核苷酸磷酸，$NADP^+$），二者都含有烟酰胺（维生素PP），它们都是脱氢酶的辅酶，在氧化还原过程中起传递氢和电子的作用，辅酶A（CoA）含有泛酸（维生素B_3），它是糖和脂肪代谢的重要辅酶，起传递酰基的作用，由于其作用部位在巯基（－SH）上，因此，辅酶A常用CoA－SH表示。

（2）细胞内酶的分布及酶系统的更替

酶是由生活细胞产生的，但它并不是均匀地分布在细胞中。大部分酶分布在原生质体的各种结构上，也有一少部分酶分布在液泡及细胞壁中。由于细胞的各个部分结合的酶不相同，生理功能也不相同。如在叶绿体中具有催化光合作用的全套酶系统，因此，它能进行光合作用；线粒体具有催化呼吸作用的酶系，因此成为细胞呼吸作用的中心。随着细胞年龄的变化和组织的分化，不同的组织和器官也分布着不同的酶。

由于酶在细胞内有严格的活动区域，因而使代谢活动能有秩序地协调地进行。若内膜体系被破坏，则结构蛋白质、氧化还原体系、代谢产物和酶的位置发生改变，原来被溶酶体包含的酶，也因溶酶体膜的破坏而释放出来，起水解作用。这样，原生质的机能发生紊乱，结构被破坏。

植物细胞的年龄和生理状态的变化，会影响酶的存在状态，这就是酶系统的更替，继而影响到代谢过程。随着植物及其器官发育进程的变化，酶系统再更替。由此说来，植物生长发育进程中酶系统的变化，是有机体适应机能的一个不可分割的部分。

3.1.5　任务实施方法与步骤

（1）实验操作

1）种子发芽时淀粉酶的活力检验

①淀粉酶的提取　取50粒发芽小麦（或干发芽小麦5g），用10mL温水（约35℃）置于研钵中研碎，再加30～40mL温水搅拌，后静置10～15min进行过滤。或在400转/min条件下离心5min。滤液中即含有淀粉酶。

②取淀粉胶层　胶层内有淀粉。

③种子淀粉酶活力检验　取发芽及未发芽小麦各几粒，用刀片纵切成半，在切面上用水湿润后分别紧贴在淀粉凝胶上。另用玻璃棒蘸取淀粉酶提取液，在淀粉凝胶上作记号或写字。加盖后，放在温暖地方或25℃恒温箱中。20min后，取出种子，倒入少量碘液浸湿整个淀粉凝胶。观察放过种子的地方和用酶液画过与未画过的地方，显色有什么不同。萌发小麦的种子周围有白色晕圈，画过的地方有白色印迹出现。

这是因为胶面内的淀粉被发芽种子内的淀粉酶和玻璃棒蘸取的淀粉酶分解了，所以萌发的种子周围有白色晕圈，画过的地方有白色印迹出现。

2）淀粉酶活力检验

①淀粉酶液的处理　取两个大小相同的试管，编为①及②号。每个试管倒入3mL淀粉酶提取液。将①号试管加热煮沸1～2min（但不要溢出试管外），②号管不加热。

［①号试管里的酶已被高温杀死；②号试管里的酶，室温下仍存活。］

②取1%淀粉液　［淀粉液中含淀粉］

③淀粉酶活力检验　再向①、②两个试管各倒入5mL1%淀粉液，摇荡均匀，放置好。经10～20min后，同时分别各倒2mL到另外两个试管中，并同时滴碘液检验，看两管颜色有什么不同。［①号试管的蓝色较深；②号试管的蓝色较浅或无色。］

［这是因为①号试管里的淀粉酶已被高温杀死，所以加入的淀粉没有被分解，因此蓝色较深；②号试管里的淀粉被淀粉酶分解，其淀粉含量减少或无，所

以不显蓝色。]

实验知识点 ①发芽的小麦有淀粉酶生成；②淀粉酶在高温下失活；③淀粉遇碘变蓝。

(2)小组讨论与成果展示、巩固训练

学生对照课文内容，观察、分析、解释自己实验操作的结果。

课后反复阅读课文，将问题解答在作业本上。将实验操作结果及对结果的解释，记录在技能报告上。

任务3.2 植物对矿质元素的吸收、运输与利用及根系对离子的交换吸附

3.2.1 知识和技能要求

• 正确说出植物根系对无机盐吸收的特点和机理，矿质元素在体内运输、分配的规律。

• 能检验到植物根系对离子的交换吸附。

3.2.2 情境（情景）设计

(1)问题的提出

1）根主动吸盐和被动吸盐无区别，根通过吸水将盐载入，这种理解是否正确?

2）解释同一块地为什么不能长期使用一种化肥。

3）说明在生产中植物缺素症为什么有的从下部老叶开始，有的从嫩叶开始。

4）说出在生产中，掌握“勤施肥薄施肥”原则的生理基础。

(2)实验器材的准备 烧杯(250mL、2个)、0.1%甲烯蓝(亚甲基蓝或美蓝)溶液、10%氯化钙溶液、蒸馏水。具有完好根系洗净的小麦、玉米等幼苗。

3.2.3 支撑知识

(1)植物根系对无机盐的吸收

1）根系吸收无机盐的特点

①具有区域性 植物根尖的根毛区，木质部已分化形成，所吸收的离子能很快运出，同时代谢活力强，吸收表面大，所以根系吸收无机盐主要是在根尖的根毛区。当然，根冠和分生区也有一定的吸收能力。

②吸无机盐与吸水的相对性 根尖吸收无机盐与吸收水分既相互依赖，又相互独立，二者不是同步，不成比例。一方面无机盐要溶解在水中才能被吸收，吸无机盐后根部的水势下降，又能促进根吸水。被吸收的无机盐在导管中随水以集

流方式（蒸腾流）运往地上部，又利于根吸无机盐，二者相互依赖。另一方面，水是以被动扩散方式进入根部的，而无机盐是以消耗代谢能的主动吸收为主被吸入的，需要通过载体或通道运转，有选择性和饱和效应。再者无机盐大都优先运往生长最旺盛的部位，而水则运往蒸腾最旺盛的部位。二者又相互独立。

③吸无机盐的选择性 植物吸无机盐的选择性首先表现在不同植物的差异上，例如，在相同成分和浓度的营养液中分别培养番茄与水稻，前者吸收Ca、Mg多，后者吸收Si多，即不同植物对不同离子的吸收速率不同，吸收离子与溶液中离子的浓度不成正比例。其次表现在对同一种盐的不同离子上。例如，供给$(NH_4)_2SO_4$时，根吸收NH_4^+多于SO_4^{2-}，使根外界环境酸性提高，这类盐称为生理酸性盐；又如供给$NaNO_3$时，根系吸收NO_3^-多于Na^+，使根外界环境碱性提高，这类盐称为生理碱性盐。供给植物的盐，如果根系对阴、阳离子吸收的速率几乎相等，根外环境pH基本上不发生变化，这类盐称为生理中性盐。人们常以NH_4NO_3为例，说明生理中性盐，但对NH_4NO_3来说，情况比较复杂。施入NH_4NO_3以后，植物前期吸收NH_4^+比NO_3^-快，属生理酸性盐，而后期吸收NO_3^-比NH_4^+快，又属生理碱性盐，因此，不能将NH_4NO_3简单地说成是生理中性盐。

可见，在生产实践中，切忌长期使用一种化肥，以免引起土壤酸化或碱化；同时也可以避免发生单盐毒害。

2）根系吸收无机盐的过程

①根系吸收无机盐的机理

根系对无机盐的吸收，是通过被动吸收和主动吸收两种方式进行的。

a. 被动吸收 被动吸收是指植物依靠扩散作用，或其他不需要消耗代谢能量吸收离子的过程。当外界某种离子浓度大于根细胞液的浓度时，这种离子常以扩散的方式进入根细胞内。盐碱地的植物体内含有过多的Na^+和Cl^-就是由于被动吸收的缘故。

b. 主动吸收 主动吸收就是植物利用呼吸作用释放的能量，逆盐浓度梯度吸收盐的过程。这是根系吸收营养元素的一种主要方式。目前，常用“载体学说”来解释根系对营养元素的主动吸收。这个理论认为：细胞质膜上存在着一些能携带离子通过膜的活力物质，称为载体。载体的三步作用是：首先在膜外侧对离子具有很强能力的专一识别和结合；然后在膜中移动和转动；最后到达膜内侧释放它所结合的离子。一大特点是：载体与相应离子的结合、移动和转动，需要消耗能量ATP。离子靠载体的三步作用，一大特点，被反复运输，使离子通过质膜进出细胞（图3–1）。

②根系吸收无机盐的步骤

a. 离子进入表观自由空间

离子首先被吸附在根细胞表面，然后通过交换进入表观自由空间（表观自由空间就是由细胞壁和细胞间隙组成的空间），具体可分为三种情况。

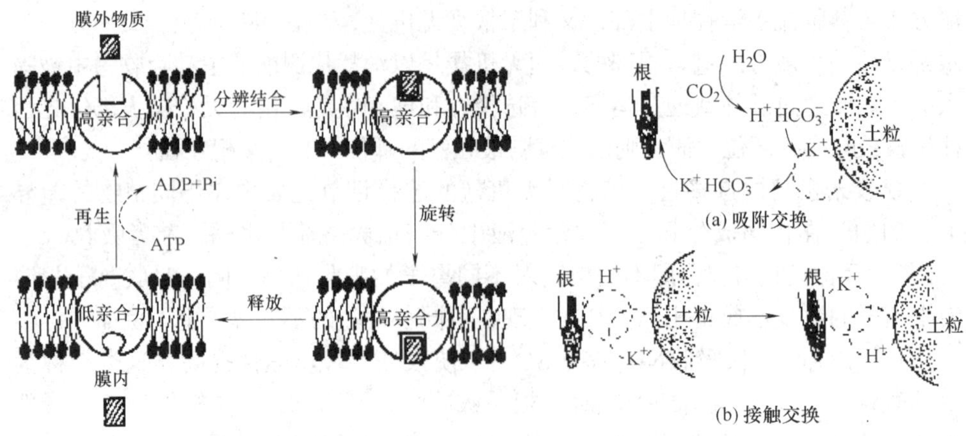

图 3-1　主动吸收的载体假设模型　　　　图 3-2　离子交换吸附示意图

（a）根对溶液中离子的吸收　根呼吸产生的CO_2与H_2O作用形成H^+与HCO_3^-，与土壤溶液中的正、负离子交换，正、负离子被吸附在根的表面，并进入表观自由空间。

（b）根对吸附在土壤胶体上离子的吸收　它是通过土壤溶液进行交换，即根呼吸形成的H^+和HCO_3^-，逐渐接近土壤颗粒表面，土壤颗粒上的阳离子（K^+）与H^+交换形成碳酸盐（$KHCO_3$），再按第一种方式被吸附在根表面（图3-2）。

（c）根对难溶于水的元素的吸收　根在生命活动过程中除呼吸产生H_2CO_3外，还向周围介质分泌苹果酸、柠檬酸等有机酸，其逐渐溶解难溶物质，释放元素，然后被根交换吸收。

b. 离子进入内部空间　内部空间就是由原生质和液泡所构成的空间，它们被原生质膜和液泡膜包围。离子由表观自由空间通过质膜进入内部空间，是缓慢吸收阶段，而且是以主动吸收过程为主的。尤其值得注意的是，根内皮层细胞存在着凯氏带（禾本科植物是五面增厚），进入根内部的离子必须通过共质体途径进入细胞内部。

c. 细胞内离子的运转与运出　离子进入细胞后，可随着原生质流动或者由离子载体的运载传送，使离子在细胞内径，由内质网系统而到达原生质的各个部位（包括细胞器）。也可通过胞间连丝进入另一细胞。通过内部空间到达木质部表面的离子，再靠主动或被动排出，最后进入木质部。

离子进入导管后，主要靠水的集流运送到地上器官的维管束，在那里它们再次通过主动吸收和被动吸收进入生活细胞。

（2）植物地上部分对矿质元素的吸收

事实表明，除根之外，植物的地上部分特别是叶片也可吸收矿物质元素。在农业生产上常把肥料配成一定的浓度，喷洒到叶片上，供植物吸收利用，这种施肥方法称为根外追肥或叶片喷肥。其优点在于：

1）补充养料　幼苗根系不发达，或生育后期根系吸收能力衰退，叶面喷肥可以补充养料。

2）节省肥料　叶面喷肥所用的肥料数量远比根部施肥少。

3）肥效迅速　叶面喷肥的效果比根施来得快些、早些。

4）利用率高　叶面喷肥可减少肥料的损失，充分提高利用率。此外，还可将肥料与农药混合喷施。

根外追肥时，喷洒在叶片上的肥料，可以经过气孔和角质层进入叶片内部。一般温度较低，湿度较大并无风时，吸收较好。因此，在无风的阴天或晴天的傍晚（最好有露水）进行叶面施肥，可以获得更好的效果。

叶面施肥应用较多的Mn、Cu、B、Fe等微量元素，浓度一般为0.01%～0.1%；常用的肥料：氮肥为尿素，磷肥为磷酸铵，钾肥为磷酸二氢钾。浓度一般为0.5%～2%。

（3）矿质元素在植物体内的运转与分配

无论根系还是叶片从外界吸收的营养元素，只有一部分留在根系或叶片中，大部分被运到植物体的其他部位。

1）矿物质元素运输的形式　不同元素在植物体内的运输形式不同。金属元素是以离子形态运输，非金属元素既可以离子形态运输，又可以小分子有机物的形态运输。被根吸收的无机氮化物，绝大部分在根的中柱薄壁细胞中，转化为有机氮化物，如氨基酸、酰胺等，然后运至地上部分。也有一部分氮以硝酸根的形式运到叶片等部分，而后再还原成氨基酸；根吸收的磷主要以正磷酸根的形式运输，但也有一部分先在根内转变为有机磷化物如磷酸胆碱、核苷酸等，然后再向地上部分运输；硫主要以硫酸根的形式运输，只有少部分在根中转变为蛋氨酸和谷胱甘肽后，运向地上部分。其它非金属元素均以离子形态运至地上部分。

2）矿物质元素运输的途径

①营养元素在根内的径向运输　根系吸收的离子径向运到中柱有两条途径：一是质外体，外界的离子通过扩散作用迅速地进入根系皮层细胞的质外体空间，但这条途径却受到内皮层凯氏带的阻隔；二是共质体，外界离子可通过被动和主动吸收进入根细胞内，然后通过胞间连丝在细胞之间转移，最后进入中柱。

②离子在植物体内的纵向运输　根系吸收的离子是通过木质部的导管向上运输的；也可以从木质部横向运输到韧皮部，在韧皮部内作向下运输。

③叶片吸收的营养元素的运输　利用^{32}P证明，叶片吸收的营养元素可进行双向运输，但不管是向上运输还是向下运输，均以韧皮部的筛管为主；同时，还可以从韧皮部活跃地横向运输到木质部，然后再向上运输。因此，叶片吸收的营养元素在茎部向下运输以韧皮部为主，向上运输则是通过木质部与韧皮部。

3）矿质元素的分配与再分配　矿质元素进入根系后，只有一少部分留在根内，大部分运至地上部分。除硅外，其他元素大部分运至生长点，如幼叶、幼枝、幼果等生长旺盛部位，少部分运至功能叶和老叶。有些元素或呈离子状态（如K^+），或形成较稳定的化合物，细胞衰老时被分解并转移至新的组织或器官再次被利用（如N、P、K、Mg），尤其P可多次被利用。另一些元素（如Cu、Fe、Mn、Ca），尤其Ca在细胞中形成难溶性化合物，基本上不能再利用。

在秋季，多年生植物落叶前的时期，营养元素的再利用与叶片褪色紧密相关，随着叶片的褪色，叶内的营养元素逐渐再分配到植物的贮藏部位，如根、茎的髓部等。植物体内营养元素的再分配，提高了植物对元素的利用率，增强了植物对环境的适应能力。是合理施肥的理论基础。

3.2.4 拓展知识

（1）施肥生理

植物在维持自身的生命活动过程中，不仅从外界吸收水和CO_2，而且从周围环境摄取需要的元素。虽然植物体的各个部位都能吸收元素，但由于植物可吸收的元素主要存在于土壤中，所以根就成为植物吸收矿质元素的主要器官。由于土壤中所含的植物需要的元素，无论从种类上，还是从数量上，往往不能完全及时地满足植物生长发育的需要，所以必须为植物提供矿质养分。在农业生产上，人们为满足植物生长发育的需要，适时、适量提供矿质养分，用以提高产量和改善品质的栽培措施，称为施肥生理。

（2）植物必需的矿质元素

完全缺乏该元素时，植物不能正常的生长发育，即不能完成生活史。植物出现的缺素症状是专一的，不能由于加入其他元素而消除缺素症状，只有加入该元素之后，植物才能恢复正常生活。某种元素的功能必须是直接的，绝对不是由于改善土壤或培养基的物理、化学和微生物条件所产生的间接效应。

（3）影响根吸收矿物质元素的环境条件

植物吸收矿物质元素与呼吸作用关系密切。因此，凡是影响呼吸作用的各种条件，都影响植物对矿物质元素的吸收。

1）土壤温度　在一定的范围内，根系吸收矿物质元素随土壤温度的升高而加快。但是，土温过高（超过40℃）或过低（低于0℃），根系吸收矿物质元素的速率均下降。因为温度影响呼吸速率，进而影响主动吸收。温度过高，酶钝化，细胞透性增大导致元素外流。温度过低，酶活力下降，同时细胞质黏性增大，离子难于进入。

2）土壤通气与水分　土壤通气状况良好，提高土壤O_2分压，降低CO_2分压，利于根呼吸，直接促进根对养分的吸收。这是因为，一方面，呼吸供给养分吸收与运转所需的能量；另一方面，呼吸产生的中间产物增多，有利于物质转化，使蛋白质、核酸、磷脂等合成过程加强，从而促进了养分的吸收、利用。

3）土壤pH　由于构成原生质的蛋白质是两性电解质，在弱酸性条件下，氨基酸带正电核，因而易于吸收外液的阴离子；在弱碱性条件下，氨基酸带负电荷，所以易于吸收外液的阳离子。土壤的pH通过影响盐的溶解度而影响根系的吸收。

4）土壤内离子间的相互作用　土壤中各种离子的相互作用，影响植物对其吸收。

①竞争与促进　土壤中离子之间的关系是错综复杂的。有时，某种离子的存在可能抑制另一种离子的吸收，而对其他的离子不一定发生影响。例如，钾、铯和铷之间存在相互竞争。钠、锂和铷之间就不存在竞争。有时离子的吸收又可以发生相互促进。例如，钙离子促进铵离子、钾离子的吸收，硝酸根促进钾离子吸收，铵离子促进磷酸根吸收。因此，田间施肥需根据离子间相互作用的规律进行适当搭配。

②浓缩效应与稀释效应　研究表明，植物往往由于某种元素的缺乏而生长减慢，甚至停止生长。这样，植物吸收的其他元素就在植物体生长受阻的部分积累，表现为浓缩效应，使根系对积累元素的吸收减少。可是，当原来最亏缺的必需元素得到补偿后，植株会因此而迅速生长。随之，其他元素被迅速消耗，相对含量下降，呈现稀释效应。生产上，为提高肥料的利用率，应根据作物的营养状况和土壤含有肥料的状况，确定用肥的种类和数量，避免盲目施肥。否则，不但不能达到预期的目的，而且还会使暂时“过多”的肥料流失或固定，造成浪费。

5）土壤的有毒物质　有毒物质给植物造成的多种伤害，必然降低根系吸收离子的能力。常见的有毒物质有：硫化氢、某些有机酸、过多的二价铁以及重金属元素。在含有较多未腐熟有机质的土壤中，微生物活动产生大量的硫化氢，抑制细胞色素氧化酶的活力，从而影响根对养分的吸收。

6）土壤溶液浓度　实验证明，在一定范围内，随着外界溶液浓度提高，根系吸收离子数量增多。但在较高浓度的溶液中，离子的吸收与离子的浓度不呈正相关。因此，在生产上，施肥应掌握“勤施薄施”的原则，一次施用化肥不能过多，以免“烧”伤植物或造成肥料流失形成浪费。施肥时还要注意同时灌水，以保证土壤溶液的浓度适宜。

3.2.5　任务实施方法与步骤

（1）实验操作

1）取材　取四株植物幼苗，将根系用清水漂洗干净。

［植物根系是原色，洗干净的玉米幼苗根系为原色］

2）吸附　将准备好的植株幼苗根系浸入甲烯蓝溶液中2min。

［植物根系呈蓝色，因为甲烯蓝吸附在根表面细胞的间隙内］

3）漂洗　取出甲烯蓝中的幼苗，并将根系移入蒸馏水中漂洗，并换水4～5次，到不褪色为止。［根系仍然是蓝色的，因为附于表面上的甲烯蓝被水冲走了，而被交换吸附于根上的甲烯蓝仍然存在着］

4）交换　将这四株幼苗的根系，二株浸入纯净的蒸馏水中，另二株浸在氯化钙溶液中，5～10min后，观察根系、蒸馏水及氯化钙溶液的颜色变化。

［水中的根系没褪色，氯化钙中的根系蓝色变浅，溶液变成蓝色了。这是因为已经吸附于根系上的甲烯蓝被氯化钙（$CaCl_2$）中的Cl^-和Ca^{2+}重新交换到溶液中去，因此溶液变蓝色；因为水中相对的无离子，因此没有交换现象，所以不褪色］

实验知识点：活体根能吸附甲烯蓝，被吸附的甲烯蓝能与溶液中的离子发生交换。这说明植物的根系吸收盐是以离子交换吸附形式完成的。

实验操作理论基础：植物根系表面有吸附能力，它在甲烯蓝溶液中能够吸附甲烯蓝离子，根系就被染上蓝色，虽用蒸馏水冲洗也不脱色。若把根再浸在氯化钙溶液中，则Ca^{2+}离子和带正电荷的甲烯蓝离子发生交换吸附，原来吸附在根系表面的甲烯蓝离子便进入氯化钙溶液中，使溶液变成蓝色。

（2）小组讨论与成果展示、巩固训练

学生对照课文内容，观察、分析、解释自己实验操作的结果。

课后反复阅读课文，将问题解答在作业本上。将实验操作结果及对结果的解释，记录在技能报告上。

任务3.3　叶绿体和光合色素及其提取与检验

3.3.1　知识和技能要求

- 能叙述叶绿体结构及其内部光合色素的种类、颜色。
- 会正确地从菠菜等绿色叶片中提取出叶绿体色素并将其分离检验。

3.3.2　情境（情景）设计

（1）问题的提出

1）说出叶绿体结构及其内部光合色素的种类、颜色。

2）解释光合色素吸收光谱曲线的内在含意。

3）在生产中，春天常见到黄叶苗，秋天常出现黄落叶，解释其生理原因。

4）解释植物在阴天或背阴处也可进行一定强度的光合作用的原因。

（2）实验器材的准备（按六组）　天平、试管、试管架、研钵、小烧杯、漏斗、漏斗架、玻璃棒、小量筒、滤纸、移液管、滴管、小杯（墨水瓶盖）、大培养皿、小剪刀、指形管、软木塞、95%乙醇、无色汽油、20% KOH甲醇溶液、苯；菠菜等新鲜绿色叶片。

3.3.3 支撑知识

（1）叶绿体的形态结构

植物的光合作用，是在绿色细胞的叶绿体中进行的。叶绿体具有特殊的结构，并含有多种色素，这是和它的光合作用功能相适应的。

1）叶绿体的形态、大小　高等植物的叶绿体，多数为扁平椭圆形的小颗粒，平均直径5～7μm，厚1～3μm，分布在细胞质中。每个绿色细胞含有数十个到数百个叶绿体。据统计，每平方毫米的蓖麻叶子中叶绿体的数目多达数十万个。因此，叶绿体的总表面积要比叶子面积大得多，这就有利于对日光能和空气中CO_2的吸收。

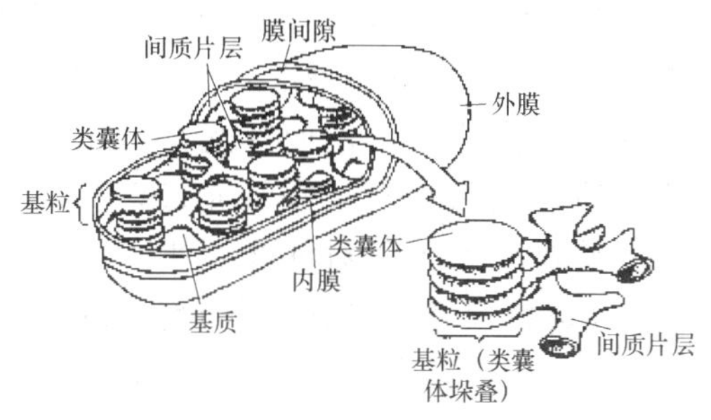

图 3-3　叶绿体结构示意图

2）叶绿体的结构　叶绿体由叶绿体膜、类囊体和基质三部分组成（图3-3）：

①叶绿体膜　又称被膜，由两层单位膜构成，外膜透性强，内膜透性差。内外两层膜间有间隙，称为膜间隙。

②类囊体　由单位膜形成的扁平小囊，是叶绿体的基本结构单位，内含光合作用色素，是进行光能吸收和转化的场所。类囊体膜的形成大大地增加了膜片层的总面积，利于有效地收集光能，增加光反应界面。高等植物的类囊体有两种：一种较大且彼此不重叠，贯穿在基质中，称基质类囊体，或称基质片层或基粒间类囊体；另一种较小，可自身或与基质类囊体重叠组成基粒，称基粒类囊体。

③基质　在叶绿体内膜里面和基粒、基质片层之间充满着水溶性的液体，称为基质。其中含有酶类、无机离子、核糖体、淀粉粒等。它是光合作用中碳同化的场所。

（2）叶绿体的光合色素及其吸收光谱

1）色素的种类　高等植物叶绿体中主要含有以下四种色素（表3-1）。

表3-1　高等植物的叶绿体内色素种类

色素类	色素种	分子式	色素种颜色	色素类颜色
叶绿素	叶绿素a	$C_{55}H_{72}O_5N_4Mg$	蓝绿色	绿色
	叶绿素b	$C_{55}H_{70}O_6N_4Mg$	黄绿色	
类胡萝卜素	胡萝卜素	$C_{40}H_{56}$	橙黄色	黄色
	叶黄素	$C_{40}H_{56}O_2$	金黄色	

这4种色素都不溶于水，而易溶于酒精、丙酮、石油醚等有机溶剂中。因

此，可用酒精等有机溶剂来提取。在不同溶剂中，各种色素的溶解度不同，因此，可利用这一特性将4种色素分离开。

2）光合色素的吸收光谱　让太阳光通过三棱镜，可以看到红、橙、黄、绿、青、蓝、紫七种颜色。这七色连续的光谱，称为太阳光谱。如果把光合色素的提取液放在太阳光和三棱镜之间，由于一些光被光合色素吸收了，通过三棱镜之后形成的光谱便出现一些暗带，这种光谱称为光合色素的吸收光谱。

①叶绿素的吸收光谱　从叶绿素a和叶绿素b的吸收光谱，可以看到，红光部分呈现一条很宽的暗带，蓝紫光部分也有较宽的暗带，而绿光部分仍是绿的。说明它们吸收红光最多，其次是蓝紫光，而对绿光几乎不吸收。从叶绿素a和叶绿素b的光谱吸收曲线上，可以看到，二者较为相近，在蓝紫光（430～450nm）和红光区（640～660nm）都有一个吸收高峰，但叶绿素a在红光区的吸收带偏向长波方向，在蓝紫光区的吸收带偏向短波方向。叶绿素a和叶绿素b对绿光的吸收都很少，因此呈绿色（图3–4）。

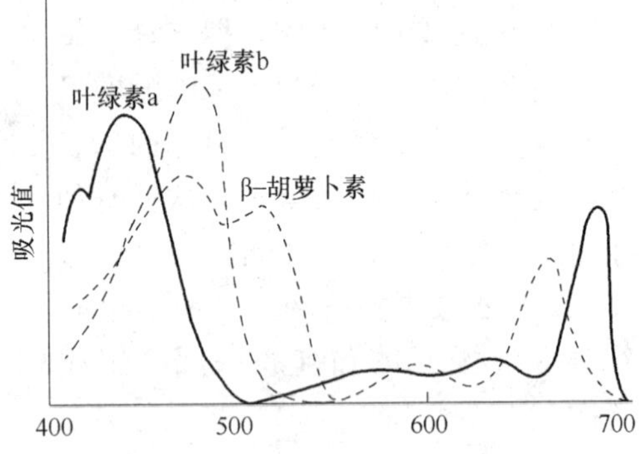

图 3–4　几种光合色素吸收光谱的曲线

②类胡萝卜素的吸收光谱　从胡萝卜素和叶黄素的吸收光谱可以看到，它们只吸收蓝紫光，但蓝紫光部分吸收的范围比叶绿素的宽一些。从胡萝卜素和叶黄素的光谱吸收曲线上可以看到，它们只吸收蓝紫光（400～500nm），但蓝紫光部分吸收的范围比叶绿素宽一些（图3–4），它们基本不吸收红、橙、黄光，从而呈现橙黄色或黄色。

太阳光的直射光含红光较多，散射光含蓝紫光较多，因此，植物不但在直射光下可保持较强的光合作用，而且在阴天或背阴处，也可通过吸收蓝紫光进行一定强度的光合作用，这是植物在长期进化过程中，形成的一种特性。

3）植物的叶色　一般来说，叶片中叶绿素与类胡萝卜素的比值约为3:1，所以正常的叶片总呈现绿色。在秋天或在不良的环境中，叶片中的叶绿素较易降解，数量减少，而类胡萝卜素比较稳定，所以叶片呈现黄色。类胡萝卜素总是和叶绿素一起存在于高等植物的叶绿体中，此外也存在于果实、花冠、花粉、柱头等器官的有色体中。一般阳生植物叶片的叶绿素a/叶绿素b比值约为3：1，而阴生植物的叶绿素a/叶绿素b比值约为2.3：1。叶绿素b含量的相对提高，就有可能更有效地利用漫射光中较多的蓝紫光，所以叶绿素b有阴生叶绿素之称。

（3）叶绿素的生物合成及其相关条件

叶绿素在植物体内经常不断更新。据测定，菠菜的叶绿素，72h后更新95.8%；烟草的叶绿素，19d后更新50%；不同植物的叶绿素更新速度是不相同的。叶绿素的生物合成过程十分复杂，至今尚不完全清楚，并且叶绿素的形成和解体，与光照、温度、水分和矿物质营养的关系极为密切。

1）叶绿素的生物合成　叶绿素的生物合成可分为两个阶段：

①与光无关的酶促反应阶段　谷氨酸或α–酮戊二酸是合成叶绿素的起始物质，它们经一系列有机物和镁等离子的参与及酶的催化，合成出Mg–原卟啉，再经甲基化反应，变为原叶绿酸酯。

②与光有关的转化阶段　原叶绿酸酯经光照射加氢变为叶绿酸酯a，然后与叶绿醇结合即成叶绿素a。叶绿素a氧化即形成叶绿素b。

2）影响叶绿素合成的外界条件

①光照　光是叶绿素形成的必要条件。生长在黑暗中的植物，绝大多数呈黄色，见光后很快转变为绿色，这是由于在黑暗中形成的原叶绿酸酯（无色），在光下被还原成为叶绿酸酯a，进而与叶绿醇结合转化为叶绿素的缘故。

②温度　叶绿素的形成，要求一定的温度。早春的作物幼苗和萌发的树木幼芽，常呈黄绿色，就是因为低温影响着叶绿素的形成。一般叶绿素形成的最低温度为2～4℃，最高为40℃，最适为26～30℃。

③水分及氧含量　叶片缺水，不仅叶绿素的形成受阻，而且会加速分解。所以当干旱时，叶子会变黄。氧含量不足时，不能合成叶绿素。但一般情况下，地上部分不会由于缺氧而影响叶绿素合成。

④营养元素　叶绿素的形成必须有一定的营养元素。植物的矿物质营养状况，特别是叶片含氮量与叶绿素含量和叶色呈正相关，因为氮是叶绿素的组成元素，缺氮时，叶色浅绿；氮多时，叶色深绿，生产上常以叶色深浅来判断植物的氮素营养状况。另外，植物缺镁、铁、铜、锰、锌等元素时，也表现缺绿。因为镁是叶绿素的组成成分；铁、锰等是形成叶绿素必不可少的条件。

此外，叶绿素的形成还受遗传因素控制，如水稻、玉米的白化苗以及花卉中的斑叶不能合成叶绿素。有些病毒也能引起斑叶。

3.3.4　拓展知识

（1）叶绿体的化学成分

叶绿体的化学成分非常复杂，据测定，各种物质的含量大致如下：水分约占90%，干物质约占10%。在干物质中，蛋白质占40%～50%，类脂化合物占20%～25%，灰分占12%～18%，色素约占10%。

（2）光合色素的分子结构

1）叶绿素的分子结构　叶绿素分子的形状好像一个蝌蚪（图3–5）。头部是一个卟啉环，环的中央为一镁原子，由于镁原子偏向于带正电荷，与它相邻近的氮原子则偏向于带负电荷，因此有极性，能吸引水分子，使得头部具亲水性。尾部是一条长链状的叶绿醇，它能与脂类化合物结合，因而具有亲脂性。

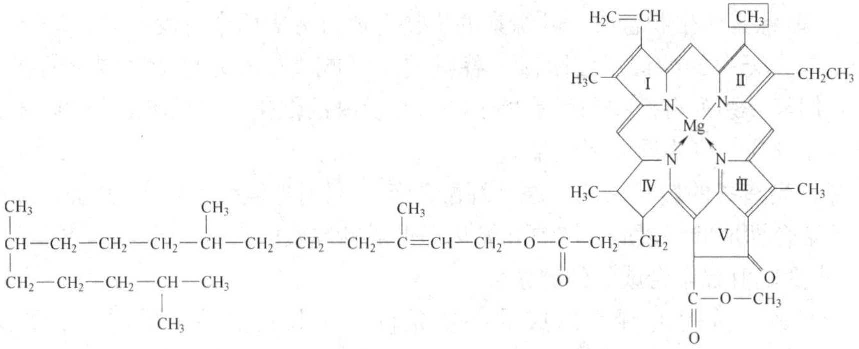

图 3–5　叶绿素a的结构式（—CH_3换为—CHO即为叶绿素b）

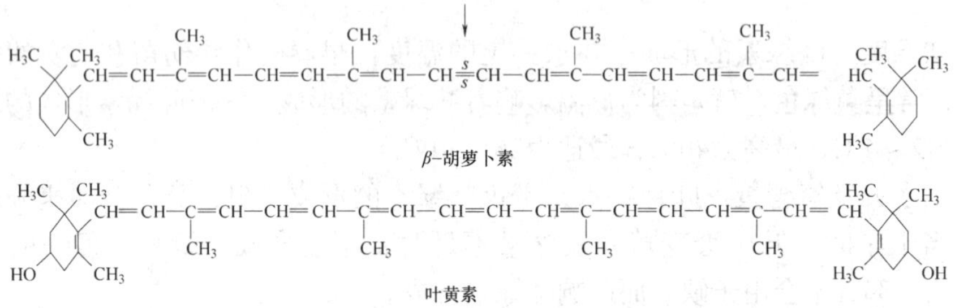

β–胡萝卜素

叶黄素

图 3–6　*β*–胡萝卜素和叶黄素的分子结构

叶绿素分子的另一结构特点是头部具一系列共轭双键，也就是有一个大π键，其中的电子容易被光激发，这是叶绿素分子所以能引起光化学反应的基本特性。

2）类胡萝卜素的分子结构　类胡萝卜素是由8个异戊二烯形成的四萜，含有一系列的共轭双键，分子的两端各有一个不饱和的取代的环己烯，即紫罗兰酮环（图3–6）。

胡萝卜素是不饱和的碳氢化合物，有*α*、*β*、*γ*三种同分异构体，其中以*β*–胡萝卜素在植物体内含量最多。叶黄素是由胡萝卜素衍生的醇类，又称胡萝卜醇，通常叶片中叶黄素与胡萝卜素的含量之比约为2∶1。

3.3.5　任务实施方法与步骤

（1）实验操作

1）叶绿体色素的提取　称取菠菜新鲜绿色叶片10g，剪碎，放入研钵中，加95%乙醇20mL，研磨至匀浆，使各种色素溶于乙醇中，待乙醇呈深绿色时，将溶液过滤到试管中待用。此时，上清液呈现深绿色，因为叶绿体色素溶解于乙醇。

2）叶绿体色素的检验（纸层析法）

①取滤纸一张（又可用圆形定性滤纸），其直径应略大于培养皿直径。在滤纸中心穿一圆形小孔。另取一长条滤纸，剪成长5cm、宽1cm的纸条，将它捻成纸芯。将纸芯一端蘸取少量提取液，风干后再蘸，反复3～4次，然后将纸芯蘸有提取液的一端插入上述备好的圆形滤纸中心的小圆孔中，使尖端与滤纸平齐。

②在培养皿内放一小烧杯（或墨水瓶盖），小烧杯内加适量无色汽油，并加2滴苯。把插有纸芯的圆形滤纸平放在培养皿上，使纸芯下端浸入汽油中，盖好培养皿，进行层析。这时纸芯不断吸上汽油，并把在上面的色素沿滤纸向四周扩散。15min后，可看到四种色素在滤纸上形成同心圆。当汽油将到达滤纸边缘时，应取出滤纸。待汽油挥发后，用铅笔标出各种色素的位置和名称。此时有四圈同心圆，因为四种色素展层移动速度不一致，所以呈现四圈同心圆。

3）叶绿素及类胡萝卜素的检验

①用移液管吸取叶绿素提取液2.5mL放入试管中，用95%乙醇稀释一倍。再加入1.5mL20%KOH甲醇溶液，充分摇匀。

②放置片刻后，加入5mL苯，摇匀，再沿管壁慢慢加入1mL蒸馏水，轻轻摇动混匀，静置于试管架上，可见溶液逐渐会分为两层。

此时，上层呈现黄色，因为苯浮于水溶液上，类胡萝卜素溶解于苯，因此上层呈现黄色；下层呈现蓝色，因为叶绿素与KOH起皂化作用，产生的盐溶于水，因此下层呈现蓝色。

实验知识点：由于滤纸对不同物质的吸附力不同，当用适当溶液推动时，不同物质的移动速度不同，因而色素得到检验。

实验操作理论基础：叶绿素是一种二羧酸的酯，可与碱起皂化作用，产生的盐溶于水，据此可检验出叶绿素和类胡萝卜素。

（2）小组讨论与成果展示、巩固训练

学生对照课文内容，观察、分析、解释自己实验操作的结果。

课后反复阅读课文，将问题解答在作业本上。将实验操作结果及对结果的解释，记录在技能报告上。将自己层析色素的滤纸标注后，贴于技能报告上。

任务3.4 光合作用过程及其需光、CO_2和放O_2的检验

3.4.1 知识和技能要求

- 能基本正确地讲述叶绿体内各色素的作用，光合作用过程。
- 按实验要求操作后，能真正地检验出光合作用需要光和CO_2并放出O_2。

3.4.2 情境（情景）设计

（1）问题的提出

1）说出叶绿体内各色素在光合作用过程中所起的作用。

2）解释C_3途径和C_4途径的区别与联系。

3）在生产中，人们发现C_4植物的耐旱能力比C_3植物强，解释其中的道理。

4）C_4植物的光合效率是否一定高于C_3植物？

（2）实验器材的准备（按六组） 培养皿、广口瓶、试管、大小烧杯、漏斗、酒精灯、三脚架、铁丝网、曲别针、具花心的黑纸（用黑纸一张，一折为二，在中央，包括上下两层，剪出一个五星的空心）、碘液（或稀释 10 倍的碘酒）、酒精、KOH 溶液。盆栽植物（天竺葵等）、叶片无淀粉植株（将盆栽绿色植物置于黑暗温暖处 3d，适当灌水。植物在黑暗中生长时，叶片内淀粉将逐渐消失）。

3.4.3 支撑知识

（1）光反应和暗反应在叶绿体内的空间位置

光合作用的过程在植物体内是连续进行的，并不是全过程都需要光的。为了研究方便，将全过程分为三个步骤：首先是原初反应，光能的吸收传递与转化（光能转化成电能）；其次是电子传递与光合磷酸化，电能转化成活跃的化学能（同化力的产生）；最后是CO_2的同化，活跃的化学能转化成稳定的化学能（碳水化合物的合成）。其中第一、二步需要在有光的情况下才能进行，一般笼统地称为光反应，第三步则在光下或暗中均可进行，为了与光反应相区别，一般称为暗反应。在绿色细胞内，光合作用各步骤在空间的位置是一定的。原初反应，电子传递与光合磷酸化是在叶绿体内的类囊体上进行，CO_2的同化则是在叶绿体的基质中进行，各步骤既有一定的隔离，又是密切联系的。

（2）原初反应

原初反应是指叶绿素分子被光激发而引起第一个光化学反应过程。

1）光能的吸收与传递　高等植物体内的4种色素均能吸收光能，但它们并不是都能起光化学反应，大部分色素只能把吸收的光能传递到作用中心色素（P_{680}，P_{700}）上，作用中心色素是由一种特殊状态的叶绿素a分子构成的，它能起光化学反应，而作用中心色素以外的所有色素统称为“天线色素”，它们只起吸收光能和传递光能的作用（图3–7）。

2）光化学反应（光能转化成电能）

能量传到作用中心的色素光系统Ⅱ（需要较短波长的红光680nm，简称为PSⅡ）和光系统Ⅰ（需要长波红光700nm，简称为PSⅠ）才起光化学反应，引起电荷分离，把电子交给一个受体（A），再从一个供体（D）取回电子，也就是发生一个还原和氧化的反应。光系统Ⅱ的最终电子供体是水，光系统Ⅰ的最终电子受体是辅酶Ⅱ（$NADP^+$），辅酶Ⅱ得到电子并还原成为还原态辅酶Ⅱ（$NADPH + H^+$）。这样光能就转变成了电子的能量，贮存在还原态的电子受体中。

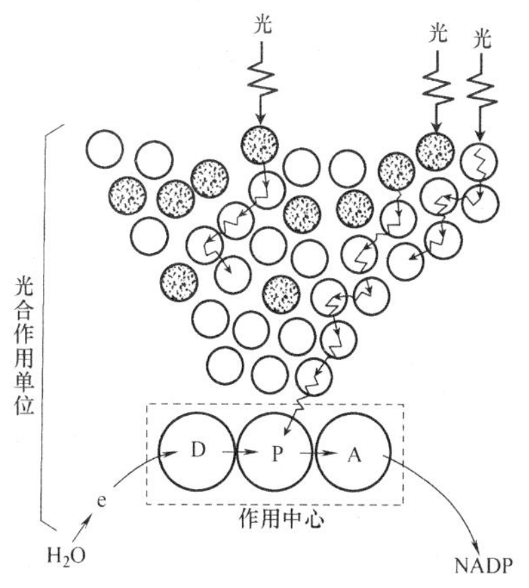

图 3–7　光能的吸收与传递

○—天线色素　P—作用中心色素分子

D—电子供体　A—电子受体　e—电子

（3）电子传递与光合磷酸化

1）电子传递系统　针对电子传递系统当前较公认的是Z形光合链（图3–8）。

光合链是由PSⅡ、PSⅠ和若干电子传递体，按一定的氧化还原电位依次排列而成的体系。在两个光系统之间，有一系列的电子递体，如质体醌（PQ）、细胞色素（Cyt）和质体蓝素（PC）形成电子传递链，有的电子递体在接收和送出电子的同时，还接收和释放氢离子（质子H^+），所以也是质子传递体。如质体醌（$PQ + H^+ + e^- = PQH$）；在“Z”链的起点，水是最终的电子供体；在“Z”链的终点，$NADP^+$是电子的最终受体。在整个链的电子传递中，只有两处[P_{680}→（P_{680}）*、P_{700}→（P_{700}）*]是逆氧化还原电位梯度并需光能推动的需能反应，而其余的电子传递过程都是顺着能量的梯度自发进行的。

2）光合磷酸化作用　光下，在叶绿体膜上，由光推动的光合电子传递放能驱动ADP和Pi（无机磷酸）磷酸化成ATP的反应，称为光合磷酸化作用。它是与电子传递偶联起来的。由于电子传递方式的不同，光合磷酸化过程主要有两种（图3–8）：

①非环式的光合磷酸化　非环式的光合磷酸化是与开链式的电子传递方式相偶联的磷酸化过程。水光解产生的电子在PSⅡ、PSⅠ两个光系统中，经光的两次加能推动，沿着“Z”链途径上的电子传递体，最终到达$NADP^+$，形成NADPH。伴随着这条电子传递途径所偶联的磷酸化作用有ATP的产生、水的光解、O_2的释放和NADPH的形成。它是光合电子传递和产生活化能的主要形式。在通常情况下，它占总量的70%以上。

②环式的光合磷酸化　光合电子只在PSⅠ光系统中，被光加能推动，经由若干个电子传递体的传递，最后又回到了PSⅠ光系统中，形成一个循环。伴随着这条环式电子传递途径所偶联的磷酸化作用只产生ATP，无水的光解、O_2的释放和NADPH的形成。它是光合电子传递中产生ATP的补充形式，所以只占总量的30%左右。

在光化学反应和光合磷酸化作用中，形成的还原态辅酶Ⅱ（NADPH）和腺三磷（ATP）均是高能物质，暂时贮存着活跃的化学能，在CO_2还原同化过程中，提供氢和能量，进而驱动碳素同化，所以统称为“同化力”。

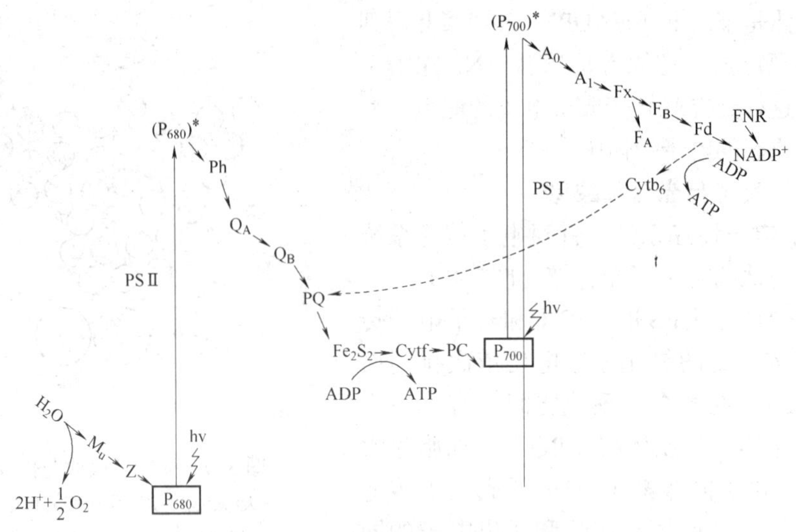

图 3–8　光合作用中的两个光化学反应和电子传递

Q—光系统Ⅱ的电子受体　PQ—质体醌　Cyt—细胞色素

PC—质体蓝素　Fx—光系统Ⅰ的电子受体　Fd—铁氧还蛋白

（4）光合碳同化

植物在利用光反应中形成的同化力（NADPH和ATP），把CO_2还原、转化成为稳定的碳水化合物的过程中，进而将活跃的化学能转化成稳定的化学能，称为CO_2同化或碳同化。根据碳同化过程中最初产物所含碳原子的数目以及碳代谢的特点，碳同化途径可分多条。这里主要介绍普遍存在的C_3和C_4途径。其中，C_3途径是最基本的CO_2同化途径，因为只有C_3途径具有合成蔗糖、淀粉、脂肪和蛋白质等光合产物的能力，C_4途径只起着固定、转运或暂存CO_2的作用，不能单独形成光合产物。

1）C_3途径　这条途径最早是由卡尔文等提出的，因此称为卡尔文循环。由于这条途径中CO_2固定后形成的磷酸甘油酸（PGA）为三碳化合物，又称C_3途径。这个循环中的CO_2受体是二磷酸核酮糖（RuBP），又称为还原的磷酸戊糖途径。只具有C_3循环的植物，称为C_3植物，如小麦、棉花、大豆和大多数树木等。

从图3–9中可以看出，空气中的CO_2在酶的催化下，与受体二磷酸核酮糖（RuBP）作用，生成两个磷酸甘油酸，然后还原为两个磷酸甘油醛，它们经过一系列转酮、转醛、磷酸化等反应，固定一个碳，又重新产生一个二磷酸核酮糖，再去结合CO_2，这样需要6次循环，才能形成1个六碳糖。六碳糖再聚合成蔗糖、淀粉等。

2）C_4途径（C_4二羧酸途径）

①C_4途径的概念　20世纪60年代中期，由哈奇·斯拉克等人发现一些起源于热带的植物，如玉米、高粱、甘蔗等，它们固定CO_2时，其受体是磷酸烯醇式丙

酮酸（PEP），最初产物不是磷酸甘油酸，而是草酰乙酸（OAA）等4个碳的二羧酸，因此把这一固定CO_2的途径，称为C_4途径（图3–10）。而把通过C_4途径固定CO_2的植物，称为C_4植物，这类植物大多起源于热带或亚热带，主要集中于禾本科、莎草科、菊科、苋科、藜科等20多个科的1300多种植物中。其中禾本科占75%，但农作物中却不多，只有玉米、高粱、甘蔗、黍与粟等数种适合于高温、强光与干旱条件下生长的植物。

②C_4植物叶片结构　C_3植物与C_4植物叶片的结构有明显的差异（图3–11）。

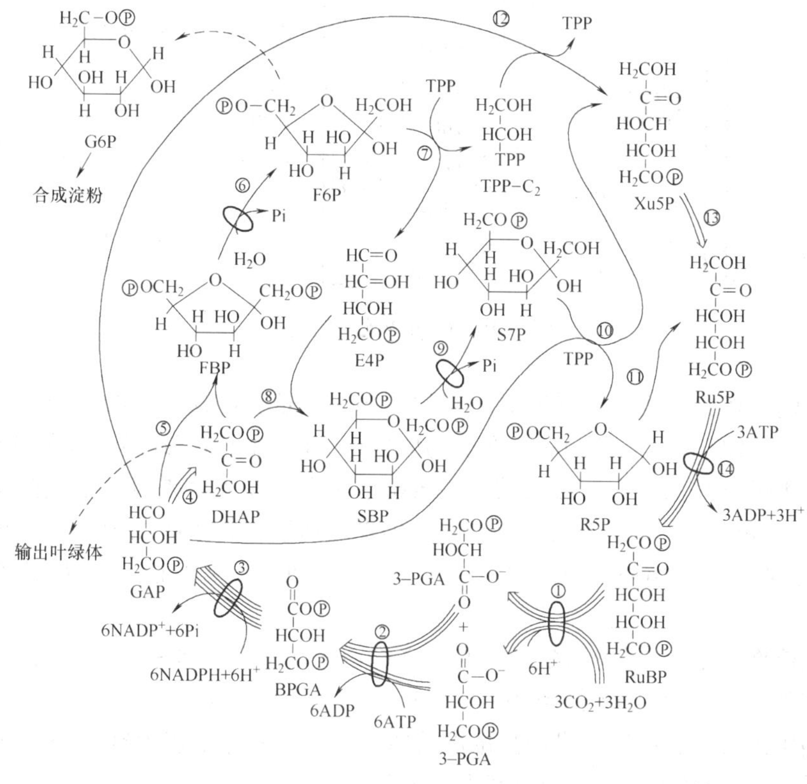

图 3–9　卡尔文循环（光合碳还原循环）

代谢产物名：RuBP. 1，5–二磷酸–核酮糖　PGA. 3–磷酸甘油酸　BPGA. 1，3–二磷酸甘油酸　GAP. 3–磷酸–甘油醛　DHAP. 磷酸二羟丙酮　FBP. 1，6–二磷酸–果糖　F6P. 6–磷酸–果糖　E4P. 4–磷酸–赤藓糖SBP. 1，7–二磷酸–景天庚酮糖　S7P. 7–磷酸景天庚酮糖　R5P. 5–磷酸–核糖　Xu5P. 5–磷酸–木酮糖　Ru5P. 5–磷酸–核酮糖　G6P. 6–磷酸–葡萄糖　TPP. 焦磷酸硫胺　TPP–C2. TPP羟基乙醛

参与反应的酶：①二磷酸核酮糖羧化酶/加氧酶　②3–磷酸甘油酸激酶　③$NADP^+$–3–磷酸–甘油醛脱氢酶　④磷酸丙糖异构酶　⑤、⑧醛缩酶　⑥1，6–二磷酸–果糖（酯）酶　⑦、⑩、⑫转酮酶　⑨1，7–二磷酸–景天庚酮糖（酯）酶　⑪5–磷酸–核酮糖表异构酶　⑬5–磷酸–核糖异构酶　⑭5–磷酸–核酮糖激酶

注：实线表示循环中的各反应，虚线表示从循环中输出产物，实线的数目表示循环一周此反应的顺次，有圈的部分表示催化此反应的酶被光活化。

C_4植物叶片围绕着维管束有两类不同功能的光合细胞紧密排列，内层为维管束鞘细胞，其外为一至数层叶肉细胞，两类细胞之间有许多胞间连丝相连。这些维管束鞘发达并内含大型的叶绿体。而C_3植物却无这种结构，维管束鞘细胞小，周围的叶肉细胞排列较松散。只有叶肉细胞内含有叶绿体，所以维管束鞘细胞不积存淀粉。

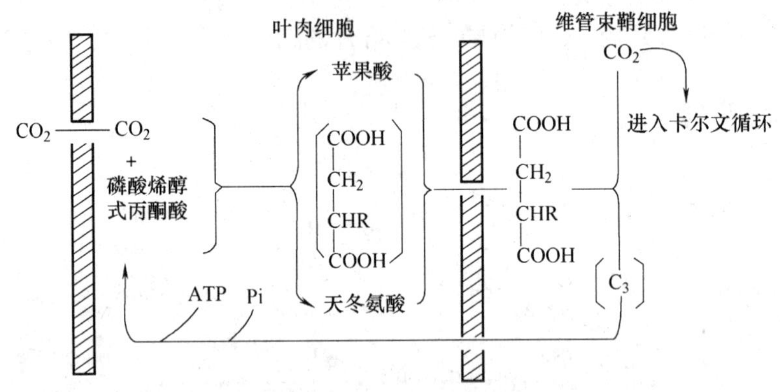

图 3–10　C_4植物碳同化途径

③C_4途径的过程　从图3–11中可以看出，C_4植物的这种叶的结构特征，使得空气中的CO_2在叶肉细胞中，在酶的催化与受体磷酸烯醇式丙酮酸（PEP）作用下，生成草酰乙酸，草酰乙酸在脱氢酶催化下还原为苹果酸（也可在天门冬氨酸转氨酶催化下形成天门冬氨酸），苹果酸运进维管束鞘细胞，经脱羧释放CO_2，进入卡尔文循环；脱羧后形成的丙酮酸转回到叶肉细胞，再转化为CO_2受体PEP。

C_4植物同化CO_2的方式实际上是在C_3途径的基础上，多一个固定CO_2途径，叶肉细胞中的C_4途径起到了浓缩CO_2（有人称它为“CO_2泵”）的作用，它为维管束鞘中进行的C_3途径提供较高浓度的CO_2，从而使C_4植物同化CO_2的能力比C_3植物强，CO_2补偿点低，光合效率也比较高。

3）光呼吸

①光呼吸的概念　植物的绿色细胞在光下除进行一般的呼吸外，还进行一种与一般呼吸特性显著不同的呼吸。因此，把植物的绿色细胞在照光条件下，由光引起的吸收O_2并放CO_2的过程，称为光呼吸。光呼吸是相对于暗呼吸而言的。一般的细胞都有暗呼吸，即通常所说的呼吸作用，它不受光的直接影响，在光下和暗中都可进行。但光呼吸只有在光下才能进行，而且光呼吸是与光合作用密切相关的，它是伴随着光合作用的进行才发生的呼吸。

②光呼吸的生理意义　光呼吸的生理功能是双刃剑。光呼吸在消耗1，5–二磷酸–核酮糖（RuBP），它必然影响光合产物的积累。有人计算，光呼吸能把光

合固定的CO_2约1/3以上释放掉。光呼吸在高等植物中普遍存在，是不可避免的过程。对植物本身来说，光呼吸又是一种自身防护体系。

a. 回收碳素。乙醇酸循环可回收乙醇酸中的碳素，减少高氧浓度下碳素的浪费。

b. 维持C_3植物光合碳还原循环的运转。在叶片气孔周围CO_2浓度低时，光呼吸释放的CO_2能被C_3途径再度利用，以维持C_3循环的运转。

c. 防止强光对光合机构的破坏。在强光下，光反应中形成的同化力会超过CO_2同化的需要，过剩的同化力会对光合膜、光合器官有伤害作用，而光呼吸却可消耗同化力，从而保护叶绿体，免除或减少强光对光合机构的破坏。

d. 消除乙醇酸。乙醇酸对细胞有毒害，光呼吸能消除乙醇酸，使细胞免遭毒害。

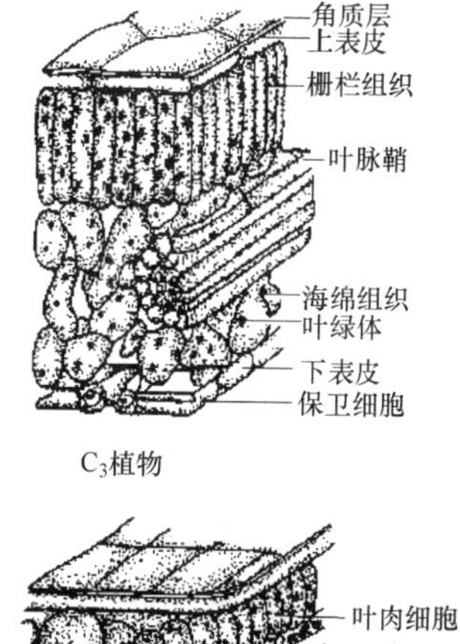

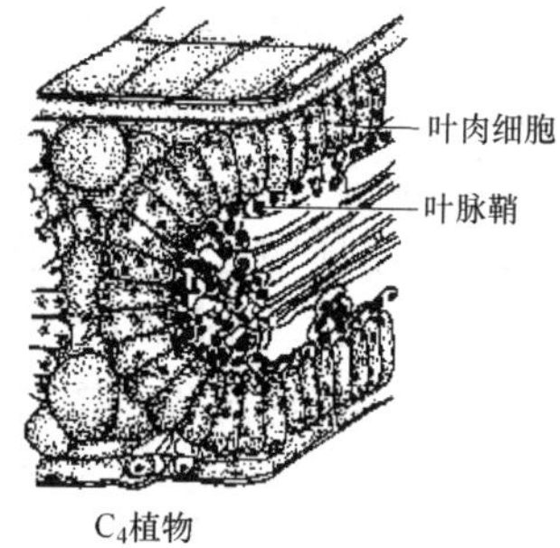

图3–11 C_4植物（玉米）和C_3植物（水稻）叶片解剖结构的差异

e. 提供有机物合成原料。乙醇酸循环中产生的甘氨酸、丝氨酸是合成蛋白质所必需的，有的中间产物在合成糖等化合物中可能也是有用的材料。

4）C_4植物光呼吸很低而净光合强度高的原因　C_4植物具有光合效率高，光呼吸很低的特征。经过对大量植物测定结果，发现C_3植物的光呼吸比一般呼吸高3～5倍，因而称它为高光呼吸植物；而C_4植物的光呼吸仅为C_3植物的2%～5%，因此，相对地称它为低光呼吸植物。由于C_4植物光呼吸很低，因此，它的净光合强度比C_3植物高得多。C_4植物的光呼吸很低，净光合强度高的原因是和它的叶片具有特殊结构密切相关的。①C_4植物具有C_3途径和C_4途径两条固定CO_2的途径。C_4途径起CO_2泵的作用，使C_3途径可在CO_2浓度高于大气的微环境中进行，因而提高了合成有机物的速度。②C_4植物光呼吸低。由于维管束鞘细胞内CO_2浓度的提高，抑制了光呼吸基质乙醇酸的形成，因此降低了光呼吸，减少了消耗。③C_4植物的CO_2补偿点比C_3植物低。在维管束鞘细胞内伴随着C_3途径也进行光呼吸，放出CO_2，但由于叶肉细胞排列紧密，放出的CO_2也容易被叶肉细胞收集重新利用，因而CO_2由气孔放出很少或不放出。④C_4植物的耐旱能力比C_3植物强。由于C_4植物能利用低浓度的CO_2，所以，即使在外界干旱，气孔关闭时，仍能利用细胞间隙含量极低的CO_2，继续生长，而C_3植物则不行。所以在干旱环境中，C_4植物比C_3植物生长较好。⑤C_4植物固定CO_2的能力比C_3植物强。C_4植物的PEP羧化酶对CO_2的亲和力较C_3植物的RuBP羧化–加氧酶对CO_2的亲和力高65倍，因此，C_4植物的净光合速率比C_3植物快得多，尤其是在CO_2浓度低的环境下相差更为悬殊。

应当指出，C_4植物起源于热带，它的高光合效率是与高温、高光照强度的生态环境相适应的，如果在光照强度较弱和天气温和的条件下，其光合效率不一定较C_3植物高。

3.4.4 拓展知识

(1) C_3 途径的生化过程

C_3途径是光合碳代谢中最基本的循环，是所有放氧光合生物所共有的同化CO_2的途径。整个循环见图3–9，由RuBP开始至RuBP再生结束，共有14步反应，均在叶绿体的基质中进行。全过程分为羧化、还原、再生3个阶段。

1）羧化阶段　指进入叶绿体的CO_2与受体RuBP结合，并水解产生3–磷酸甘油酸（PGA）的反应过程（图3–9中的反应①）。以固定3个分子的CO_2为例：

$$3RuBP + 3CO_2 + 3H_2O \longrightarrow 6PGA + 6H^+$$

羧化阶段分两步进行，即羧化和水解：在二磷酸核酮糖羧化酶作用下，RuBP的C_2位置上发生羧化反应形成1，5–二磷酸–2–羧基–3–酮基阿拉伯糖醇，它是一种与酶结合不稳定的中间产物，被水解后产生2molPGA。

2）还原阶段　利用同化力将PGA还原为3–磷酸–甘油醛（GAP）的反应过程（图3–9中的反应②、③）：

$$6PGA + 6ATP + 6NADPH + 6H^+ \longrightarrow 6GAP + 6ADP + 6NADP^+ + 6Pi$$

此阶段有两步反应：磷酸化和还原。磷酸化反应由PGA激酶催化，还原反应由NADP–GAP脱氢酶催化。羧化反应产生的PGA是一种有机酸，要达到糖的能级，必须消耗光反应中生成的同化力，ATP与NADPH能使PGA的羧基转变成GAP的醛基。当CO_2被还原为GAP时，光合作用的贮能过程便基本完成。

3）再生阶段　由GAP重新形成RuBP的过程（图3–9中的反应④～⑭）：

$$5GAP + 3ATP + 2H_2O \longrightarrow 3RuBP + 3ADP + 2Pi + 3H^+$$

这里包括形成磷酸化的3、4、5、6和7碳糖的一系列反应。最后由5–磷酸–核酮糖激酶（Ru5PK）催化，消耗1molATP，再形成RuBP。

可见，每同化1个CO_2，需要消耗3个ATP和2个NADPH，还原3个CO_2可输出1个磷酸丙糖，固定6CO_2可形成1个磷酸己糖。形成的磷酸丙糖可运出叶绿体，在细胞质中合成蔗糖或参与其它反应；形成的磷酸己糖则留在叶绿体中，转化成淀粉而被临时贮藏。光合作用的全过程图解见图3–12。

(2) C_4 途径的生化过程

C_4途径中的反应虽因植物种类不同而有差异，但基本上可分为羧化、还原或转氨基化、脱羧和受体再生4个阶段（图3–10）。

1）羧化（固定）阶段　在叶肉细胞质中，由磷酸烯醇式丙酮酸（PEP）羧化酶催化，PEP与HCO_3^-结合，生成草酰乙酸（OAA）。

2）还原阶段或转氨基阶段　OAA在NADP–苹果酸脱氢酶作用下被还原为苹果酸（MAL），该反应在叶肉细胞的叶绿体中进行；OAA或者在天冬氨酸转氨酶催化下，接受谷氨酸的氨基，生成天冬氨酸（ASP），该反应在叶肉细胞的细胞质中进行。

3）脱羧阶段　已形成的MAL和ASP由叶肉细胞通过胞间连丝进入维管束鞘细胞中脱羧。脱羧因植物种的不同，脱羧酶系的不同至少有三种类型。

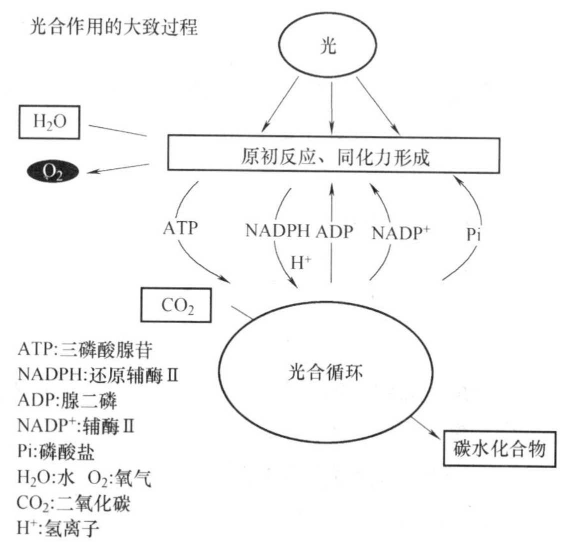

图3–12　光合作用全过程图解

①NADP–苹果酸酶类型　在维管束鞘的叶绿体内，MAL脱羧（并释放CO_2）生成丙酮酸，丙酮酸由维管束鞘细胞再返回到叶肉细胞。

②NAD–苹果酸酶类型　进入维管束鞘细胞中的ASP先经天冬氨酸转氨酶的作用形成OAA，后OAA再经①的酶的催化生成MAL，然后，MAL在此酶的催化下脱羧（并释放CO_2）生成丙酮酸。这些过程都在维管束鞘细胞中的线粒体中完成，生成的丙酮酸在细胞质中由丙氨酸氨基转移酶催化下形成丙氨酸，然后进入叶肉细胞。

③PEP羧激酶类型　在维管束鞘细胞内，ASP经天冬氨酸氨基转移酶催化下转氨基后形成OAA，OAA再在PEP羧激酶的催化下脱羧（并释放CO_2）变成PEP。生成的PEP可能直接进入叶肉细胞，也可能先转变为丙酮酸，再形成丙氨酸进入叶肉细胞。

上述3种类型反应脱羧释放的CO_2都进入维管束鞘细胞的叶绿体中，由C_3途径同化。C_4植物在维管束鞘细胞中均发生脱羧释放CO_2反应，使维管束鞘细胞内CO_2浓度大大提高，所以C_4途径中的脱羧起着"CO_2泵"作用。C_4植物这种浓缩CO_2的效应，提高了RuBP羧化酶的活力，使CO_2同化速率提高，进而能抑制光呼吸。

4）受体再生阶段　返回叶肉细胞的丙酮酸，在磷酸丙酮酸双激酶催化下，再变成PEP，重新作为CO_2的受体；进入叶肉细胞的丙氨酸，经过转氨作用转变为丙酮酸，再续上述反应形成PEP。由于PEP底物再生需消耗2个ATP，这使得C_4

植物同化一个CO_2需消耗5个ATP与2个NADPH。

3.4.5 任务实施方法与步骤

（1）完成出结果前的实验操作和收集素材（上午）

1）光合作用需光的检验

①取叶片无淀粉植株。

②把黑纸按花心对齐，对折成双层，用曲别针夹在无淀粉叶片的上、下表面，将植株放在阳光下照射2～3h。而后取下处理的叶片，置于放有95%酒精的烧杯中，加热煮沸，直到叶片中的叶绿素完全溶于酒精中为止。取出用水冲洗，放在培养皿内，加少量碘液。

叶片上能见到蓝色花星。这是因为无淀粉叶片在花星部位接受了光照，合成了淀粉。这就检验出了光合作用需要光。

2）光合作用需CO_2的检验

①取两个大广口瓶，在一个瓶内放入KOH溶液（少些），用来吸收瓶内空气中的CO_2，另一瓶可放同量的水。

②取无淀粉的两个叶片，将叶柄浸在水中，在水中将叶柄基部剪去一些，分别放入两个小烧杯的水中，但叶片部分要暴露在空气中。再将这两个小烧杯分别放入上述两个广口瓶内，用瓶塞盖严，置于阳光下3h。

③取出叶片按上法用碘液检验叶片中所含的淀粉。

放入水瓶内的叶片蓝色相对较深，放入KOH溶液瓶内的叶片蓝色相对较浅。因为放水的瓶内空间存在着CO_2，对光合作用影响不大，所以合成了淀粉。放入KOH溶液的瓶内的CO_2被KOH溶液吸收，瓶内空间无CO_2，阻碍光合作用的进行。这就检验出光合作用需要CO_2。

3）光合作用放氧的检验　材料处理方法同2）不放KOH，放入等量水，然后用空心玻璃管，由下部向上吹出O_2，充满CO_2，盖严瓶盖，置于阳光下3h。然后开启瓶盖，迅速把快要熄灭的火柴杆放在瓶口，火柴杆立即复燃，待接触到水面才熄灭。

验证了在无O_2的环境中，由于叶片的光合作用放出了O_2。

实验知识点：①光合作用需要光照；②光合作用需要CO_2；③淀粉遇碘变蓝。

（2）完成出结果的实验操作，讨论整理素材做成果展示、巩固训练（下午）

学生对照课文内容，观察、分析、解释自己实验操作的结果。

课后反复阅读课文，将问题解答在作业本上。将实验操作结果及对结果的解释，记录在技能报告上。

任务3.5 植物休眠与萌发及种子生命力的快速检验

3.5.1 知识和技能要求

- 能正确地讲述植物休眠、休眠的意义和植物种子萌发过程、萌发的条件。
- 能检验出被检验的种子是否具有生命力。

3.5.2 情境（情景）设计

（1）问题的提出

1）说出休眠与休眠类型及种子休眠的原因。

2）解释生产上选择大粒饱满种子和适时播种的生理基础。

3）说出在生产上人们在春播时常采用温床、温室、塑料薄膜覆盖等方法的基础。

4）说说你如何指导农民获得全苗、壮苗。

（2）实验器材的准备 培养皿、烧杯、单面刀片、滤纸、带盖瓷盘、纱布、稀释20倍的红墨水溶液。植物的各种种子（将新、旧不同的玉米种子用30 ~ 35℃水浸泡2 ~ 3h，待种子充分吸胀后备用。如果没有陈旧种子，可取出一部分吸胀的新种子，放在沸水中煮3 ~ 5min，作为死种子用）。

3.5.3 支撑知识

（1）植物的休眠

1）休眠及休眠的生物学意义

①休眠 植物的整体或某一部分在某一时期暂时停止生长的现象，称为休眠。

②强迫休眠 由于不利的生长环境引起的休眠称为强迫休眠。

③熟休眠（或深休眠） 有些刚收获的器官如大麦、水稻等籽粒、土豆的块茎等，即使给以充足水分、适宜的温度，它们也不能萌发，只有当贮藏一段时间以后，才能萌发。这种休眠称为熟休眠（或深休眠）。

④休眠的生物学意义

a. 增强器官的抗寒性 一、二年生植物在成熟后形成种子，它们可以在严寒的冬季不被冻死而保存生活力。

b. 排出体内废物，蓄积能量 果树、花卉等的一些种中，落叶后进入休眠，植株可以排出体内废物，蓄积能量，利于下次开花。

c. 植物的种得以延续 杂草的种子可以在土层下保持多年不萌发，因而其萌发期非常不齐，有利于其种族的延续。

2）植物休眠的原因

①种子休眠的原因

a. 种皮的影响　很多种子的种皮厚，或附有结构致密的角质层或蜡质，致使胚得不到水分和氧气的供应；同时，种子内的二氧化碳不能排出，积累在胚的附近，进一步抑制了胚的萌发；而种皮坚硬或过厚（俗称“铁籽”）给正常生长的胚穿过种皮形成了很大的机械阻力，致使种子处于休眠状态。常见的如豆科、藜科、锦葵科植物的种子，都有较长的休眠期。

b. 胚休眠　有些种子胚的发育比周围组织慢，采收时从种子外部看已经成熟，但内部胚还尚未发育完成，需从胚乳中吸收养料，继续发育，直到完全成熟，如银杏、人参、白蜡树的种子。另一类胚休眠是胚外貌已发育似成熟，但生理上还未完全成熟，必须通过“后熟”的变化才能萌发，如蔷薇科（苹果、梨、樱桃等）和松柏科植物的种子。

c. 抑制萌发物质的存在　有些植物的种子不能萌发是由于果实或种子内有抑制萌发物质存在，如挥发油、植物碱、有机酸、酚、醛等。这些抑制物质存在于子叶、胚乳、种皮或果汁里。如西瓜、番茄、黄瓜等存在于果汁中。

②芽休眠的原因　芽是很多植物休眠的器官，芽休眠使植物度过不良环境。试验证明，木本植物芽休眠是由短日照引起的，感受短日照的部位是叶，叶片感受短日照后形成脱落酸（ABA）等抑制萌发的物质，运输至芽，生长被抑制，使芽处于休眠状态。

植物休眠往往是度过低温的一种适应，但低温并不直接引起休眠，试验表明，低温有破除休眠的作用。

（2）种子的萌发和幼苗的形成

1）种子的萌发过程　人们常把胚根突破种皮作为种子萌发的标志。事实上，这只是种子萌发的终了，在胚根出现之前，种子内已发生了一系列的变化。种子萌发的过程大致可分为三个阶段：吸水萌动；内部物质与能量的转化；胚根突破种皮。

2）幼苗的形成　生产上常把胚根的长度与种子长度相等，胚芽长度达到种子长度一半时，定为种子发芽标准。

种子萌发过程中，最易看到的就是从种子萌发到形成幼苗时，所发生的形态上的变化。突破种皮的胚根，向地下延伸，随后长出胚芽伸出地面，展开幼叶，再不断形成新的根、叶、分枝等，这样就形成一个独立生活的幼苗。

3）种子萌发过程中的重量变化　发芽种子虽然体积和鲜重都在增加，但干重则明显减少，这主要是由于胚生长初期利用种子中的贮藏营养物质进行呼吸消耗所引起的。直至胚芽出土形成绿色幼苗后，开始进行光合作用，自己制造有机物，干重才逐渐增加。据测定，小麦种子发芽第3d干重可减少5%，至第12d减少25%以上。因此，种子贮藏营养物质多则出苗快，而且整齐健壮；反之则弱小，而且易遭受病虫危害。所以生产上选择大粒饱满的种子适时播种。为种子萌发建立条件，缩短萌发时间，是获得壮苗的基础。

（3）影响种子萌发的条件

1）水分　水分是种子萌发的关键因素，种子只有吸收了足够的水分才能萌发。种子萌发时吸水的多少与种子的类型有密切的关系。一般含淀粉多的种子，萌发时需水较少，因淀粉亲水性较小。如禾谷类作物的种子一般吸水达到干种子重的30%～50%时，就能萌发。蛋白质含量多的种子，吸水量较多，因蛋白质亲水性较大。如大豆等豆科植物的种子，吸水需达到干种子重量的120%左右，甚至更多，才能萌发。油料作物种子（如花生），除含脂肪较多外，往往也含较多的蛋白质，因此，油料作物种子吸水量比淀粉种子多。当土壤水分不足时，种子不能萌发。如果种子吸收了一定的水分而其它条件又未达到萌发所需要的限度时，种子由于呼吸，消耗贮藏的养料，时间久了，就会使种子完全丧失发芽力。

2）温度　种子萌发需要一定的温度条件。这主要是由于温度影响酶的活力和细胞质状态，从而影响物质的转化和运输。其次，温度还能影响种子的吸水及气体交换。所以温度过高与过低，对种子萌发都不利。温度对种子萌发的影响也有最低、最适和最高三基点。种子萌发的三基点温度，因植物种类和原产地而有很大差异。

在农业生产上，种子萌发的温度范围是确定播种期的主要依据，土温必须稳定在该种子萌发的最低温度以上，才能播种，一般种子的健壮萌发温度应低于最适温度。

春播作物种子萌发的主要影响因子是低温，为要早出苗，生产上常采用火炕、温床、温室、塑料薄膜覆盖等方法，进行集中育苗，然后移栽，就能提早播期。近年来在蔬菜、花生、棉花等多种作物中采用地膜覆盖，对土壤增温，保墒效果极好，而且有利于种子的萌发，有利于植株生长，增产效果显著，在各地已得到普遍应用。

3）氧气　种子的萌发和胚的生长是活跃的生命活动，需要旺盛的呼吸作用供给能量。大多数种子在大气正常含氧量的条件下可以萌发，当低于20%时，一般种子发芽率下降。空气含氧量低于5%时，多数种子不能萌发，一般作物的种子需要空气含氧量在10%以上才能萌发。种子萌发需要的氧气多数是从土壤空隙中得到的，如土壤板结或水分过多，造成氧气不足，影响种子萌发，甚至造成烂种。精细整地，排水，改善土壤通气条件，对促进种子萌发，培育壮苗是行之有效的措施。即水长芽，旱长根。因此，在水稻育秧中，需注意秧田排水，以保证氧的供应，促进生根。

总之，要获得全苗、壮苗，首先是有健全饱满、生活力强的种子；其次是要有适宜的环境条件，主要是充足的水分、适宜的温度和足够的氧气。因此，适期播种，播种前充分整地，注意播种深度和方法，就能得到水、气、温、光协调的萌发条件，种子便能顺利萌发，长成壮苗。

（4）种子的寿命和利用年限

种子的寿命，是指种子保持发芽力的年限，它和植物种类、种子成熟度以及贮藏条件有密切关系。通常以干燥、低温、缺氧的条件有利于延长种子寿命。而高温、多湿，种子呼吸强度剧增，消耗养料多，细胞质和酶又受到破坏，种子将很快丧失发芽力。

一般农作物的种子的寿命只有3～5年。通常以保持50%～60%的发芽率作为种子有实用价值的标准，当发芽率低于此值时，生产上就不宜使用。

3.5.4 拓展知识

（1）休眠的打破及延长

打破休眠的方法很多，可根据引起休眠的不同原因，采取不同的措施。如因种皮影响而引起的休眠，可用机械破伤、硫酸腐蚀等方法。如因胚休眠，可放在适当的环境里，以加速这些变化，使它们解除休眠。一般可采取低温、潮湿、晒种和化学药剂等方法。如用湿砂和种子相混，放在0～5℃的低温下1～3个月，就可以通过休眠，到春天播种就可以整齐的萌发，这种方法称为层积处理。棉花、小麦、黄瓜等的种子，在播种前进行晒种或加热处理，可以促进后熟，提高发芽率。用化学药剂处理也能促进萌发，如刚收获的马铃薯块茎一般要休眠40～60d，在一些地区为要在一年内进行春、秋两季栽培，这就有必要人为地解除休眠以促使供秋季栽培的种薯发芽，常用的方法是将薯块用0.5～1mg/L的赤霉素浸泡20min，然后上床催芽，即可整齐的发芽。许多作物种子又可用赤霉素来促进萌发，处理浓度通常为5～50mg/L。由于抑制萌发物质的存在而休眠的种子器官，也可采用浸水冲洗的办法，或通过低温湿藏使抑制物质转化或消失，以解除休眠。

在生产实践中，也有需要延长休眠防止发芽的问题，如为食用而贮藏的马铃薯、洋葱、大蒜等，如果发芽便消耗了养分，降低了品质。用适当浓度的生长调节剂（如青鲜素、萘乙酸、B_9等）或用一定剂量的γ射线（2.06～2.59C/kg）处理，可延长贮藏期。但经人工处理的器官，不宜做种用。

（2）种子萌发过程中的生理变化

生活种子吸水膨胀中，其含水量不断增加，酶活力与呼吸作用显著增强，物质代谢便大大加快。这就是种子的吸水萌动，即种子萌发的第一阶段。与此同时，种子内贮藏的淀粉、脂肪和蛋白质等大部分化合物，在各种水解酶的作用下，分解为简单的小分子化合物，由原来的不溶状态转变为可溶状态。其中淀粉转化为葡萄糖，蛋白质则转化为氨基酸和酰胺，这些有机物经过运输，转移到胚以后，很快又转入合成过程。其中的葡萄糖除一部分用于呼吸作用供给能量外，另一部分则用于原生质和细胞壁的形成。氨基酸则可再分解成氨和有机酸，氨又可和有机酸合成新的氨基酸。这些氨基酸便可用于合成组成原生质的结构蛋白质，并构成新的细胞，使胚生长。所以种子萌发的第二阶段主要是物质与能量的转化，经历了降解、运输和重建三个环节。由于幼胚不断吸收营养，使细胞的数目和体积增大，达到一定限度时，胚根首先突破种皮，即完成种子萌发的第三阶段。萌发种子中营养物质的转移过程见图3–13。

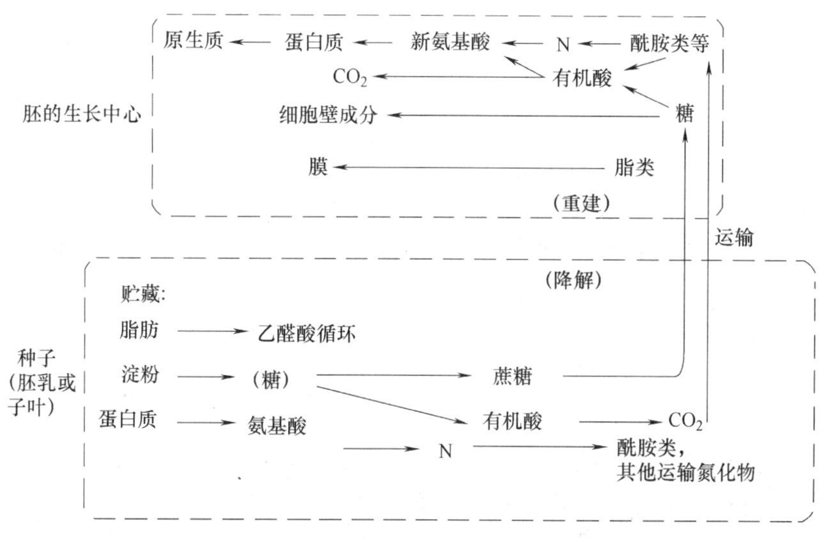

图 3–13 萌发种子中营养物质的转移过程

3.5.5 任务实施方法与步骤

(1) 实验操作和收集素材

1) 材料处理 取吸胀的玉米种子20粒，用刀片沿胚部中线纵切为两半，其中一半用于测定。

2) 材料染色 将准备好的种子置于培养皿中，加入稀释20倍的红墨水溶液，以浸没种子为度。

3) 材料冲洗 染色15 ~ 20min后，倾出溶液，用自来水反复冲洗种子，直到所染的颜色不再洗出为止。

4) 观察与测定 对比观察新、陈种子胚部的着色情况。凡胚不着色或略带浅红色者，即表示种子具有生命力，若胚部染成与胚乳相同的深红色，则为死种子。

5) 结果计算 按下式计算活种子百分率。

$$\text{活种子百分率} = \frac{\text{胚部不着色的种子数}}{\text{供试种子总数}} \times 100\%$$

实验操作理论基础：生活细胞原生质膜具有选择透性，不能透过某些染料。用红墨水作染料，具有生命力的胚不能被染色，因而可检验种子的生命力。

（2）小组讨论与成果展示、巩固训练

学生对照课文，反复思考问题。能口头讲述植物休眠、意义和种子萌发过程、条件。

课后反复阅读课文，将问题解答在作业本上。将实验操作结果记录在技能报告上，并运算出活种子百分率。

任务3.6　植物生长物质及其对根和芽生长影响的检验

3.6.1　知识和技能要求

• 能叙述出各种激素的生理作用和植物激素的整合作用。

• 能正确地配制梯度浓度的生长素溶液和用其对小麦种子处理，能绘制出生长素影响小麦根和芽生长的曲线。

3.6.2　情境（情景）设计

（1）问题的提出

1）说出植物激素与植物生长调节剂的区别和联系。

2）解释植物激素的增效作用、拮抗作用、整合作用。

3）讲述植物激素有哪几种类型和各自的生理作用。

4）怎样指导农民应用植物生长调节剂？

（2）实验器材的准备（按六组）　培养皿、移液管、米尺、恒温箱、10mg/L萘乙酸溶液、蒸馏水、小麦籽粒。

3.6.3　支 撑 知 识

（1）植物生长物质

植物生长物质在植物体内含量很低，它是对植物的代谢过程起极大调节作用的非营养物质。它包括植物激素和植物生长调节剂。

植物激素是植物正常代谢的产物，又称天然激素或内源激素。植物激素是由植物体内自发产生的调节剂。它们是对植物的生理过程起调节作用的微量物质，在植物体内通常能自产生部位转移到作用部位。目前，人们公认的植物激素有五类，即生长素类、赤霉素类、细胞分裂素类、脱落酸和乙烯。

随着生产和科学技术的发展，现在已能人工模拟植物激素的结构，合成一些能调节植物生长发育的物质，为了与内源激素相区别，称为植物生长调节剂，有时又称外源激素。植物生长调节剂在农业生产上更有实际意义，已广泛应用。

（2）植物激素

1）生长素的生理作用　生长素即吲哚乙酸，简称IAA，是含氮的有机酸。

生长素首先从燕麦胚芽鞘中发现，是植物体内普遍存在的一类激素。

生长素的主要生理作用是促进细胞生长，这主要在于它既可促进细胞壁纤维素松散延长，又能促进细胞大量吸水，由此导致器官生长。生长素能促进细胞的分裂分化，促进植物枝条切段的生根发芽。除此之外，生长素还可诱导单性结实，形成顶端优势，抑制离区形成，诱导植物生长的向性运动。

生长素的作用与浓度大小关系密切。生长素在低浓度下促进生长，超过最适浓度后，由生长素诱导的乙烯逐渐增多，反而对生长起抑制作用。过高的浓度会破坏正常的生理过程而使植物死亡。不同植物或器官的最适生长素浓度有很大差异。一般说来，单子叶植物的最适浓度大于双子叶植物。就器官来说，根对生长素最敏感，极低的浓度就可促进其生长，最适浓度约为10^{-4}mg/L。浓度升高，根生长便受到抑制。茎的敏感度比根差，最适浓度约为10mg/L，在1000mg/L以上生长会受抑制。芽对生长素的反应处于茎与根之间。

2）赤霉素的生理作用　赤霉素简称GA，最早是从水稻恶苗病菌的分泌物中提取的，后来发现高等植物体内也普遍存在。现已从植物体内发现有108余种不同的赤霉素（GA_1、GA_2、……GA_{60}），其中活力最强、应用最广的是赤霉酸（GA_3）。

①促进茎叶生长　赤霉素最显著的生理效应就是促进茎和叶的生长。只要将微量的赤霉素（0.001～0.05mg/L）一次滴于植物生长锥上，就能引起植物急剧生长，尤其对于矮生植物更为突出。例如，经赤霉素处理后的矮生豌豆，茎秆节间较通常伸长4～5倍。矮生玉米对赤霉素又特别敏感。水稻经赤霉素处理后，不仅能促进茎秆的生长，同时也使叶片和叶鞘生长，叶片的宽度略减，但总叶面积增加。节间的生长和叶片长度的增加主要是由于细胞生长所致。由于赤霉素能促进茎、叶的生长，因此可应用于蔬菜（芹菜、菠菜、莴苣等）、牧草、茶叶等植物上，增产幅度可达6%～70%，若配合施肥，增产的作用更为显著。

②破除休眠、促进萌发　赤霉素可以破除各种形式的休眠。如休眠的马铃薯块茎，用赤霉素水溶液（0.5～1mg/L）处理，便可破除休眠期。又如，休眠的大麦种子，用100mg/L赤霉素处理，即可发芽。另外，一些种子如莴苣、烟草的一些品种吸水后不经光照射，几乎不能发芽。但在黑暗中，给以适当浓度的赤霉素，发芽率可达100%，这说明赤霉素有类似于光的作用。

③防止脱落、促进坐果及形成无子果实　用赤霉素可以防止棉花蕾铃的脱落，促进葡萄形成无子果实并促进果实的生长。例如，以20～50mg/L赤霉素水溶液处理棉花幼铃，可以防止棉铃脱落；用200～500mg/L的赤霉素水溶液喷洒花后一周的玫瑰香葡萄，可形成无籽葡萄，无核率可达60%～90%。

赤霉素还可代替某些植物开花所需要的低温和长日照条件。

3）细胞分裂素的生理作用　细胞分裂素是具有促进细胞分裂和其它生理

功能一类物质的总称，简称CTK。其中6–呋喃甲基腺嘌呤（KT），被称为激动素，天然细胞分裂素是玉米素。现已可以人工合成类似物质，其中活力最强的有6–苄基腺嘌呤（BA）等。

①促进细胞分裂和扩大生长　细胞分裂素的主要生理作用是促进细胞分裂。实验证明，在进行愈伤组织培养时，只供给生长素，观察不到细胞分裂，若再加入细胞分裂素，则细胞迅速分裂。细胞分裂素还促进细胞横向扩展，使叶片变得宽而厚。这种作用应用于绿肥、叶菜类经济作物，能提高产量。

②促进芽的分化　在离体组织培养中，细胞分裂素能诱导器官的分化和形成。如在组织培养中加入生长素和细胞分裂素，可以促使愈伤组织分化出芽和根。组织培养的实验证明，愈伤组织产生根和芽与生长素和激动素的比值有关。当生长素与激动素的比值高时，诱导根的分化；两者比值较低时，诱导芽的形成；两者比值处于中间水平时，愈伤组织只生长而不分化。

③延缓衰老　延迟叶片衰老是细胞分裂素特有的作用。在离体叶片上局部涂上细胞分裂素，其保持鲜绿的时间远超过未涂细胞分裂素的叶片，说明细胞分裂素有延迟叶片衰老的作用，同时也说明了细胞分裂素在组织中一般不易移动。主要原因是老叶涂上细胞分裂素后，可以从嫩叶或其它部位吸取养分，以维持其新鲜度，同时细胞分裂素还可抑制一些酶的活力使物质降解速度延缓（图3–14）。

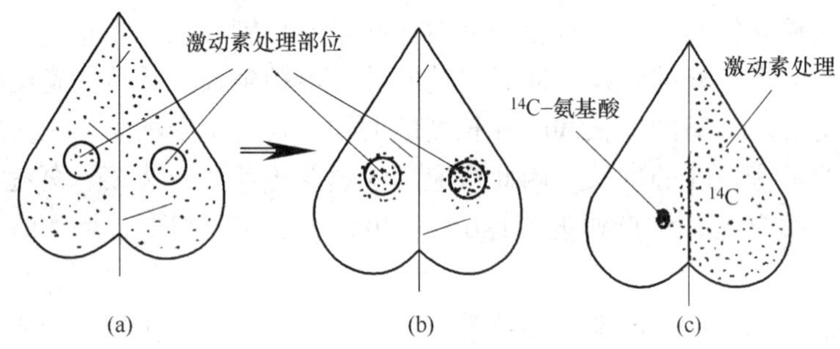

图 3–14　激动素的保绿作用及对物质运输的影响

（a）离体绿色叶片，圆圈部位为激动素处理区　（b）几天后叶片衰老变黄，但激动素处理区仍保持绿色（黑点）　（c）放射性氨基酸被移动到激动素处理的一半叶片，黑点表示有^{14}C–氨基酸的部位

④促进侧芽发育解除顶端优势　细胞分裂素可以消除吲哚乙酸（IAA）所形成的顶端优势，刺激腋芽生长（打破休眠），延长蔬菜的贮藏时间。豌豆幼苗第一片真叶叶腋内的腋芽，一般处于潜伏状态，若将激动素溶液滴在第一片真叶的叶腋部位，腋芽就能生长发育。其原因是细胞分裂素作用于腋芽后，能加快营养物质向侧芽的运输。这表明它还可以用于防止早衰。

4）脱落酸的生理作用　脱落酸又称休眠素，简称ABA。脱落酸最初从棉花果实及槭树、桦树叶芽中分离出来的，广泛地分布于植物界，存在于各种组织和器官中。尤其是在即将脱落、进入休眠及处于逆境条件下的组织和器官，含量更多。

脱落酸的主要生理功能是促进器官脱落，抑制萌发，延长休眠。用脱落酸处理离体棉花枝条、叶柄，能促进叶柄脱落。脱落酸还抑制芽的萌发。例如，每天用0.006μg脱落酸处理从马铃薯块茎上切下的芽，能使其保持休眠。在秋天到来时，日照逐渐变短，气温变低，落叶树的叶中开始形成脱落酸，并运到芽里，可以抑制芽的生长，促进休眠。

一般新收获的种子，因含有较多的脱落酸而不能萌发，处于休眠状态。经过一段时间后，其内的脱落酸含量减少，生长素及赤霉素的含量增加，种子便能萌发。许多果树的种子要经过层积处理，也与其内的脱落酸转化有关。

此外，脱落酸还可促使气孔关闭。有人试验，在缺水条件下，小麦或其它植物叶子中脱落酸的含量大大增加，使气孔关闭从而降低蒸腾。

5）乙烯的生理作用　乙烯简称ETH。乙烯是早已被人们发现与果实成熟有关的一种气态激素。现已证实，不仅果实，而且几乎所有组织都可以产生乙烯。乙烯是一种正常代谢产物。

乙烯在植物体内由蛋氨酸转化而来，而且需要充足的氧气。在完全缺氧时，乙烯的合成就会停止。控制乙烯在体内的合成，能延迟果实成熟的时期。因此，人工调节含氧量，可延长果实的贮藏时间。例如，在果实的贮藏库，将氧气含量控制在2%～3%时，再加以低温等条件，就可以控制果实的呼吸和乙烯的形成，延长贮藏时间。这在解决果实、蔬菜腐烂及调节市场供应上，具有很重要的意义。

乙烯的生理作用也是多方面的。其主要生理作用是：促进果实成熟，因为它能使原生质膜的透性增加，并使呼吸增强。由于是果实成熟时的生理变化，因此乙烯被称为“成熟激素”；引起器官的脱落，在生产上应用它促使苗木落叶，果实的采收保藏及便于运输；刺激伤流，即刺激乳汁从伤口外溢，现已用于增产橡胶乳汁；调节性别转化，促进雌花形成，所以乙烯又称为“性别激素”。

6）植物激素间的相互关系　以上介绍的五类植物激素的生理作用都是多方面的。每种植物激素在发挥其生理作用时必然会对另种激素的作用产生影响。植物激素相互之间存在着密切的联系，了解它们之间相互关系对于生产上合理地使用生长调节剂是很重要的。

①植物激素的相互作用　这里所说相互作用是指植物激素之间直接的相互作用，即一种激素可诱导、抑制另种激素的合成、产生和运输。生长素能诱导乙烯的生成便是如此。例如，黄化豌豆上胚轴切段的伸长生长，可被低浓度生长素促进，但浓度超过1mg/L，伸长作用就要受到抑制。这是由于生长素浓度增高，诱导产生了乙烯，乙烯使细胞横向扩大，限制了细胞伸长。生长素之所以能促进

菠萝开花，是因为诱导产生的乙烯起的作用。然而，生长素诱导产生的乙烯，却反过来减弱生长素的合成、运输，并促使其钝化。此外，脱落酸可使赤霉素变成束缚型，乙烯可使脱落酸增加，细胞分裂素可加强生长素的极性运输。所有这些都是植物激素相互间直接的作用。

②植物激素的整合作用　植物生长发育不是仅受单一激素某一作用的影响，起作用的是几种植物激素的平衡比例关系，是诸多激素综合作用的结果。植物激素之间既有相互促进的增效作用，又有相互抵消的拮抗作用，这些作用综合起来对植物的整体综合调节作用，就是植物激素的整合作用。

a. 增效作用　增效作用是指一种激素能加强另一种激素的效应。生长素和赤霉素有明显的增效作用。例如，已知低浓度生长素对离体的器官茎秆的生长有促进作用，赤霉素也有这种作用。若在离体茎段上同时加生长素和赤霉素，它们的生长促进效果就比各自单独效果更大。在细胞分裂过程中，细胞分裂素起决定性的作用。而生长素则可通过促进子细胞的增大与分化，从而有利于细胞的继续分裂。又如衰老组织和脱落的器官中，脱落酸、乙烯的含量都很多，二者在促进衰老和脱落的过程中是相辅相成的。

b. 拮抗作用　拮抗作用是指一种激素能削弱或抵消另种激素的生理效应。脱落酸是抑制型激素，它与促进型激素生长素、赤霉素、细胞分裂素均有拮抗作用。例如，细胞分裂素能刺激气孔开张，而脱落酸则抵消其作用，使气孔关闭。所以在调节气孔运动中，细胞分裂素与脱落酸起竞争、平衡作用。同是促进型激素，互相之间并非都是增效作用。如生长素促进顶芽的生长而抑制侧芽的生长，细胞分裂素则可抵消生长素的这种作用：抑制顶端生长，促进侧芽生长形成枝条。

c. 整合作用　在植物的生长发育过程中，并非仅受两种激素简单的增效、拮抗作用。一般的生理过程往往是在多种激素、多种生理功能的综合作用下进行的。比如，植物胚的生长，是由其自身产生的生长素、赤霉素、细胞分裂素等综合调节来促进细胞分裂、伸长、扩大而实现的。又如，组织衰老和器官脱落过程受乙烯和脱落酸的促进，同时又被细胞分裂素以及生长素、赤霉素所抑制。再如，脱落酸促进叶、芽、果实等器官脱落的作用很显著，但这种作用仅表现在离开母体的植物体上，整株植物单加脱落酸并不引起脱落，只有当体内生长素及细胞分裂素、赤霉素减少，乙烯增多时，才显示出促进脱落的作用。很明显，无论是胚的生长、组织的衰老或是器官的脱落，都是在多种激素的协同作用下完成的。诸多激素各种生理功能的复杂过程经过相互协调，最终起到一种作用，或生长，或衰老，或脱落。这种复杂的协调统一过程，就是整合作用。植物激素的整合作用贯穿于植物生活的始终。

（3）植物生长调节剂

植物激素对植物生长发育的作用虽然很大，但是提取、分离、合成的成本高，使用也有许多不便之处。在生产上使用的多是人工合成的能调节植物生长、分化、发育的激素类似物——植物生长调节剂。使用植物生长调节剂是提高作物产量、改善品质、增强作物抗逆性的有效途径之一。

在应用植物生长调节剂中应注意：不能把它当做肥料使用，必须先经过小区试验，按植物生长的需要合理选用调节剂，掌握适宜的施用时期和方法，严格掌握用药浓度，谨慎配制药液和操作。

常用的植物生长调节剂有以下几种：生长素类：萘乙酸（简称NAA）；2, 4–D。生长抑制剂：三碘苯甲酸（简称TIBA）；青鲜素（简称MH），化学名称为顺丁烯二酸酰肼，又称马来酰肼；矮壮素又称氯化胆碱、稻麦立，简称三西（CCC），化学名称为2–氯乙基三甲基氯化铵；比久（简写B_9）化学名称为N–二甲氨基琥珀酰胺酸；乙烯利又称一试灵，简称（CEPA），化学名称为2–氯乙基膦酸。

3.6.4　拓展知识

植物生长调节剂的应用

植物生长调节物质在农业上的应用见表3–2。

表3–2　　常用植物生长调节物质在农业上的应用

用途	药剂	对象	用法用量	效果
延长休眠	萘乙酸甲酯	马铃薯块茎 胡萝卜	收获后1%粉剂混合	延长贮藏期
	青鲜素	马铃薯块茎 洋葱、大蒜鳞茎 胡萝卜	采收前2000～3000mg/L 采收前2周2500mg/L喷施 采收前1～2周2500～5000mg/L喷施	
打破休眠 促进萌发	赤霉素	马铃薯块茎 葡萄、桃等枝条	1.0mg/L，浸泡1h 1000～4000mg/L喷施	夏季块茎二季栽培 打破芽休眠
促进生长 增加产量	赤霉素	芹菜等叶菜	采收前5～10d 10～50mg/L	增加茎叶产量
	助壮素	禾谷类	20mg/L，浸种2h	分蘖快且多
	矮壮素		0.3%～10%，浸种12h	增加分蘖和单株面积
控制生长	矮壮素	小麦	拔节期3000mg/L，喷施	防倒伏、增产等
	多效唑	水稻 油菜	一叶一心期300mg/L，喷施 二叶一心期100～200mg/L，喷施	壮秧，有效分蘖增多壮秧，抗性加强，增产
	三碘苯甲酸	大豆 棉花	花期200～400mg/L，喷施 始花期100～200mg/L，喷施	控制营养生长、早熟增产 控制营养生长减少蕾铃脱落，增产，抗倒伏
	缩节胺	花生	初花期5～30d 1000mg/L，喷施	增产
	比久	马铃薯	现蕾始花期2000～4000mg/L，喷施	抑制茎节生长促进块茎膨大
扦插生根	吲哚乙酸 萘乙酸 ABT生根粉	植物枝条	粉剂或溶液浸泡枝条基部 25～100mg/L	加速或增多根的形成

续表

用途	药剂	对象	用法用量	效果
延缓叶片衰老	6–BA	水稻 小麦 芹菜	10～100mg/L，喷施 0.05mg/L，喷施 10mg/L，喷施	延缓衰老 保绿
调节落叶	乙烯利	棉花	采收前3周800～1000mg/L喷施	促进落叶
促进花芽分化	乙烯利	凤梨 苹果	灌心400～1000mg/L，50mL 200～900mg/L，喷施	促进增产
	赤霉素	菊花	100mg/L，喷施	花芽分化提前
延长花期	多效唑	菊花	500mg/L，喷施	延长10d
抑制花芽形成	GA_{4+7} GA_3	苹果 葡萄	花芽分化前2～6周300mg/L，喷施 花芽分化前10～15mg/L，喷施	大年花芽过多 抑制花芽分化
延迟花开放	比久 多效唑	元帅苹果 水稻	秋季400mg/L，喷施 100～300mg/L，喷施	延迟4～5d 延迟2～3d抽穗
性别分化	乙烯利 赤霉素	黄瓜、南瓜 黄瓜	2～4叶期，150～200mg/L，喷施 2～4叶期，50mg/L	增加雌花，降低节位，增加早期产量 促进雄花产生
化学杀雄	乙烯利	小麦	孕穗期4000～6000mg/L，喷施	雄性不育
	青鲜素	玉米 棉花	6～7叶期，500mg/L，喷施，每周一次，共3次 现蕾期开始，50～60mg/L，每15～16d，喷施一次	雄蕊被杀死 雌蕊正常
疏花疏果	NAA钠盐	鸭梨	局部40mg/L，喷施	鸭梨疏花25%
	乙烯利	梨 苹果	盛花、末花期240～480mg/L，喷施 花前20d、10d，250mg/L，各喷一次	
	西维因	苹果	盛花后10～25d，900～1600mg/L	干扰物质转运，使弱果脱落
促花保果	NAA GA 6–BA	棉花 棉花 柑橘	开花盛期10mg/L 开花盛期20～100mg/L 幼果400mg/L	防止花果脱落
	2，4–D	番茄 辣椒	开花后1～2d 10～20mg/L，浸花1s 20～25mg/L，毛笔点花	
促进果实成熟	乙烯利	香蕉 柿子 番茄 棉花	1000mg/L，浸果一下 500mg/L，浸果0.5～1min 1000mg/L，浸果一下 800～1200mg/L，喷施	促进果实提前成熟 促进棉铃成熟开裂
延缓果实成熟	2，4–D	柑橙	采前4周70～100mg/L，喷果	提高呼吸增强抗病耐贮
	B_9	苹果	花前45～60d 500～2000mg/L，喷施	抑制乙烯释放
改善品质	增甘膦 青鲜素	甘蔗 烟草	采收前40d 0.4% 1000～2000mg/L，喷施	催熟增糖 抑制侧芽，改善品质
	2，4–D防落素 赤霉素	番茄 葡萄	授粉前10～25mg/L，涂抹 花前10d，1000mg/L	果实生长快，无籽果实 无籽果实
杀除杂草	2，4–D丁酯	双子叶杂草	幼苗1000mg/L，喷施	杀死杂草

3.6.5　任务实施方法与步骤

（1）实验操作和收集素材

1）生长素梯度浓度液的配制　取干净培养皿七套，依次编号后，分别在1号培养皿内加入10mg/L萘乙酸溶液10mL，在2至6号培养皿内各加入蒸馏水9mL；然后从1号培养皿内吸取萘乙酸溶液1mL加入2号培养皿中，并混匀；再从2号培养皿内吸取1mL加入3号，如此直至6号，最后从6号培养皿中吸取1mL弃去。这就配制成了10mg/L、1mg/L、0.1mg/L、0.01mg/L、0.001mg/L、0.0001mg/L6种浓度的萘乙酸溶液。另外，第7号培养皿内加入9mL蒸馏水，以作对照。

2）检验的准备及培养　在每套培养皿中各放入滤纸一张，上面放10粒小麦籽粒（饱满充实，大小一致的籽粒）。然后盖好培养皿，放在20℃的恒温箱中培养。

3）调查与检验　7d后检查各培养皿内小麦生长的情况，测定不同处理已发芽的种苗的平均根数、平均根长和平均芽长，将结果记录到技能报告上相应的表格内。

实验操作理论基础：生长素是调节植物生长的生理活性物质，其浓度不同，会产生不同效应，以此原理检验它对根和芽的影响。

（2）小组讨论与成果展示、巩固训练

学生对照课文，反复思考问题，能口头叙述各种激素的生理作用和植物激素的整合作用。

课后反复阅读课文，将问题解答在作业本上。将实验操作的原始数据和处理的数据都记录在技能报告上，并将检验出的生长素对小麦根和芽生长影响的曲线绘制在技能报告上，并注上实验结果说明。

任务3.7　植物的逆境生理及寒害对植物影响的检验

3.7.1　知识和技能要求

- 能叙述出低温、干旱、盐分过多、病害微生物和环境污染对植物的影响及在生产实践中采取减少植物受害和提高其抵抗能力的相应措施。
- 能依据低温伤害植物细胞浸液的电导率变化，使用电导率仪检验细胞受害程度。

3.7.2　情境（情景）设计

（1）问题的提出

1）解释寒害、冷害和冻害的区别，讲述预防植物寒害的途径。

2）讲述干旱与涝害及其对植物的影响。

3）说明盐害、盐碱对植物的危害形式及提高植物抗盐性的途径。

（2）实验器材的准备 冰箱、电导率仪、真空泵、干燥器、无离子水（蒸馏水）、天平、剪刀、200mL烧杯、200mL量筒、镊子、塑料小袋、打孔器;葡萄枝条（或其它组织）。

（3）做预备实验

1）取材 称取事先洗净的植物材料2份。枝条3g，并剪成1cm左右长的小段；若叶片为2g，则用打孔器打成等面积的小片，与打孔下来的残片一并放在一起。备用。

2）漂洗 将1）的两份材料各放入烧杯内，先用自来水冲洗3～4次，然后再用蒸馏水或无离子水冲洗3～4次。备用。

3）处理材料 将2）的两份材料各放入塑料小袋内，封口；其中一袋放入冰箱内2～24h，另一袋放入室温下的干燥器内2～24h。备用。

3.7.3 支撑知识

（1）低温对植物的危害

在植物生活史中，常会遇到低温的袭击。低温对植物造成的危害，统称寒害。植物对低温的忍耐和抵抗能力，称为植物的抗寒性。寒害是一种重要的自然灾害，研究植物的抗寒性，采取有效措施，提高植物的抗寒能力，防止低温对植物造成的危害，对确保植物正常生长，提高产量是非常必要的。寒害按低温程度，可分为冷害和冻害两种。

1）冷害和植物的抗冷性

①冷害 冷害是指0℃以上的低温对植物的危害。植物对0℃以上低温的适应称为抗冷性。喜温植物常遭受这种危害，我国冷害经常发生于早春和晚秋。例如，种子萌发期受冷害影响，常造成死苗或僵苗不发（水稻烂秧），晚稻开花灌浆期遇到低温造成籽粒空瘪，即冷害对作物的危害主要是苗期与籽粒或果实成熟期。10℃以下低温会影响多种果树的花芽分化，降低其结实率。秋寒与春寒可引起果树等植物枝条尖端受害枯死。果蔬贮藏期遇低温会破坏其品质。一般植物受害后，不立即表现出症状，要经过一段时间后才出现受害现象，这时叶绿素破坏，叶片变黄枯萎，使整个植株或部分枝条死亡。

②提高植物抗冷性的措施

a. 低温锻炼 低温锻炼能使植物对低温有一个适应过程。

b. 生长调节剂的使用 细胞分裂素、脱落酸和其它一些植物生长调节剂及化学药物也可提高植物的抗冷性。如玉米种子播种前用福美双处理，可提高植株抗冷性。PP_{333}、抗坏血酸等用于苗期喷施或浸种，可提高水稻幼苗抗冷性。

c. 调肥 调节氮、磷、钾肥的施用比例，增加磷、钾比重，能明显提高植物抗冷性。

2）冻害和植物的抗冻性

①冻害 由 0 ℃以下的低温所引起的对植物的伤害，称为冻害。植物对 0 ℃以下的低温的适应性称抗冻性。冻害的温度界限因植物种类、发育时期、生理状态及组织器官和其经受低温时间的长短而有很大差异。与农业生产关系密切的冻害是霜冻。冻害常引起植物组织结冰，因而使植物受伤甚至死亡。

②提高植物抗冻性的措施

a. 抗冻锻炼 抗冻锻炼能有效提高植物的抗冻能力。通过抗冻锻炼后的植物体内会发生一系列适应低温的生理生化变化。如细胞内自由水含量的降低，束缚水含量的相对增多能减少胞内外结冰危害；同化物质特别是糖的积累增多；激素比例发生变化，如脱落酸增多等。

b. 植物生长调节剂的施用 一些植物生长调节剂物质可用来提高植物的抗冻性。如用生长延缓剂处理槭树，可提高其的抗冻力；用矮壮素及其它生长延缓剂处理小麦，能很好地提高其抗冻性；另外，脱落酸、细胞分裂素等也都具有增强玉米、梨树和甘蓝等农业植物的抗冻能力。

c. 加强田间管理 农业植物抗冻性的形成是对各种环境条件的综合反应。因此，环境条件如日照长短、雨水状况、湿度变幅等都可以决定抗冻性强弱。所以采取有效的农业措施，加强田间管理可防止冻害的发生。例如，及时播种、培土、控肥与通风来促苗健壮，提高抗冻能力；寒流霜冻前实施冬灌、烟熏、盖草以抵御强寒流袭击；实行合理施肥，提高钾肥比例，用厩肥与绿肥压青，提高越冬或早春作物御寒能力。此外，早春育秧采用薄膜苗床与地膜覆盖等也可有效防止冻害。

3）预防植物寒害的途径

①采用各种栽培措施 农业植物抗寒性强弱，不但种属间有差异，而且与品种特性、栽培措施密切相关。秋播作物中，强冬性品种应适时早播，利用秋季天气晴朗，温度较高等有利条件，促进根系发育，积累较多的营养物质，培育稳健生长的壮苗，增强抗寒能力，以便安全越冬；春性较强的品种不能播种太早，否则冬前营养生长过旺，抗寒锻炼解除，易造成死苗。此外，适宜的播种深度，施用有机肥料，增施磷、钾肥，合理的灌溉，适当镇压等，都可增强作物的抗寒性。

②改善田间小气候 早春气温较低，育苗时采用温室、温床、塑料薄膜和地膜覆盖等均可克服低温的不利因素，以提早播种期。此外，还可设置风屏、覆盖等，也可改变作物小气候，避免低温危害。稻秧在寒冷来临时，可采用灌水防冻护秧，当气温回升后，呼吸耗氧增多，又要注意排水通气。

③嫁接法　嫁接法是培育果树抗寒品种常用的一种方法。即选择耐寒性强的种（或品种）作为砧木，不耐寒的丰产品种作接穗，经过嫁接，可显著提高果树的耐寒性。此外，培育抗寒性强的品种也是一个根本的方法。

（2）水逆境的危害及植物对其的抗性

1）旱害与抗旱性

①旱害　旱害是指土壤水分缺乏或大气相对湿度过低对植物造成的危害。植物对旱害的抵抗能力称为抗旱性。旱害发生的两个主要原因：一是由于高温与干风造成大气相对湿度过低，植物因过度蒸腾而破坏了体内的水分平衡，即大气干旱。大气干旱常表现为干热风；二是由于土壤中没有或只有少量的有效水而影响植物对水分的吸收，称为土壤干旱。此外，有时土壤虽有水分，大气也不干燥，但由于土壤通气不良、土温过低或土壤盐分过多等原因，使根系吸水困难，从而造成植物水分亏缺，称为生理干旱。

②旱害的植物形态　干旱对植物的损害首先是由于植物失水超过了根系吸水，造成叶片和幼茎的萎蔫。萎蔫分两种。

a. 暂时萎蔫　叶片临时萎蔫降低蒸腾量，但根系吸水不能补偿叶片临时萎蔫，此时，浅水灌溉或以其它人为的方法降低蒸腾量时，植物即可恢复正常。暂时萎蔫只是叶肉细胞暂时水分失调，并未造成原生质严重脱水，对植物不产生破坏性影响。

b. 永久萎蔫　植物萎蔫后，以其它人为的方法降低蒸腾量，仍不能恢复正常，必须灌溉或雨后才逐渐恢复正常，甚至已不能完全恢复正常。

③抗旱性机理及其提高途径

a. 抗旱性机理　从形态结构上看，抗旱性强的植物往往根系发达，根冠比大，叶片细胞体积小，维管束发达，叶脉致密。从生理变化上（a）细胞能保持较高的亲水能力，防止细胞严重脱水，这是生理抗旱的基础；（b）在干旱时，植物体内的水解酶活力稳定，减少了生物大分子物质的降解，这样既保持了质膜结构不受破坏，又可使细胞内有较高的黏性与弹性，提高细胞保水能力和抗机械损伤能力，使细胞代谢稳定。

b. 提高抗旱性的途径

（a）抗旱性锻炼　与抗冻性锻炼相类似，将植物处在一种致死量（指植物的可利用水量）以上的干旱条件中，让植物经受干旱锻炼，可提高其对干旱适应能力。农业生产上有很多锻炼方法。如玉米、烟草等在苗期适当控制水分，抑制生长以锻炼其适应干旱的能力，即蹲苗；蔬菜移栽前拔起让其萎蔫一段时间后再栽，即搁苗；甘薯剪下的藤苗，一般放置阴凉处1～3d，甚至更长时间后再扦插，即饿苗。

（b）化学试剂及植物调节剂的使用　用化学试剂处理种子或植株，可以诱导其提高作物抗旱性，如用0.25%$CaCl_2$溶液浸种或用0.05%$ZnSO_4$溶液叶面喷施都有提高植物抗旱性的效果；另外，脱落酸、矮壮素、B_9与抗蒸腾剂等也可减少蒸腾失水，从而增强作物抗旱性。

（c）合理施肥 合理施肥可提高作物抗旱性。磷钾肥能促进根系生长，提高保水能力；而氮素过多则由于枝叶徒长，蒸腾量增加，因而易受旱害；硼与铜等微量元素也有助于作物抗旱。

2）涝害与抗涝性

①涝害 水分过多（土壤中含有不可利用的自由水）对植物的不利影响，称为涝害。植物对积水或土壤过湿（含自由水）的适应力和抵抗力称为抗涝性。涝害一般有两层含义，即湿害和涝害。土壤过湿，含水量超过田间最大持水量，土壤处于水分饱和状态，根系完全生长在沼泽化的土壤中，这种涝害称为湿害。而典型的涝害是指地面积水，淹没了植株全部或植株的全部根系。

②涝害对植物的影响 涝害的核心问题是缺氧给植物的形态、生长和代谢带来一系列不良影响。

a. 对植物形态与生长的损害 受涝缺氧的植株往往生长矮小，叶片黄化，根尖变黑，叶柄偏上生长。淹水也会抑制种子萌发，使之产生胚芽鞘伸长，不长根，展开的叶片也黄化，有时仅芽鞘伸长而其它器官不发生的现象。

b. 对代谢的损害 水涝缺氧抑制有氧呼吸，促进无氧呼吸，消耗大量有机物质，产生和积累大量有毒产物如乙醇、乳酸等，这样使根系缺乏能量，阻碍矿质营养的正常吸收，抑制光合作用的正常进行，从而使代谢紊乱。

c. 水涝引起营养失调 水涝缺氧使土壤中的好气性细菌的正常生长活动受抑制，从而使有机物质和腐殖质的矿质化过程受到限制，影响矿质营养供应；相反，使土壤中厌气性细菌代谢活跃，产生大量有毒的还原性物质，同时锌、锰和铁元素等也易被还原流失，引起植物营养缺乏。

另外，淹水条件下使植物体内乙烯含量增加，引起叶片卷曲，偏上生长或脱落，茎膨大加粗，根系生长减慢，花冠褪色等。

③植物的抗涝性 不同植物的抗涝能力有别。如芋头比甘薯抗涝；油菜比马铃薯和番茄抗涝；水稻中，籼稻比糯稻抗涝，糯稻又比粳稻抗涝。同一作物不同生育期抗涝程度不同。如水稻一生中以幼穗形成期到孕穗中期最不抗涝，其次是开花期，其它生育时期抗涝性较强。

植物抗涝性的强弱取决于对缺氧的适应能力，一般抗涝性强的植物往往具有发达的通气系统来增强对缺氧的忍耐力。缺氧引起的无氧呼吸使体内积累有毒物质，而耐氧的植物则能够通过某种生理生化代谢来消除有毒物质，或本身对有毒物质具有忍耐力，因而具有较强的耐涝性。

（3）盐碱的危害及植物对其的抗性

1）盐害 土壤中可溶性盐过多对植物的不利影响，称为盐害；植物对盐分过多的适应能力，称为抗盐性。有些植物在长期对环境的适应过程中，产生了对盐碱的某些适应，形成了各种抗盐类型的植物。例如，真盐生植物能吸收大量盐分，并贮存在液泡中（盐泡），盐泡内的盐分不能向外扩散，因此使植物从盐碱土中吸收水分来维持正常的生长，如盐角草、碱蓬等。排盐植物也能吸收大量盐分，并不积存在体内，而是通过茎叶表面密布的泌盐腺，将盐分排出体外，如柽柳、匙叶草等。拒盐植物的根对盐的透性很小，即使生长在盐分较多的环境中，也能拒绝吸收过多的盐分，但细胞内积累了大量的有机酸、可溶性糖等，用以保持根系吸水，如艾蒿、胡颓子等。

2）盐碱对植物的危害形式

①渗透胁迫　由于高浓度的盐分降低了土壤水势，使植物不能吸水，甚至体内水分外渗，因而盐害通常表现为生理干旱。盐土中生长的植物一般植株矮小，叶片小而蒸腾弱。

②离子毒害　盐土中Na^+、Cl^-、Mg^{2+}、SO_4^{2-}等含量过高，会引起K^+、HPO_4^{2-}或NO_3^-等缺乏。由此造成植物对离子的不平衡吸收，使植物生长发生营养失调及单盐毒害作用。

③破坏生理代谢　盐分胁迫导致一系列的代谢紊乱，并引起植物的生长发育受到抑制。盐分过多促进蛋白质分解，降低蛋白质合成，引起植物体内的一些蛋白酶系活力降低，甚至失活；盐分过多使合成作用的部分酶系活力降低，叶绿体色素合成受到干扰，气孔关闭，从而抑制光合作用；高盐时植物的呼吸作用受到抑制，氧化磷酸化解偶联，因此释放的可利用能相对减少。另外，盐胁迫还使植物体内积累有毒代谢产物。试验表明，NaCl浓度的增高还会造成植物细胞膜渗漏率的增加。

3）提高农业植物抗盐性的途径

①用盐水处理种子　种子在一定浓度的盐溶液中吸水膨胀后再播种，可提高作物的抗盐能力。如玉米种子可用3%NaCl溶液预浸1h，则耐盐力有所增强。

②植物生长调节剂的使用　用植物生长调节剂如：吲哚乙酸（IAA）喷施植株或用IAA溶液直接浸种，均可促进作物生长与吸水能力，提高抗盐性；脱落酸（ABA）能诱导气孔关闭，减小蒸腾作用和盐的被动吸收，因而也可用于提高作物的抗盐能力。

③调整培育措施　改良土壤（黄垠压碱），培养耐盐性品种，灌溉洗盐法等都是农业生产上抵抗盐害的重要措施。

（4）病原微生物的危害及植物对其的抗性

许多微生物如细菌、真菌和病毒等都可以寄生在植物体内，对寄主产生危害，称为病害。植物抵抗病原菌侵袭的能力称抗病性。使植物致病的微生物称为病原物，被寄生的植物称为寄主。

病害是寄主和病原微生物之间相互作用的结果。当寄主受到病原菌侵袭，两者亲和性较小时，寄主发病较轻，寄主可被认为是抗病的，反之则认为是感病的。

1）植物对病原微生物的反应类型

依据寄主对病原物的反应（抗病性）不同，可大致分为以下几种类型：

①感病型　寄主受病原物侵染后产生病害，使其生长发育受阻，甚至造成局部或整株死亡，影响产量和品质。

②耐病型　寄主对病原物的侵染比较敏感，侵染后同样有发病症状，但对产量及品质无很大的影响。

③抗病型　病原物侵入寄主后，由于寄主自我保护反应而被局限化，不能继续扩展，寄主发病症状轻，对产量和品质影响不大。

④免疫型　寄主排斥或破坏病原有机体入侵，在有利于病害发生的情况下也不被感染或不发生任何病症。

2）植物抗病性反应的几种类型

①避病　由于病原物的感发期和寄主的感病期相互错开，寄主避免受害。

②抗侵入　由于寄主具有形态、解剖及生理、生化的某些特点，可阻止或削弱某些病原物的侵染。如植物体外表的各种保护组织。

③抗扩展　寄主的某些组织结构或生理生化特征，使侵入寄主的病原物的进一步扩展受阻或被限制。如厚壁、木栓及胶质组织均可限制扩展。

④过敏性反应（保护性坏死反应）　病原物侵染后，侵染点及附近的寄主细胞和组织很快死亡，使病原物不能进一步扩展的现象。

3.7.4　拓展知识

植物逆境生理

逆境是指对植物生存与生长不利的各种环境因素的总称。植物对逆境的抵抗和忍耐能力称为植物的抗逆性，简称抗性。植物的抗性方式主要有避逆性、御逆性和耐逆性三种。其中植物通过对生育周期的调整而避开逆境的干扰，在相对适宜的环境中完成其生活史的方式称为避逆性。御逆性则指植物体通过营造适宜生活的内环境，来免除逆境对它的危害。避逆性和御逆性总称为逆境逃避。植物通过代谢反应来阻止、降低或修复不良环境造成的伤害，使其仍保持正常的生理活动的抗性方式称为逆境忍耐（耐逆性）。植物对逆境的抵抗往往具有双重性，在某一逆境范围内植物通过逆境逃避抵抗，而超出某一范围表现出它的耐性抵抗。

3.7.5　任务实施方法与步骤

（1）实验操作和收集素材

1）编号　取200mL的烧杯两个编号，用量筒各注入100mL蒸馏水或无离子水。

2）处理冻枝　将冰箱内的材料1份揭去塑料小袋，放入1号烧杯内。

3）处理常枝　将室温下干燥器内的材料1份揭去塑料小袋，放入2号烧杯内；

4）减压处理　将1号、2号烧杯一并放入干燥器内并用真空泵减压，直至材料全部浸到溶液内止；浸泡1h。备用。

5）电导率仪的调试　调试电导率仪使其的单位为μS·cm^{-1}。

6）测定电导率值、煮沸浸泡液　将“4）”的1号、2号烧杯内的浸泡液各取出50mL作为测定液，置于电导率仪上测定电导率值，受冻的为A，未受冻的为B；将测定液倒回原烧杯内，并置于同温度下，煮沸同一个时间（1～2min），静置1h。备用。

7）电导率值的测定　将煮沸、静置1h后的浸泡液，置于电导仪上测定电导率值，此时，受冻的为γ_C，未受冻的为γ_D，一并填入表3–3。

表3–3　　　　测定电导率值记载表

处理 / 测定	未受冻		受冻	
	未煮沸（γ_B）	煮沸（γ_D）	未煮沸（γ_A）	煮沸（γ_C）
电导率值				
相对电导率/%				
受伤百分率/%				

8）结果计算　比较受冻材料与未受冻材料相对电导率的大小，相对电导率越大，受害程度越大，看看与植物受伤的百分率结果是否相一致（计算结果一并填入表3–3）。

①受冻材料的相对电导率（%）$=\gamma_A\cdot100/\gamma_C$

②未受冻材料的相对电导率（%）$=\gamma_B\cdot100/\gamma_D$

③植物受伤的百分率（%）$=(\gamma_A-\gamma_B)\cdot100/(\gamma_C-\gamma_B)$

实验操作理论基础：当植物受到寒害时，生活细胞原生质膜受到低温伤害，会引起其具有的选择透性不同程度地被破坏或丧失，使细胞内的盐类和有机物外渗到周围介质中（电解质外渗），从而导致浸液（蒸馏水或无离子水）的电导值（与未受寒害的同等材料比）发生变化（升高）。在一般情况下（当两份材料非常均匀时），γ_C与γ_D大致相同，单位为μS·cm^{-1}。

（2）小组讨论与成果展示、巩固训练

学生对照课文，反复思考问题，能叙述低温、干旱、盐分过多、病害微生物和环境污染对植物的影响及在生产实践中采取提高植物抵抗能力的相应措施。

课后反复阅读课文，将问题解答在作业本上。将实验的所有数据都记录在技能报告上，并在技能报告上说明检验出的结果。

任务3.8　植物分类的基础知识及蜡叶标本的采集与制作

3.8.1　知识和技能要求

• 能叙述植物分类的方法、单位和掌握植物科学命名的方法。

• 独立地使用植物检索表索引植物，完成植物标本的采集，并制作出一份蜡叶标本。

3.8.2　情境（情景）设计

（1）问题的提出

1）你向同学们讲讲学习植物分类知识的必要性和人们常使用的两种分类方法。

2）你向同学们解释人为分类法和自然分类法的异同。

3）你告诉同学们植物分类的单位有哪些。

4）说说植物的名字是如何命名的，为什么要这样命名？

（2）实验器材的准备　采集铲、枝剪、标本夹、采集箱、量尺、微波炉、台纸、乳白胶、小刷、毛巾、玻璃板、标本签、采集记录卡与号牌、针线、小纸袋。

3.8.3　支 撑 知 识

（1）植物分类的方法

现生存在地球上的植物约50万种，种类多，分布广，为了认识、利用、改造丰富的植物资源，使之更好地为人类服务，因此分门别类地进行研究是必要的。人们在认识利用植物的历史过程中，逐步建立了两种植物分类的方法，一种是人为分类方法，另一种是自然分类方法。

1）人为分类法　人们为了方便，根据植物经济用途或生长习性等一个或几个特点，作为分类标准的分类方法，称人为分类法。这样的分类方法，没有考虑植物的进化过程和亲缘关系，如将植物分为木本植物、草本植物；农业生产上根据经济用途，通常把栽培作物分为粮食作物、油料作物、纤维作物、蔬菜等。人为分类法，由于紧密联系生产、生活，具有通俗易懂，实用方便等特点。因此，至今在应用科学上仍广为沿用。

2）自然分类法　能反映出植物界自然演化过程和彼此间的亲缘关系。根据植物间相同与相异，作为分类标准的分类方法，称为自然分类法。掌握了这种分类方法就能了解植物系统发育的进程与各种植物的亲缘关系，更加自由地认识植物，有力地指导遗传育种、病、虫、草害防治，以及植物资源的开发利用等。

（2）植物分类的单位

根据进化学说，一切生物起源于共同的祖先，彼此之间都有亲缘关系，并经历从低级到高级，从简单到复杂的系统演化过程。因此分类学上把那些亲缘关系相近的种归纳为属，相近的属组合为科，相近的科合并为目，进而汇成为纲、门、界等分类单位。因此，界、门、纲、目、科、属、种是分类学上的各级分类单位。在各级分类单位中，根据需要，又可分为更细的单位，如亚门、亚纲、亚目、亚科、亚属、亚种、变种、变型等。

现以水稻为例，说明分类学上的各类单位：

界　植物界　Regnum vegetable

门　被子植物门　Angiospermae

纲　单子叶植物纲　Monocotyledoneae

亚纲　颖花亚纲　Glunmifiorae

目　禾本目　Graminales

科　禾本科　Gramineae

属　稻属　*Oryza*

种　稻　*Oryza sativa* L.

种是植物分类学上的基本单位。种是起源于共同祖先具有相似的形态特征和生理特性，能自然繁殖，产生正常后代，要求一定的生态环境条件，在一定时期，分布一定地理区域的植物类群。每一个种都有其特定的本质特征，并以此区别于其它的植物种。例如小麦、大豆、苹果、白菜等都是相互有别的不同种。在栽培作物里，常划分为很多品种，品种不是分类学上的单位，而是经过人类培育出来的；它只用于栽培植物。品种多半是根据经济性状，如植株大小，果实的色、香、味及成熟期等区分的。例如，苹果的国光、红玉、鸡冠等都是品种。

（3）植物的科学命名

每种植物都有名称。不同的国家名称不一，即使同一国家的不同地区也有不同的名称。例如，马铃薯在我国广州称为荷兰薯、薯仔，上海、四川称为洋山芋，东北称土豆等，这是同物异名。另外也有同名异物的例如谷子，在北方指粟，在四川指水稻。名称的混乱，对研究植物的利用和分类都带来很大困难，特别是不利于国内和国际间的学术交流。为了统一名称，国际植物学会统一规定，采用瑞典学者林奈创立的“双名法”命名，双名法是以两个拉丁单词作为一种植物的名称，第一个单词是属名，为名词，其第一个字母要大写；第二个单词为种名，形容词，一个完整的拉丁名，还要在名称之后，附加命名人的姓名或姓名的缩写，这种国际上统一规定的名称称为学名。例如稻的学名为（*Ory zasativa* L.）第一个词*Oryza*为属名，是稻的古希腊名，为名词；每二个词*sataiva*是种名形容词，为栽培的意思。后面的大写“L.”是定名人林奈（Linnaeus）的缩写。

如果是亚种或变种，则在种名的后边，加上一个亚种的缩写SSP或加一个变种的缩写var，然后再加上亚种名或变种名，最后再写定名人的姓名或姓名的缩写。如糯稻（*Oryza sativa* var.　*gutinosa* Matsum.　），就是稻的变种。

（4）植物检索表的使用

植物检索表是识别和鉴定植物的钥匙。它的编制是根据法国人拉马克（Lamark）的二歧分类原则，选用一对显著不同的特征，将一群植物分为非此即彼的两个分支；然后又从每个分支中再找出相对的特征，再区分为相应的两个分支；依次下去，直编到科、属、种。为便于使用，各分支按其出现的先后顺序，在前边加上一定的顺序数字，相对应两个分支前的数字应相同，并写在距左边有同等距离的地方。后出现的两分支应向右边低一个字格，这样继续下去，直到编制的终点（见表3–4）。

表3–4　到门检索表

1. 植物体无根、茎、叶的分化，雌性生殖为单细胞，生活史不出现胚…………低等植物
　2. 植物体不含叶绿体
　　3. 细胞内无细胞核分化…………………………………………… 细菌
　　3. 细胞内有细胞核分化
　　　4. 植物体不形成菌丝 ………………………………………… 黏菌
　　　4. 植物体形成菌丝 …………………………………………… 真菌
　2. 植物体含有叶绿体
　　5. 植物体不与真菌共生…………………………………………… 藻类
　　5. 植物体与真菌共生……………………………………………… 地衣
1. 植物体有根、茎、叶的分化（除苔藓植物外），雌性生殖器官由多细胞构成，生活史中有胚出现……………………………………………………………高等植物
　6. 植物无花、无种子，以孢子繁殖
　　7. 植物体不具真正的根和维管束………………………… 苔藓植物
　　7. 植物体有根的分化，并有维管束……………………… 蕨类植物
　6. 植物有花、以种子繁殖
　　8. 胚珠裸露，不包于子房内……………………………… 裸子植物
　　8. 胚珠包于子房内………………………………………… 被子植物

当应用检索表鉴定植物时，被鉴定的植物（如被子植物），应具备花、果实和其它器官。同时检索者要具备相应的植物学知识和对术语含义的准确理解，当检索一种植物时，先以检索表中次第出现的两个分支的形态特征，与植物相对照，选其与植物符合的一个分支。在这一分支下边的两个分支中继续检索，直到检索出植物的科、属、种名为止。然后，再对照植物的有关描述或插图，验证检索中是否有误，最后定出植物的正确名称。

3.8.4　拓展知识

制作浸渍标本中浸渍液的配制方法

（1）保存绿色的方法

在叶绿素的化学结构中有一金属原子镁占据着中心位置。如果叶绿素分

子与酸作用时镁被分离出来，这时缺镁的叶绿素呈黑色，称为植物黑素（褐植素）。如果再使另一金属进入植物黑素中（如铜），则又变成绿色。可采用下列两种方法来保存绿色。

1）将醋酸铜结晶加入50%冰醋酸中，直到不溶为止，这溶液作为母液。将一份母液加4份水，加热至85℃后，将处理的植物放入，可见植物由绿变褐，再又变绿。取出用清水冲洗，然后保存在10%甲醛液或70%的酒精液中。

2）比较薄嫩的植物不宜加热，可直接放在下述的溶液中保存。

50%酒精 ………………………………… 90mL
市售甲醛液 ……………………………… 5mL
甘油 ……………………………………… 2.5mL
冰醋酸 …………………………………… 2.5mL（或普通醋酸7.5mL）
氯化铜 …………………………………… 10g

（2）红色保存法

1）甲醛、硼酸固定　红色桃子用1%甲醛、0.08%硼酸固定1～3d（果皮厚的，固定时间长些；果皮薄的，固定时间短些）。待果色由红变褐时，取出洗净，用1%～2%亚硫酸，0.2%硼酸作为保存液，将上面已经过固定洗净的标本放入保存液中即可。如桃子带有绿色，可在保存液中加入少量的硫酸铜，待果实稍着绿色后，仍用以上保存液保存。

2）硫酸铜固定　红色果实带有绿色花萼和枝叶的辣椒、番茄、西瓜（果内红色胎座部分应切开进行固定）和绿色带红的甘蔗等，可用5%硫酸铜固定1～2周，待果实由红变褐色时取出洗净，用1%～2%亚硫酸保存。

（3）黄色保存法

1）硫酸铜固定　黄绿色的或黄色的甜瓜、南瓜、沙梨、金橘、马铃薯等，先用5%硫酸铜固定1～5d。取出洗净，再用2%亚硫酸与1%～2%酒精并加少量甘油进行保存（如遇标本过于透明，可减少甚至不用酒精）。

2）亚硫酸、甲醛直接保存　黄色沙梨、马铃薯、慈姑等可用2%亚硫酸，0.05%～0.1%甲醛直接保存。药液混浊时，需要及时换新液。

（4）紫色保存法

1）甲醛、食盐固定　2%～3%甲醛，3%食盐溶液固定2～3个月后取出洗净，用1%～2%甲醛保存。

2）甲醛、硼酸直接保存　1%甲醛，0.2%硼酸直接保存。

以上适用于紫色的葡萄等。

（5）浸渍植物的一般方法

①70%酒精液浸泡；②5%～10%甲醛液浸泡；③70%酒精和10%甲醛液混合浸泡。［注：“以上三法，任用一法都可以（①、或②、或③）。］

3.8.5　任务实施方法与步骤

（1）完成实验操作的理论素材收集并展示小组对提出问题讨论的结果

（2）完成实验操作

1）植物检索表的使用　到达授课区域后，每名学生按老师的指导采1株藜和1株马齿苋，接着各组长到老师周围。老师引领示范，组长模仿，查找植物检索表，确定藜和马齿苋的种名。然后各组长组织本组成员，重复上述操作。

2）植物标本的采集

①标本的选取　选取标本时，最好选取具备根、茎、叶、花和果实的完整植株作标本。小的草本植物可采全株。木本植物可选取有代表性的枝条，并应具有花，如还有果实的则更好，枝条大小，以较台纸稍小些为宜。标本选好后即拴上号牌（每一种标本通常采3份），并尽快放入采集箱内。

②特征的记录　拴上号牌后，应认真进行观察，并查植物教学实习手册，将特征记录在采集记录卡（表3–5）上。

表3–5　植物采集记录卡

植物采集记录卡
采集号__________采集日期______年______月______日
地　点__________海拔高度__________m
性　状__________
高　度__________m　胸高直径__________m
茎__________
叶__________
花__________
果　实__________
备　注__________
中　名__________土名__________科名__________
学　名__________
采集人__________

记录时要注意下列事项：

a. 填写的采集号数必须与号牌同号。

b. 性状填写灌木、乔木、草本或藤本等。

c. 胸高直径，草本或小灌木一般可不填。

d. 叶应记载叶两面的颜色，有无粉质、毛、刺等。

e. 花应记载颜色和形状、花被和雌、雄蕊的数目。

f. 果实应记载颜色和形状。

g. 备注栏可记用途及其它。

h. 俗名、科名、学名（种名），可用中文名记载。

3）植物标本的制作

①整理和压制　将采回的标本进行清洁，如剪去多余的枝、叶、花、果，但要保持植物自然生长的特征。然后，将标本夹打开放平，把标本展在瓦楞纸板上。草本植物太长的，可折成N字或V字形，叶子要展平。大部分叶子正面向上、小部分叶子反面向上。叶、花都不要重叠，然后每隔一层纸板放一份标本。整理时，要在阴凉处，动作要快，以免萎缩变形。当标本压到8～10份后，再上人双脚轻轻踩压，用绳捆紧标本夹，置于微波炉内，以大功率烘制8min左右，取出散热。肉质部分（如肉质茎、块根、块茎等）不易压干，可将它们放入开水中烫0.5min，或者把它们切成两半后再压。如有叶、花、果脱落，应随时将脱落部分装入小纸袋中，并记上采集号，附于该份标本上。

②装订标本　标本烘干后才能装订。贴订时，将标本翻于废纸板上，用小刷轻轻刷上乳白胶，再翻于台纸（白板）上，用干净毛巾吸走多余的胶，必要时可把标本用线钉在台纸上，每个枝条或较大的根，在每隔3寸左右钉上一针，或用很窄的较厚纸条在适当地方把枝、叶粘钉在台纸上。然后，每份标本上压一块玻璃板，待胶干后，揭开玻璃板。最后，在台纸的左上角贴上采集记录卡，并将写有学名、中名的标本签（表3-6）贴在台纸的右下角，这样就成为一份完整的蜡叶标本。

表3-6　　植物标本签

植物标本

采集号________________________________采集人____________________

科　名____

学　名____

中　名__________________________土名____________________________

定名人________________________　____________________年____月____日

（3）展示实验操作结果、巩固训练

学生对照课文，思考问题，能叙述植物分类的方法、单位和为植物科学命名的方法。

课后反复阅读课文，将问题解答在作业本上。上交一份自己做的标本。

任务3.9　植物的主要类群及野生资源植物的识别和简易检验法

3.9.1　知识和技能要求

- 能叙述出各大类群植物的主要特征和代表植物。
- 能使用简易测定工具检验野生资源植物。

3.9.2 情境（情景）设计

（1）问题的提出

1）向同学们讲讲低等植物与高等植物在结构上的区别。

2）向同学们解释低等植物分哪三类，各自的生活习性是怎样的。

3）告诉同学们这三类低等植物对人类的影响。

4）说说高等植物分哪四个门，各门都有哪些特征。

（2）实验器材的准备 野生麻植株（浸埋于荷花池边15d）、酸模（野菠菜）、红蓼（或稗草）、榛子、铁制小刀、铁钳;采集铲（铁锹）、枝剪、高枝剪、采集箱、折尺、放大镜、毛巾、玻璃板。碘化钾、三氯化铁、氧化汞、碘化铋、试纸。

3.9.3 支撑知识

（1）低等植物

植物体单细胞或多细胞，没有根、茎、叶的分化。若有生殖器官，常是单细胞的，若具有性生殖，合子则不形成胚，直接成为植物体。大部分生活在水中或潮湿的环境条件下。根据植物体的结构和不同的营养方式，可将低等植物分为藻类植物、菌类植物和地衣，本书只重点介绍它们中的几个重要门。

1）藻类植物 藻类植物大约有25800种，大多数生活在海水或淡水中，少数生活在潮湿的土壤、树皮或岩石上。藻类植物体都含有叶绿素和其它各种不同的色素，能进行光合作用，它们的生活方式是自养的，称自养植物。其繁殖方式多样，有营养、孢子或配子繁殖等。

藻类在自然界和经济中的意义：藻类能为人类合成大量的有机物，还能促进岩石风化，分泌胶质黏合沙土，增加土壤中的有机质。

有些藻类可作食品，如蓝藻中的葛仙来、发菜、地耳，绿藻中的溪菜，褐藻中的海带、裙带菜、鹿角菜，红藻中的紫菜、石化菜、麒麟菜等。有的具有药用价值，如褐藻含有大量的碘，可治疗和预防甲状腺肿大，鹧鸪菜具有驱除蛔虫的作用。藻类还可作工业原料，提取藻胶酸、琼胶、酒精、碘化钾等。藻胶酸制造的人造纤维，比尼龙有更大的耐火性；琼胶除食用外，在医学和生物学中还被广泛应用作培养基。

在农业上，我国已发现十多种蓝藻具有固氮作用。研究证明，施用固氮蓝藻后，每667m^2稻田中年固氮量高达1.7～6.7kg纯氮，可使水稻增产7%～10%。淡水或海水中浮游的藻类是鱼类的食料。有的海藻可作家畜和家禽的饲料，或作绿肥。此外，有些藻类还能吸收和积累某些有毒物质，起到净化废水，消除污染的作用。但也有藻类对栽培植物有害，如稻田中的水绵。而绿球藻等附生在鱼和贝类的鳃部，会使它们生病死亡。

2）菌类植物 菌类广泛分布于水、空气、土壤、人和动、植物体内外。菌类植物一般无光合色素，不能进行光合作用制造碳水化合物，依靠现存的有机物质营异养生活方式的一类低等植物，异养方式有寄生及腐生等。凡是从活的植物体吸取养分称为寄生；凡是从死的动、植物体或无生命的有机物质吸取养分称为腐生。

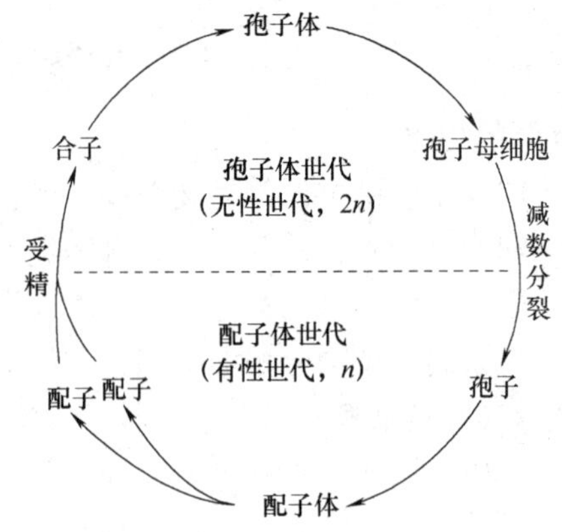

图 3–15　高等植物生活史（世代交替示意图）

真菌在自然界和经济上具有重要意义。由于真菌营异养，能使有机物无机化，在促进自然界物质循环中起着重要作用。真菌在酿造发酵工业上，如酿酒、制酱油、做馒头和面包等，酵母菌、曲霉等起着重要作用。石油工业中，利用酵母菌进行石油脱蜡；化学和医药工业中通过真菌的作用生产甘油、甘露醇、多种有机酸、核糖核酸、腺苷、腺三磷等。食用真菌仅我国约300种以上，著名的有木耳、香菇、猴头、草菇、竹荪等。药用真菌如冬虫夏草、茯苓、灵芝等。近年来发现具抗癌作用的真菌100多种。

真菌又常给人类造成灾害，食品的腐烂、农作物和蔬菜、果树、林木的病害大都是由真菌寄生引起。如小麦锈病、玉米黑粉病、甘薯黑斑病、苹果腐烂病、棉花枯萎病、油菜、瓜类和葡萄霜霉病等。据统计，水稻35种常见病害有24种是由真菌引起，鱼类生病死亡也常是某些水生真菌造成的。黄曲霉的产霉菌株分泌黄曲霉素，毒性很大，使人与动物致癌而死。因此，防治真菌病害也是农业生产和人类生活中的重要任务之一。

3）地衣植物　地衣是一类特殊的植物，它是由藻类和真菌共同组成的复合体，藻、菌关系十分密切，使地衣在形态结构和生理上成为一个有机整体，在分类上也自成一个类群。藻类为单细胞或丝状蓝藻或绿藻分布在复合体内部。真菌吸收水分和无机盐，供给藻类，藻类进行光合作用制造有机物质，供菌类作养料。它们相互依存形成共生体。

地衣约有26000余种，广布世界各地，适应能力很强，但对空气中SO_2的污染敏感，因此城市少见地衣。在环境保护方面，常用来作为监测空气中SO_2污染的指示植物。

地衣对岩石的风化、土壤的形成起开拓先锋作用，为其它植物生长提供条件。地衣还可提取染料、石蕊指示剂和抗菌消炎药物，地衣多糖类可抗癌等。有些种类可食用或作饲料，但也有的能危害森林和作物。

（2）高等植物

绝大多数高等植物都是陆生的，植物体常有根、茎、叶的分化（苔藓植物除外）。它们的生活史，具有明显的世代交替（图3–15）。即有性世代的配子体和无性世代的孢子体有规律的交替出现。雌性生殖器官由多细胞构成，受精卵形成胚，再生长成植物体。

高等植物可分为苔藓植物、蕨类植物、裸子植物和被子植物四个门。

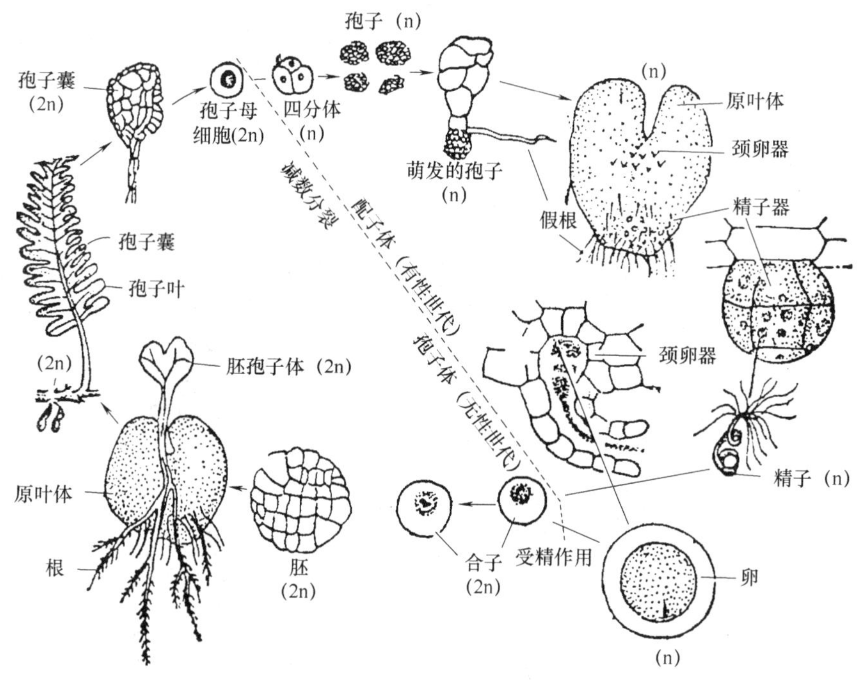

图 3–16　蕨类植物（水龙骨）生活史

1）苔藓植物门　苔藓植物是高等植物中最原始、结构简单的陆生类群。全世界有4000余种，我国有2100余种。它们虽然脱离了水生环境而进入陆地生活，但大多数仍然生活在阴湿的环境中，是植物从水生过渡到陆生形式的代表。低级的种类如地钱、角苔，其植物体为扁平的叶状体，即使比较高级的种类如葫芦藓，其植物体有茎、叶的分化，但是也没有真正的根。吸收水、无机盐和固着植物体的机能，由一些表皮细胞的突起物假根来完成。它们没有维管束那样的输导组织。世代交替中，配子体占优势，孢子体不能离开配子体独立生活。

2）蕨类植物门　全世界现存蕨类植物有12000余种，我国约2600种。蕨类植物一般陆生，有根、茎、叶的分化和维管束系统，世代交替明显（图3–16），孢子体发达，配子体和孢子体都能独立生活。常见的蕨类植物的营养体是孢子体。

蕨类植物共分五纲：石松纲、水韭纲、松叶蕨纲、木贼纲和真蕨纲。常见的代表植物有石松、卷柏、木贼、问荆、蕨、水龙骨、铁线蕨、满江红等。

蕨类植物常成为林下草本层的重要组成部分，对于森林中树木的生长和发育有一定的影响，其中一些种类是土壤和气候的指示植物，对安排农业生产、种茶和造林选择树种有一定的指导意义。贯众等生长在石灰岩和钙质土壤上，为石灰岩和钙质土的指示植物，芒萁骨、石松等生长在酸性土壤中，为酸性土壤的指示植物，很多蕨类植物可作为药材，如贯众、石松、石苇等。古代蕨类形成煤炭；真蕨的根状茎富含淀粉，可供食用。蕨的嫩叶蕨菜（拳菜）是宴席上的名菜。满江红等可作肥料和饲料。石松的孢子为冶金工业的优良脱模剂。蕨类也具有较高的观赏价值。

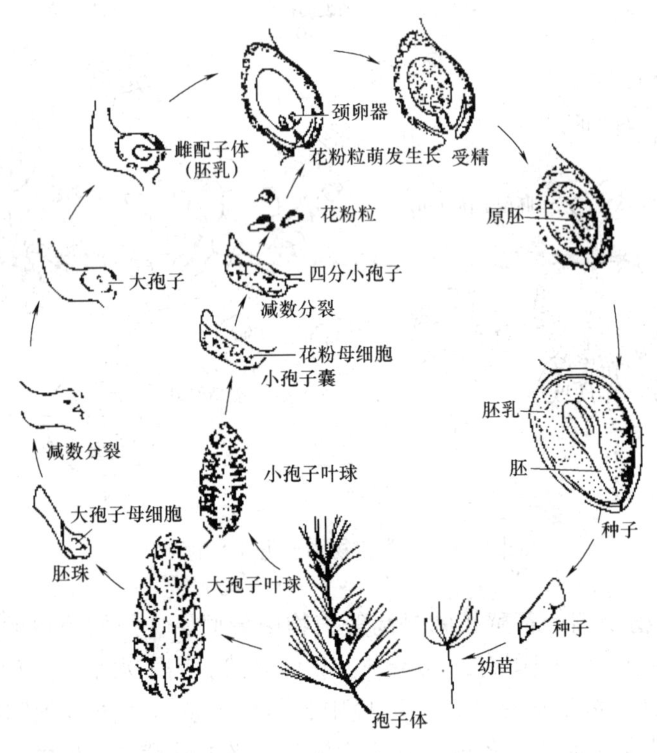

图 3–17　松树的生活史

3）裸子植物门　裸子植物是种子植物中比较低级的一类植物。突出的特征是，胚珠与种子是裸露的，绝大多数是木本植物，多为常绿树木，都有形成层和次生结构。木质部只有管胞而无导管和纤维（买麻藤纲的植物例外）；韧皮部中有筛胞而无筛管和伴胞。大多数种类的雌配子体中尚有结构简化的颈卵器，少数种类如苏铁、银杏等，仍保留了具有多数鞭毛的游动精子，这表明种子植物的祖先同蕨类植物一样，受精时需水。孢子体发达，占绝对优势，配子体简化，不能脱离孢子体而独立生活。花粉管的形成，使植物的受精作用不再借水为媒介，对适应陆地生活具有重大意义（图3–17）。

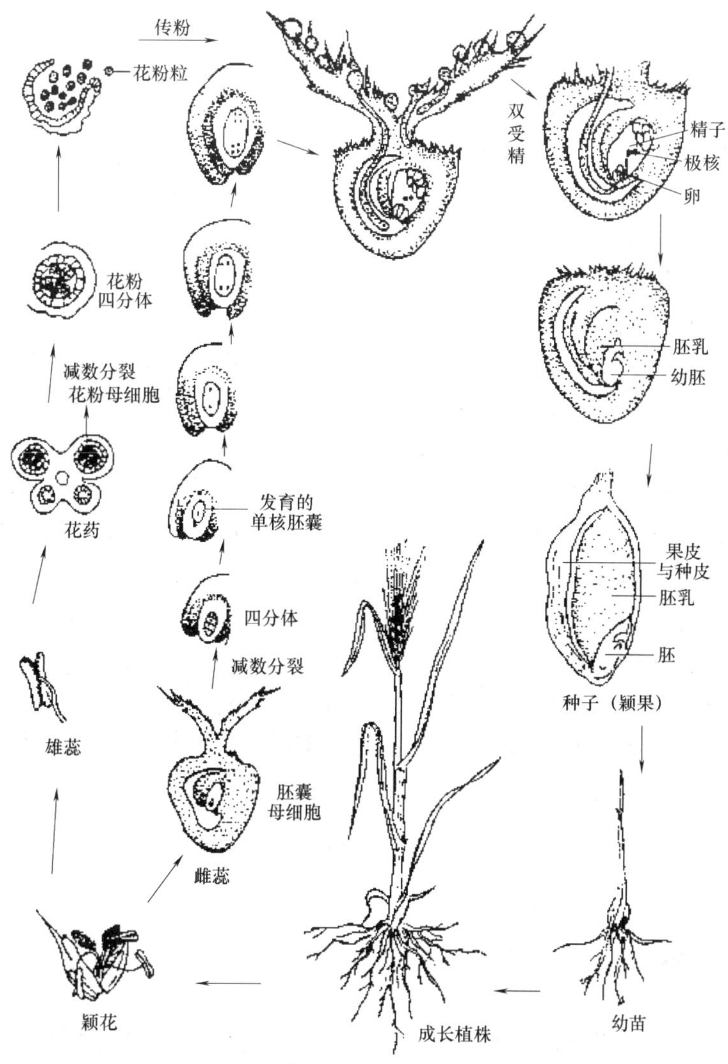

图 3–18　被子植物（小麦）生活史（示出双受精作用）

地球上裸子植物现还存71属，近800种，我国是裸子植物最多，资源最丰富的国家，有41属，236种，其中银杏、水松、水杉是我国裸子植物三大特产，被国际上誉为“活化石”。通常分为五纲：苏铁纲、银杏纲、松柏纲、红豆杉纲和买麻藤纲。常见的代表植物有苏铁、银杏、水松、侧柏、罗汉松、草麻黄等。

多数裸子植物为针叶树种，耐寒耐贫瘠，北半球较大的森林80%以上都是裸子植物，也是河流上游水土保持的主要树种。树干笔直、木材坚硬优质，是重要的建筑用材和工业用材，也是造纸的最好原料。在化工方面，可用来提炼成染料、酒精、胶片、人造丝、橡皮、糖、汽油、军用火药、毒气、松香、松节油等。银杏的种子可入药和食用，麻黄是著名的中药，华山松、红松及买麻藤的种子炒熟可食。多数裸子植物常绿，寿命长，顶芽发达，植株塔形，树势美观，如银杏、雪松、水松、水杉等都是有名的观赏树种。

4）被子植物门　这是植物最高级的一类植物。突出的特征是：种子由果皮包被，子房发育成果实，胚珠包藏在心皮卷合而成的子房之中。它们的孢子体占绝对优势，而又高度分化，木质部中有了导管和纤维；韧皮部中有了筛管和伴胞；相反，它们的雄雌配子体则进一步简化为成熟的花粉粒和成熟的胚囊，配子体完全依赖孢子体而生活。常见的被子植物体属于孢子体（2n，无性世代），当花粉母细胞（小孢子母细胞）和胚囊母细胞（大孢子母细胞）减数分裂，产生花粉粒（小孢子）和胚囊（大孢子）时，无性世代已经结束，有性世代开始。精子（雄配子）通过花粉管（雄配子体）送入成熟的胚囊（雌配子体），使受精完全摆脱了水的控制。具有双受精现象，产生3倍体胚乳，高度适应陆生环境，有利于种族的繁衍，是进化的表现。受精是生活史有性世代的结束，无性世代的开始，这时又由单倍体转入二倍体（图3–18）。因此，被子植物的种类最多，占植物界一半以上，广泛分布于山地、丘陵、平原、沙漠、湖泊、河溪，少数分布在海洋之中，它们的用途也最广，如农作物、果树、蔬菜等都是被子植物。许多轻工业、建筑、医药等的原料，又取之被子植物。因此被子植物是我们衣、食、住、行和国民经济建设不可缺少的植物资源。所以对被子植物的利用已成为国民经济的重要组成部分。

3.9.4　拓展知识

（1）藻类植物的三个门

藻类植物根据它们的色素、细胞结构、贮藏营养物质和生殖方式等，可分为八个门。与人类关系密切的三个门：

1）蓝藻（蓝细菌）门　本门常见的三个属：鱼腥藻属、单歧藻属、念珠藻属。

2）绿藻门　本门按植物体有单细胞个体、群体、多细胞丝状体、片状体等。常见的有：衣藻、实球藻、团藻三种类型。

3）褐藻门　海带养殖和深加工，可作为沿海农业和乡镇企业的致富项目。

（2）菌类植物的三个门

菌类植物在分类上通常分为细菌、黏菌和真菌三门。

（3）地衣的三种类型

地衣分为壳状地衣、叶状地衣、枝状地衣三种类型。

3.9.5　任务实施方法与步骤

（1）完成实验试材的采集

1）到荷花池边，按组别顺序，每组取15d前已浸埋在荷花池边泥水中具周皮的麻茎秆若干株。

2）到野生植物园区，每组挖取酸模（羊蹄叶）3株。要求根、茎、叶齐全，植株完整。每组再采取红蓼（或稗草）的果穗12穗。

3）到油松林，嗅闻油松的芳香味。

4）到榛子林，每组采取榛子的果实12个。

（2）野生资源常见植物的主要特征检验

1）野生纤维植物的识别和检验　观察麻茎秆的周皮，便能看到白色的麻纤维。由此检验出麻是纤维植物。

2）野生栲胶植物的识别和检验　用铁制的刀将酸模（羊蹄叶）在近于地面的叶鞘基部切开，切面上和刀口上出现黑色反应，再用三氯化铁溶液，滴在植物的切片上，切片很快变黑，即证明有栲胶存在。由此检验出酸模是栲胶植物。

3）野生淀粉植物的识别和检验　用手指甲切开红蓼（或稗草）的籽粒，便发现有白色颗粒。再用碘液检查其呈蓝色，证明它为淀粉颗粒。由此检验出红蓼（或稗草）是淀粉植物。

4）野生油脂植物的识别及检验

①在油松林里，闻到油松的芳香味。这就是油松的油脂挥发的结果。由此检验出油松是油脂植物。

②将榛子种子夹于两纸之间，用铁钳将其压碎。然后，在纸上留有油迹，且不易风干。这就检验出榛子为油脂植物。

（3）小组讨论与成果展示、巩固训练

学生对照课文，思考问题，能口述各类群植物的主要特征和代表植物。

课后反复阅读课文，将问题解答在作业本上。将自己识别野生资源植物情况记载到技能报告上。

项目4　植物生理指标的测定

教学目标

- 能用小液流法测定植物组织水势，用分光光度计测定叶绿素含量，用小篮子法测定植物呼吸速率；能熟练测定蒸腾速率，叶面积系数。
- 能叙述植物吸水机理、蒸腾作用和呼吸作用的意义及其过程；能介绍光合作用概念、意义；能够说明构成作物产量的因素。

任务4.1　植物体内水分的运输及水势的测定

4.1.1　知识和技能要求

- 准确说出水势的概念，能基本正确地讲述植物体内水分运输的原理。
- 会用小液流法测定植物组织水势。

4.1.2　情境（情景）设计

（1）问题的提出

1）解释水势和决定水在植物细胞间流动的因素。

2）说说植物根系吸水的目的。

3）述说水能自下而上运行的原因。

4）说出水在共质体中运输的两段。

（2）实验器材的准备　试管架、带软木塞的指形管（取洗净烘干的指形管14个，分成两组，各按糖液浓度编记0、1、2、3、4、5、6号，同号的相对，排成两排，插在试管架上）、弯头毛细吸管（带橡皮头）、小镊子、移液管、温度计、穿孔器、（0.05mol/L、0.1mol/L、0.2mol/L、0.3mol/L、0.4mol/L、0.5mol/L、0.6mol/L）浓度的蔗糖（或纯净的绵白糖）溶液（蔗糖摩尔质量342.5g）、甲烯蓝（亚甲基蓝）。植物新鲜叶片。

4.1.3　支撑知识

（1）水势的概念

水势是单位体积水所具有的自由能。一般说来，植物具有液泡细胞的水势是由溶质势、压力势、衬质势三部分组成的。但是，在具有液泡的细胞中，含水量一般较高，作为衬质的液泡内溶物对水分子的引力相对极小，因此，细胞衬质势对细胞水势的影响，可以忽略不计。则具有液泡细胞的水势应该是溶质势

（$p_{s细}$）与压力势（$p_{p细}$）之和（式4–1）。

$$p_{w细} = p_{s细} + p_{p细} \tag{4–1}$$

水总是沿着水势梯度降低的方向，由高水势区移向低水势区，直至水势梯度消失为止。在植物体内相邻细胞水势的高低，决定着相邻细胞之间水分移动的方向。正常生长的植株会依次形成递降的水势梯度，水分便从高水势的一端移向低水势的另一端。植物细胞之间水势递降的方向，就是水分运行的方向。

（2）水分在植物体内的运输

植物根系从土壤中吸收的水，必须运到茎、叶和其它器官，供植物生理活动需要或蒸腾到体外。

1）水分在植物体内的上升　根系从土壤中吸收的水分，主要经过茎、叶，最后散失于大气中。具体途径是，土壤溶液中的水 ⟶ 根毛 ⟶ 根的皮层 ⟶ 根的中柱鞘 ⟶ 根的导管 ⟶ 茎的导管 ⟶ 叶柄的导管 ⟶ 叶脉导管 ⟶ 叶肉细胞 ⟶ 叶内细胞间隙 ⟶ 气室（气孔下腔）⟶ 气孔 ⟶ 空气（图4–1）。

水分通过以上各组织的运输是连续的，构成了土壤 ⟶ 植物 ⟶ 大气水分连续体。在这个水分的连续体中，关键是水分在植物体内如何上升。水分在植物体内的上升，一是由于根压的存在；二是由于蒸腾作用产生的，根毛至气孔之间的水势梯度。在根压和由根毛至气孔递降的水势梯度的驱动下，根系吸收的水分就发生自下而上的运行。另外，水分子间存在着分子引力——内聚力（据测定，植物细胞中水分子的内聚力可达20MPa以上），以及水分子与导管壁之间的强大附着力，这就使导管中的水形成了连续的水柱，使水分源源不断地由土壤经植物体进入空气。同时，在流经植物体的过程中发挥着重要的生理功能，维持了植物正常的生命活动。

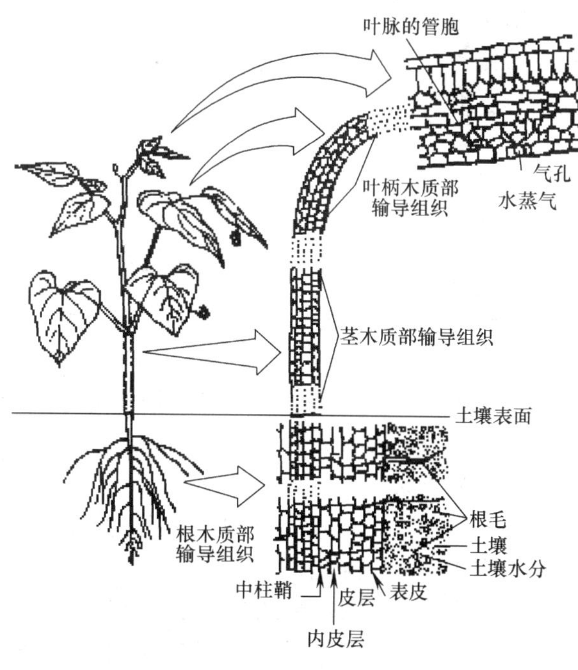

图 4–1　水分从根向地上部运输的途径

根系与地上部分之间的水势梯度是很陡的，其遵循以下模式：土壤溶液 > 根细胞 > 木质部汁液 > 叶细胞 > 大气。据测定，迅速生长的叶片水势可降为$-2\times10^5 \sim -8\times10^5$Pa，足以使沿导管上升的水柱到达几百米高的树梢。

2）水分在植物体内的运输途径　构成植物的六大器官（根、茎、叶、花、果实、种子），从它们的相互联系来看，又可以将植物体分为三大部分，即液泡、共质体、质外体。水分在植物体内的运输，主要是通过共质体和质外体两条途径。液泡在植物体内不能形成连续系统，一般只能发挥贮藏、调节作用，不具备运输功能。

水分由土壤进入根内，沿着共质体和质外体两条途径进行运输。在共质体中的运输分为两段：一段是自根毛经皮层、内皮层、中柱鞘、中柱薄壁细胞到达根部导管；另一段是自叶脉末端到气孔下腔附近的叶肉细胞。由于水在共质体中运行受到的阻力大，所以运行速度低，一般只有$10^{-3}cm \cdot h^{-1}$。水分在质外体运输，主要是通过质外体的自由空间运行。由土壤进入根内的部分水分，通过表皮、皮层等薄壁细胞的细胞壁空隙和细胞间隙，最终到达根的导管，进行长距离的运输，运至叶脉。水分在质外体特别是在导管中运行，受到阻力小，运行速度高，可以达到5 ~ $45m \cdot h^{-1}$。

在植物体内，水分除向上运行外，还进行横向运行。如沿着维管射线髓射线辐射运行。横向运行总比向上运行慢。在植物体内，由于各部位生理状况不同，致使各个部位之间形成一定的水势差。水分总是沿着水势递降的方向移至植物的各个组织、器官。

4.1.4 拓展知识

共质体、质外体和自由空间：

1）共质体　由于胞间连丝的存在，使构成植物体的所有细胞的原生质体联成一个整体，即共质体。在共质体内，水分、矿质、光合产物及各种有机物进行频繁的交流。

2）质外体　构成植物体的所有细胞的细胞壁、细胞间隙以及木质部的导管、管胞，彼此连成一体，称为质外体。质外体的基本组成物质是：纤维素、半纤维素、果胶质等。

3）自由空间　组成质外体的这些物质分子之间空隙较大，水与溶质分子可以在其中自由扩散。因此，常把这部分物质占据的空间，连同细胞间隙称为自由空间。由于内皮层上凯氏带的存在，将质外体的自由空间隔离成两部分。一部分在凯氏带以外，包括表皮、皮层细胞的细胞壁空隙、细胞间隙；另一部分是凯氏带以内的自由空间，主要是中柱的细胞壁空隙、导管、细胞间隙。这两部分自由空间的水分、溶质不能自由交流，必须经过内皮层原生质选择，才能进出于中柱。

4.1.5 任务实施方法与步骤

（1）实验操作和收集素材

1）准备　在一排指形管中，分别注入0.05 ~ 0.6mol/L的蔗糖溶液各8mL（观察液）。另一排指形管内则分别注入对应浓度糖液各1mL（浸泡液）。指形管口均塞上软木塞。

2）取材与浸渍　选取有代表性的，叶片厚度相同的植物叶子1至数片。用孔径约0.5cm的穿孔器打取叶圆片若干片。用小镊子把圆片放入装有1mL糖液的指形管中，每管3～5片，以叶片浸入糖液内，不浮于上面为度，再塞上软木塞，以防蒸发。七管都装好后，每隔数分钟，轻轻摇动，使叶片能更好地与糖液接触，以增强渗透能力。

3）染色　浸渍30～60min后，打开软木塞，用弯头毛细管的尖端挑取甲烯蓝粉少许，投入装叶的每一指形管中，摇动均匀，使有叶的1mL糖液呈蓝色。

4）测定　用洗净并干燥的弯头毛细吸管吸取有色糖液少许，轻轻插入同浓度的观察液内（毛细管口在糖液中部），再轻轻挤出有色糖液一小滴，小心抽出毛细吸管，注意不要搅动溶液，并观察有色糖液小滴的升降情况。再换用另一支毛细吸管，按同法，取另一管带色糖液进行测试，其它与此类推，分别将各自现象记录在技能报告上。

实验操作理论基础：如果糖液内的植物组织排出水分，就能使糖液浓度变稀，密度减小，则染色糖液小滴便往上浮动；如果糖液内的植物组织吸收水分，使糖液浓度变浓，密度增大，则染色糖液小滴便往下沉降。如果小滴不动，就说明这种糖液的溶质势等于植物组织的水势；如果找不到静止不动的浓度，则可找液滴上升和下降交界的两个浓度，求其平均值，即可计算该植物组织的水势。

（2）小组讨论与成果展示、巩固训练

学生对照课文，思考问题。能说明水势的概念，能讲述植物体内水分运输的原理。

课后反复阅读课文，将问题解答在作业本上。将实验操作结果记录在技能报告上，并计算出供试材料的水势。

任务4.2　植物根系吸水、叶片的蒸腾作用及蒸腾速率的测定

4.2.1　知识和技能要求

• 正确叙述根系吸水部位、原因，植株吸水后出现的现象；蒸腾作用概念、意义及调节。

• 能熟练地使用蒸腾夹测定植物叶片蒸腾速率。

4.2.2　情境（情景）设计

（1）问题的提出

1）说明根系吸水和水分上升的原理。

2）解释植物伤流和吐水现象产生的原因。

3）叙述蒸腾作用和它对植物生长的意义。

4）怎样指导农民施肥？

（2）实验器材的准备

植物学盒、优质滤纸、干燥瓶、蒸腾夹、半导体点温度计、秒表、氯化钴（$CoCl_2·6H_2O$）、盐酸（HCl）、氯化钙（$CaCl_2$）、蒸馏水、烘箱。正在生长着的植株、氯化钴纸。

注：氯化钴纸的制备：选取优质滤纸，剪成0.8cm宽，20cm长的滤纸条，浸入5%氯化钴溶液中，待浸透后取出，用吸水纸吸去多余的溶液，将其平铺在干净的玻璃片上，然后置于60～80℃烘箱中烘干，选取颜色均匀的氯化钴纸条，小心而精确地切成0.8cm的小方块，再行烘干，取出贮存于有塞的指形管中，再放入氯化钙干燥器中备用。

氯化钴纸的标准化：使用前，先将氯化钴纸进行标准化，测出每一小方块氯化钴纸由蓝色转变成粉红色需吸收水的量。取1～2片已经在潮湿环境下吸水变成红色的小方块氯化钴纸，置于红外水分快速测定仪上，记录第一个质量后，打开干燥灯，不停地认真观察，待指针稳定，质量不再减轻时（此时氯化钴纸已经完全变成了蓝色），记下第二个质量，两次记下的质量差即是氯化钴纸由蓝色全部变为粉红色时的标准吸水量。每片吸水量为3.75mg。

4.2.3 支撑知识

（1）根系对水分的吸收

植物吸水的主要器官是根系。根系吸水的主要部位，是从根尖开始向上约10cm的一段，包括根毛区、伸长区、分生区、根冠。以根毛区的吸水能力为最强，因为有根毛的存在，增大了吸收面积，同时根毛区又有发育完善的输导组织，减小了水分转运的阻力。

1）根吸收水分的原因　习惯上讲的根系吸收水分，准确地说，应该是水分由土壤溶液自发地转入根内。水分之所以能发生由土壤向根内的转移，是由于根与土壤之间存在着水势差。那么，这里的水势差是怎样产生的呢？一是根系本身的代谢活动。二是植物地上部分的蒸腾作用。总之，根系的代谢活动与植物的蒸腾作用所引起的根系与土壤之间的水势差，是根吸水的根本原因。

2）根系吸水后在植株体上产生的生理现象

①根压　由于根系的代谢活动，使根系的水势降低，土壤溶液中的水分转入根系。根系吸收水分后所产生的把液体压向上的力量，称为根压。由于根压的存在，促使水分由根系运向地上部分，在一定条件下就会发生吐水现象和伤流现象。

②吐水现象　植物经水孔排出液滴的现象，称为吐水现象。吐水现象存在于多种植物，如小麦、油菜、马铃薯、瓜类、葡萄、核桃等。吐水常发生于未受伤的叶尖、叶缘、叶柄等部位。一般认为吐水是由根压引起的。当根系吸水大于

蒸腾失水时，植物会以吐水的方式，释放多余的水分。土壤含水量少或干旱，吐水减弱或不发生。

③伤流现象　植物从茎、根的切口流出汁液的现象，称为伤流现象。流出的汁液称为伤流液。伤流现象普遍存在于健壮生长的各种植物。伤流液的数量、成分，在一定程度上反映了根系活动的强弱和吸收面积，以及代谢活动的状况。伤流液是研究根系生理活动的重要材料。

3）影响根系吸水的环境因素

①土壤温度　土壤温度是影响根系吸水的重要因素之一。温度影响原生质的黏性、透性，以及水分子运动的速度，影响水分子向根内的运行；温度还通过影响根的呼吸作用及生长量而影响根对水分的吸收。

不同植物吸收水分的最适温度不同。在最适温度范围内，随着温度的升高，根系的吸水能力增强。生产上选择播种期，必须考虑根吸水的最适土壤温度。

②土壤含水量　在干旱条件下，随着土壤含水量的下降，有效水逐渐减少，植物吸水趋于困难，甚至发生萎蔫。如果土壤严重干旱，失去有效水，萎蔫会使正常生命活动停止，根毛死亡，历时稍长引起植物死亡，停止吸水。

③土壤氧气含量　土壤通气状况良好，氧气供应充足，呼吸作用正常进行，为根系吸收水分提供了必要的条件，促进根对水分的吸收。

在大田生产中，施用有机肥使土壤形成团粒结构或中耕等农业措施（这里我们不主张施用免耕剂），改善土壤物理状况，使土壤保持良好的通气条件和提高水分含量。

④土壤溶液浓度　土壤溶液是具有一定浓度的盐溶液。在一般情况下，土壤溶液的水势高于根毛的水势，有利于根系吸水。但是，在盐碱土中由于土壤溶液浓度很高，水势很低，导致植物吸水困难，严重时还会使根系脱水而枯死。因此，在盐碱地上种植植物，欲获得成功，必须最大限度地降低土壤的含盐量。在生产上施用化肥，不可一次施用过多，以免引起局部地段土壤溶液浓度过高，造成根系吸水困难，发生“烧苗”现象。

水分由土壤进入根系后，就由根系开始运向植物体的其它部位。

（2）植物的蒸腾作用

植物吸收的水分，大部分通过植物的蒸腾作用散失于大气中。

1）蒸腾作用的概念　水分通过植物体表面，以气体状态从体内散失到大气中的过程，称为蒸腾作用。蒸腾作用与水分蒸发是完全不同的概念。因为蒸腾作用所引起的水分散失，受植物生命活动的调控。

2）蒸腾作用的意义　蒸腾作用是植物重要的生理过程之一，它的重要意义在于：第一，蒸腾作用导致植物对水分的吸收和水分在植物体内的运输；第二，促进矿质营养的运输、分配。蒸腾流携带着矿质元素到达植物体的各个部位和组织；第三，降低叶面的温度。每天由于叶片蒸腾散失大量水分，同时从叶片带走大量的热。有试验证明，1g水变成蒸气所需要的能量，在20℃时为2.45kJ，30℃时是2.44kJ，这就有效地降低了叶温，使之免受热害。

虽然植物在多方面受益于蒸腾作用，但是，蒸腾作用的进行，在某些情况下（如干旱等）也会给植物带来不良的影响，导致植物的水分亏缺，严重时可以危及生命。因此，人们有时需采取措施控制蒸腾作用，保持植物必要的含水量。

3）蒸腾作用的指标　量度蒸腾作用的指标通常有三种，常用的是蒸腾速率，即植物在单位时间内、单位叶面积上，通过蒸腾散失水分的量为蒸腾速率。如果计算叶面积有困难，可以用叶重量（干重或鲜重）表示。测定表明，蒸腾速率昼夜变化较大，白天可达15～250$g \cdot m^{-2} \cdot h^{-1}$，而夜间仅为1～20$g \cdot m^{-2} \cdot h^{-1}$。

4）蒸腾作用的气孔调节　陆生植物在长期的进化过程中，结构上形成了气孔、角质层等特殊结构；生理上出现了降低细胞水势抵御蒸腾失水的功能；代谢过程上产生了C_4途径。这些结构及生理变化，保证了植物既能获得充足的二氧化碳，满足光合作用需要，又不致因蒸腾失水过多而造成危害。气孔器的独特结构使气孔对环境某些变化保证了最大调节幅度和最灵敏的反应。

①气孔器的特点　气孔器是由成对保卫细胞构成的，气孔器中央的空隙为气孔。气孔数量虽多，但面积很小，主要分布于叶的上、下表皮。幼茎、果实等的表皮也具少量气孔。在双子叶植物的叶片上，一般下表皮的气孔多于上表皮，某些植物叶片的上表皮没有气孔，气孔的总面积一般只占叶面积的1%～2%。但蒸腾量却比同面积的自由水面高几十倍甚至100倍。这是因为水通过小孔的扩散速度不与面积成正比，而与小孔周长成正比。在小孔周缘处，分子扩散出去，互相碰撞的机会少，扩散的速度就快。

②气孔器的调节作用　植物通过气孔的开闭，巧妙地控制水分的散失，保证植物体的水分平衡，适应不断变化的外界环境。那么，气孔怎样进行它的调节功能呢？

a. 光照　早晨随着光照的增强，叶面温度升高，气孔开度逐渐增大，蒸腾失水增多，从叶面带走热量增加，保证叶面温度基本恒定，促进光合作用。午后，随光照减弱，气孔逐渐关闭，蒸腾失水减少，与光合作用的逐渐停止相匹配。

b. 叶温　气孔的开度随着温度的升高而增大，在30℃左右达到最大值。温度超过30～35℃，气孔常完全或部分关闭。炎夏中午叶温高达40℃以上，光合强度降低，相应的气孔也往往关闭1～2h，避免体内水分的过度散失。

当气温近于0℃时，根系吸水基本停止，与之相适应的气孔关闭。

c. 二氧化碳浓度　二氧化碳对气孔开闭的影响十分明显。在低浓度的二氧化碳中，气孔张开吸收尽量多的二氧化碳，供应光合作用。在高浓度二氧化碳的环境中，气孔关闭，避免过多的二氧化碳对叶片的伤害和对光合作用抑制，降低了水分的散失。不同植物品种对二氧化碳浓度适应能力不同。

d. 水分　由于某种原因如干旱，导致根系吸水困难，或受异常环境条件的影响，蒸腾作用过分增强时，都会引起气孔关闭，避免植物过多地散失水分。

5）影响蒸腾作用的环境条件　植物的蒸腾作用不仅受植物本身的结构、生理机能的调控，而且受环境因素的影响。

①光照　光照强度除影响气孔开闭外，还通过改变气温、叶温而影响水分子的汽化、扩散与蒸腾。因此，光照强度高，蒸腾强度随之升高。但光照强度过高，会引起气孔关闭，蒸腾强度则会大大降低。

②空气湿度　植物叶片的含水量，一般接近饱和状态，在通常情况下，其水势远高于空气的水势。因此，水分总是由叶面向大气蒸腾。植物叶片与空气之间的水势差越大，蒸腾强度越高。

③温度　温度升高，水分子的汽化扩散加快。在一定温度范围内，随着温度的升高，蒸腾作用加强。

④风速　适当增加风速，促进叶面水蒸气的扩散，促进蒸腾。但是，风速若过大，气孔关闭，反而抑制蒸腾。

⑤土壤条件　影响根系吸水的各种土壤条件如土壤温度等，都间接地影响蒸腾作用。根系的水分供应充足，地上部的蒸腾作用相应地加强。

4.2.4　拓展知识

根吸收水分机理的说明

1）根系本身的代谢活动　根内皮层以外的细胞处于根的表层，通气状况良好，氧气供应充足，呼吸作用可以产生足够的能量，促使根系从土壤溶液中吸收无机离子，并使吸收的离子经胞间连丝，进入中柱、导管，引起导管溶液浓度的升高，水势降低。在根系与土壤溶液之间形成了水势差。该水势差驱动水分由土壤溶液进入中柱的导管。土壤溶液中的离子不断被吸收进入导管，使土壤溶液与根系保持一定的水势差，水分也就源源不断的沿着水势降低的方向，由土壤溶液进入木质部导管。其表现就是根系吸水。

2）植物地上部分的蒸腾作用　蒸腾作用使植物地上部分的表层细胞的细胞液浓度因失水而提高。由此导致表层细胞的水势下降，向内层细胞吸水。如此传递，至近导管的细胞，水分则由导管进入这些细胞。这就产生了自根系至茎、叶，依次递降的水势梯度。根系中的水分沿着水势梯度递降的方向，运至茎、叶。由于水分上运，根系水势下降，与土壤溶液之间形成了水势差，因而又可向土壤溶液吸水，蒸腾作用不断地进行，使根系与土壤溶液之间的水势差得以维持，从而使根系不断地从土壤溶液中吸收水分。

4.2.5　任务实施方法与步骤

（1）实验操作和收集素材

1）测定　腹面（上表面）、背面（下表面）两面各三次平均之和为总蒸腾量。

用镊子从干燥瓶（管）中取出小块氯化钴纸2片，放在蒸腾夹的橡皮小孔中（小孔$D = 2.8\text{cm}$），立即置于待测植物叶子的腹面、背面夹紧，同时记下时间；然后，注意分别观察氯化钴纸的颜色变化，氯化钴纸全部变为粉红色时，记下它的时间。

一株植物选取三个部位测量，测得的数据组内共享，然后求其平均值。

2）蒸腾速率的计算　蒸腾速率按式（4–2）计算。

$$Q = \frac{m}{t_{上} \cdot A} + \frac{m}{t_{下} \cdot A} \tag{4–2}$$

式中：Q— 蒸腾速率，$\text{g} \cdot \text{m}^{-2} \cdot \text{h}^{-1}$

m — 质量，g（叶面失水等于氯化钴纸片由蓝变红吸水量$m = 0.00375\text{g}$）

A — 叶面积，m^2（为蒸腾夹上圆孔的面积 $A = 6 \times 10^{-4}\text{m}^2$）

t — 时间，h（两次计时的间隔时间）

实验操作理论基础　根据氯化钴纸在干燥时为蓝色，吸收水分后变为粉红色，按氯化钴纸标准吸水量和变色间隔时间，就可以计算出植物的蒸腾速率。

（2）小组讨论与成果展示、巩固训练

学生对照课文，思考问题，能叙述根系吸水的部位、原因、吸水后植株体出现的现象；蒸腾作用的概念、意义。

课后阅读课文，将问题解答在作业本上。将实验操作结果记录在技能报告上，并计算出供试材料的蒸腾速率。

任务4.3　光合作用及叶绿素的定量测定

4.3.1　知识和技能要求

- 能熟练叙述光合作用的概念、意义。
- 会熟练地使用分光光度计准确测定植物叶片的叶绿素含量。

4.3.2　情境（情景）设计

（1）问题的提出

1）解释光合作用是怎样的生理过程。

2）叙述光合作用的意义。

3）说明光合作用是人类生活和生产物质来源的基础。

4）结合本课的学习，说出植物在自然界中的作用。

（2）实验器材的准备

分光光度计、天平、研钵、漏斗、剪刀、移液管、试管、滤纸、石英砂、碳酸钙、无水乙醇和80%丙酮（丙酮、乙醇等体积配成混合液）、瓷盘、纱布、毛笔。新鲜叶片［田间剪取测定叶片（菠菜叶），放入铺有湿纱布的瓷盘内］。

4.3.3 支撑知识

（1）光合作用的概念

绿色植物利用光能，将所吸收的二氧化碳和水合成有机物，并放出氧气的过程。常用（4–3）化学式来表示光合作用的总反应。

$$CO_2 + H_2O \xrightarrow[\text{绿色植物}]{\text{光}} (CH_2O) + O_2 \tag{4–3}$$

式中（CH_2O）代表碳水化合物，它和O_2是光合作用的产物。

（2）光合作用的意义

1）蓄积太阳能量 光合作用在将二氧化碳和水合成有机物质的同时，把太阳投射到绿色植物表面的一部分辐射能转换为化学能，贮藏在合成的有机物中，所以光合作用是地球上转化太阳能的最主要过程，是我们一切粮食和燃料的最初来源。工、农业动力用的煤炭、石油及天然气等，均是很早以前植物通过光合作用积累的日光能。光合作用是一种最大的转化太阳能的过程。因此可以把绿色植物看成是一个巨大的能量转换站。

2）制造有机物 植物通过光合作用，将无机物转变为有机物。地球上的植物每年通过光合作用合成约5×10^{11}t有机物，其数量之大、种类之多，是任何过程都不能相比的。人类所需的粮食、蔬菜、水果、纤维、油料、木材及药材等都来自植物光合作用。

3）调节大气成分 在光合作用中，绿色植物不断地从自然界中吸收二氧化碳，同时释放氧，它提供地球上一切需氧过程所必需的氧源。可见绿色植物的光合作用调节大气成分，使大气成分保持相对稳定，因而人们把绿色植物看成是一个自动的空气净化器。

由此可见，绿色植物的光合作用是地球上一切生命存在和发展的根本源泉，特别是人类生活和生产的物质来源、能量来源。

4.3.4 拓展知识

（1）光合作用的特点

光合作用有三个突出的特点：①水被氧化到放出氧气的水平。②二氧化碳被还原到合成碳水化合物的程度。③光合作用是地球上最重要的，利用光能的化学（氧化还原）反应过程，即发生了光能的吸收、转换与贮存。

（2）植物对自然界的作用

由于植物进行光合作用对氧气的释放和积累，一部分氧气转化为臭氧，在大气上层形成一个屏障，它能吸收太阳光中对生物有害的强紫外辐射，对生物起了很好的保护作用。

4.3.5 任务实施方法与步骤

（1）实验操作和收集素材

1）叶绿素的提取　叶片如黏附有尘土，应冲洗净（或用毛笔刷净）并吸干表面附着水。用打孔器（直径0.5cm，已知面积）沿中脉两侧打取圆片（6小片），放入具塞三角瓶或刻度试管中，加混合液（提取液）10mL盖塞（刻度试管也需加塞），放在50～60℃的水浴中，提取20min至1h即可变白。再加入混合液10mL。

2）预热分光光度计　步骤“1）”操作结束（叶绿素提取时），接下来开启分光光度计比色槽盖，接通电源，打开分光光度计的电源开关，预热20min以上。

3）消光值D_{652}的测定　测消光值前调试分光光度计：在选定652nm波长下，盖上比色槽盖以混合液调100%透光，开启比色槽盖调零。待材料变白后，取清液在652nm波长下测定消光值（光密度）。

4）叶绿素含量Q的计算　按实验操作理论基础中讲述的公式计算叶绿素的含量。

实验操作理论基础：分光光度法是根据叶绿素对可见光的吸收光谱，利用分光光度计在某一特定波长下测定其光密度，然后用公式计算叶绿素含量的方法。

由于叶绿素a、叶绿素b在652nm处有相同的比吸收系数（均为34.5），可在此波长下测定一次消光值D_{652}（光密度），就可按式（4–4）计算出叶绿素a、叶绿素b的总浓度ρ_T（mg/L）；再将总浓度ρ_T（mg/L）、加入的提取液总体积V（L）、样叶（六小叶和）面积 d（m^2）代入式（4–5），方可计算出叶绿素a、叶绿素b的总含量Q（$mg \cdot m^{-2}$）。

$$\rho_T = \frac{D_{652} \times 1000}{34.5} \qquad (4-4);$$

$$Q = \frac{\rho_T \cdot V}{d} \qquad (4-5)$$

（2）小组讨论与成果展示、巩固训练

学生对照课文，思考问题，能讲述光合作用的概念、意义；反复阅读实验操作理论基础，独立计算出叶绿素含量。

课后反复阅读课文，将问题解答在作业本上。将实验操作结果记录在技能报告上，并计算出叶绿素含量。

任务4.4　植物的呼吸及呼吸速率的测定

4.4.1　知识和技能要求

- 能叙述植物呼吸作用的概念、意义、类型与过程及外界条件对其影响。
- 能用广口瓶和小篮子测定植物某器官的呼吸速率。

4.4.2　情境（情景）设计

（1）问题的提出

1）讲述什么是呼吸作用？它有哪些意义？

2）叙述电子传递与氧化磷酸化过程。

3）解释种子含水量是制约种子呼吸强弱重要因素的生理原因。

4）说出内部因素对呼吸速率影响的一句话。

（2）实验器材的准备　测定呼吸速率装置（广口瓶）一套（图4-2：取500mL广口瓶1个，装配1个三孔橡皮塞，其中的一孔插入盛碱石灰的干燥管，吸收空气中的CO_2，保证进入呼吸瓶的空气中无CO_2；一孔插入温度计；另一孔直径1cm左右，供滴定用。滴定前先用玻璃棒塞紧，滴定时插入滴定管，在瓶塞下装上小钩，用以挂已装好植物材料的尼龙小篮子）；托盘天平；酸式滴定管及碱式滴定管各一支；滴定管架一套；滴定液（$0.0225mol \cdot L^{-1}$草酸溶液：准确称取重结晶$H_2C_2O_4 \cdot 2H_2O$，2.8645g溶于蒸馏水中，定容至1000mL，每毫升相当于$1mgCO_2$）；中和液［$0.05mol \cdot L^{-1}Ba(OH)_2$溶液：准确称取$Ba(OH)_2$8.6g溶于1000mL蒸馏水中）；酚酞指示剂（称取1g酚酞，溶于100mL95%酒精中，贮于滴瓶中）；发芽种子（如大豆或小麦）。

4.4.3　支撑知识

（1）呼吸作用的概念

呼吸作用是植物重要的生理活动之一。植物的任何一个生活细胞，任何一个生活时期，都在进行呼吸，一旦呼吸结束，生命也就停止。所谓呼吸作用，就是生活细胞内的有机物质，在一系列酶的作用下，逐步氧化分解，同时放出能量的过程。在呼吸作用过程中，被氧化分解的物质，称为呼吸基质。农业植物体内许多有机物质，如糖、脂肪、蛋白质等，都可以作为呼吸基质，但是最主要最直接的呼吸基质是葡萄糖。

（2）呼吸作用的类型

1）有氧呼吸　有氧呼吸是指生活细胞在O_2的参与下，在一系列酶的作用下，将有机物彻底氧化降解为CO_2和水，并放出全部能量的过程。其特点是有O_2参加，基质降解彻底，放出能量彻底，最终产物为CO_2和水（式4-6）。

$$C_6H_{12}O_6 + 6O_2 \longrightarrow 6CO_2 + 6H_2O + 2870kJ \qquad (4-6)$$

有氧呼吸是植物进行呼吸的主要形式。在农业生产实践中，常提到的呼吸作用就是指有氧呼吸，甚至把呼吸看成为有氧呼吸的同义词。

2）无氧呼吸　无氧呼吸一般指在无氧条件下如密闭或淹水等情况下，在一些酶的作用下，细胞利用有机物分子内部的氧，无游离氧参加使某些有机物氧化分解成为不彻底的氧化产物，同时释放能量的过程。无氧呼吸的产物通常有酒精、乳酸。而草酸、苹果酸、酒石酸、柠檬酸等也常是植物无氧呼吸的产物，最常见的是产生酒精的无氧呼吸。无氧呼吸对许多微生物来说，是正常生活的一部分。微生物的无氧呼吸，称为发酵。

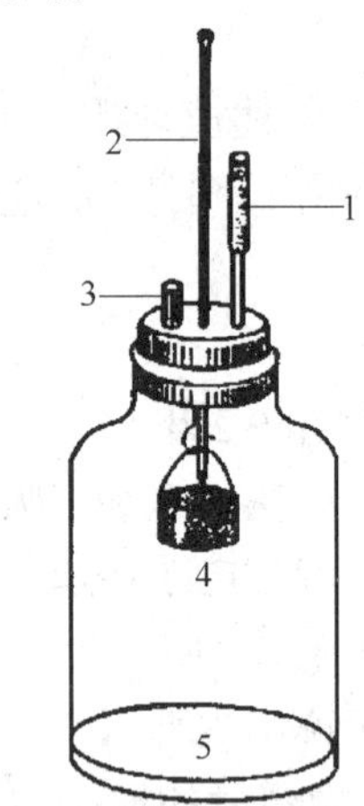

图 4–2　测定呼吸速率装置

1—碱石灰　2—温度计　3—小玻璃棒

4—尼龙小筐　5—$Ba(OH)_2$溶液

①酒精发酵　酵母菌在缺氧的条件下，将糖分解为酒精和CO_2，并放出能量的过程，称为酒精发酵。利用酵母菌酿酒就是依据酒精发酵的原理。

②乳酸发酵　乳酸细菌使糖转化为乳酸，称为乳酸发酵。饲料青贮或东北的腌酸菜时产生的酸味，就是由于乳酸细菌进行乳酸发酵的结果。

3）有氧的光呼吸（详见任务3.4）

（3）呼吸作用的生理意义

1）为植物生命活动提供能量　呼吸作用为一切生命活动提供能量。

2）为植物生命活动提供物质基础　呼吸作用的中间产物成为合成各种重要有机物质的原料并与各种物质的代谢建立起联系。

3）利于植物体抗病免疫　植物依靠呼吸作用氧化分解病原微生物所分泌的毒素，以消除其毒害，增强植物的免疫能力。

（4）呼吸作用的过程

1）高等植物体内呼吸系统综述　呼吸作用是一个非常复杂的生理过程。在高等植物中存在着多条呼吸代谢的生化途径，当一条途径受阻时，可以通过另一条途径进行呼吸，暂时地维持正常的生命活动，这是植物在长期进化过程中，所形成对多变的环境条件适应的现象。在缺氧条件下进行酒精发酵和乳酸发酵，在有氧条件下进行三羧酸循环和磷酸戊糖循环途径，还有脂肪酸氧化分解的乙醛酸循环以及乙醇酸氧化途径等（图4–3）。

葡萄糖是最主要、最直接的呼吸基质。在此仅就1mol葡萄糖的氧化降解过程为例，简明扼要地介绍这几条途径的呼吸降解过程及其相互关系。

2）糖酵解及其意义

①糖酵解　糖酵解指己糖降解成丙酮酸的过程（简称EMP途径），即呼吸

基质葡萄糖，在一系列酶的作用下，经过NAD^+脱氢辅酶的脱氢而氧化，逐步转变为2mol的丙酮酸。并释放2mol底物水平的ATP，2mol还原态的辅酶NADH。这个过程不需要游离氧的参与（图4－8），其氧化作用所需要的氧来自水分子和被氧化的糖分子。

②糖酵解的生理意义

a. 糖酵解存在普遍，产物活跃　糖酵解普遍存在于生物体中，是有氧呼吸和无氧呼吸的共同途径；糖酵解的产物丙酮酸的化学性质十分活跃，可以通过各种代谢途径，生成不同的物质（图4–4）。

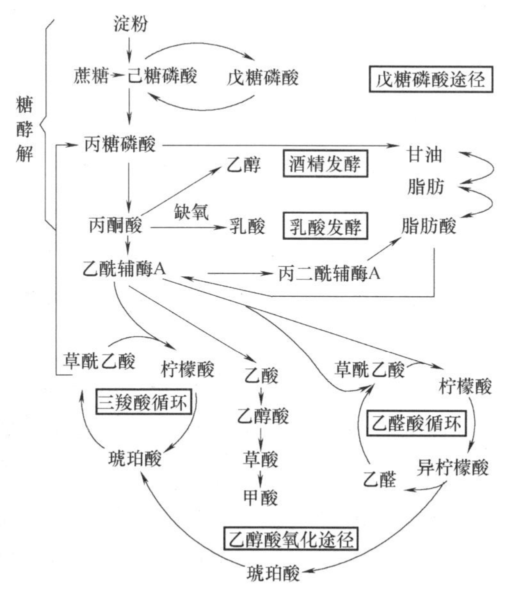

图 4–3　植物体内主要呼吸代谢途径相互关系示意图

b. 糖酵解是生物体获得能量的主要途径　通过糖酵解，生物体可获得生命活动所需的部分能量。对于厌氧生物来说，糖酵解是糖分解和生物体获得能量的主要方式。

c. 糖酵解多数反应可逆转　糖酵解途径中，除了由己糖激酶、磷酸果糖激酶、丙酮酸激酶等所催化的反应以外，多数反应均可逆转，这就为糖异生作用提供了基本途径。

3）有氧呼吸系统

①三羧酸循环　糖酵解产物丙酮酸，在有氧的条件下，经三羧酸和二羧酸的循环反应，而逐步脱羧、脱氢，被彻底氧化分解成CO_2和水，同时释放全部能量的过程，称为三羧酸循环（简称TCA）。在三羧酸循环过程中，2mol的丙酮酸在有氧的条件下，在一系列酶的作用下，经过FAD、NAD^+脱氢辅酶的脱氢，进一步氧化脱羧并脱氢，逐步放出CO_2，这就是呼吸作用放出的CO_2。并释放2mol底物水平的ATP，8mol还原态的辅酶NADH和2mol$FADH_2$（图4–9）。

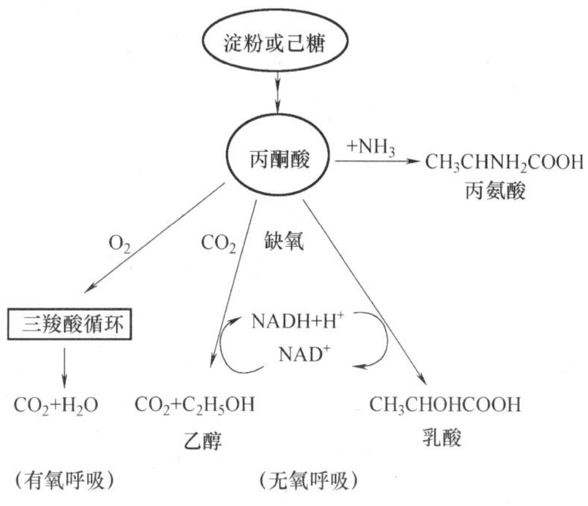

图 4–4　丙酮酸在呼吸代谢和物质转化中的作用

②磷酸戊糖循环及其特点和生理意义（详见拓展知识）

4）无氧呼吸（发酵） 无氧呼吸的最初阶段都要经历糖酵解的过程，即呼吸基质葡萄糖经糖酵解转变成丙酮酸，由丙酮酸开始，再沿不同途径进行。

①酒精发酵 这是一条无氧呼吸（发酵）的主要途径。水稻浸种催芽时，谷堆内部的谷芽和一般果实所出现的无氧呼吸都属于酒精发酵（图4–4）。反应式见式4–7。

$$C_6H_{12}O_6 \longrightarrow 2C_2H_5OH + 2CO_2 + 226kJ \qquad (4\text{–}7)$$

具体的：葡萄糖经糖酵解转变成丙酮酸，丙酮酸脱羧转变成乙醛，乙醛被糖酵解产生的NADH还原成为乙醇（酒精）。

②乳酸发酵 马铃薯块茎，甜菜肉质根内部出现无氧呼吸的产物是乳酸，称为乳酸发酵（图4–4）。反应式见式4–8。

$$C_6H_{12}O_6 \longrightarrow 2CH_3CHOHCOOH + 197kJ \qquad (4\text{–}8)$$

具体的：葡萄糖经糖酵解变成丙酮酸后，直接被糖酵解产生的NADH还原为乳酸。

无氧呼吸是植物对短暂缺氧的一种适应，但植物不能忍受长期缺氧。因为无氧呼吸释放的能量很少，转换成ATP的数量更少，这样，要维持正常生活所需要的能量，就要消耗大量有机物。同时，酒精和乳酸积累过多时，会使细胞中毒甚至死亡。例如，作物淹水后不能正常生活以致死亡；种子播种后久雨不晴发生烂种；种子收获后长期堆放发热，产生酒味，使种子变质等，都是由于长时间无氧呼吸的结果。

但是植物处在短暂无氧环境进行无氧呼吸之后，当恢复有氧条件时，将可恢复正常生长。这是由于各种无氧呼吸的产物，在有氧条件时，都可作为有氧呼吸的基质，继续氧化分解，最后生成CO_2和水。例如，淹水后的作物若能及时排水方可恢复正常生长；种子收获后，必须晒干扬净并要适时翻仓；水稻浸种催芽的种堆内部出现酒味时，及时翻倒，使其进行有氧呼吸，可使酒精分解而消除酒味。

5）电子传递与氧化磷酸化

①生物氧化的概念 在生物体内进行的氧化作用称为生物氧化。也就是在需氧生物中，各种呼吸代谢过程中脱下的氢，最终都传递到氧而被氧化。生物氧化与非生物氧化的化学本质是相同的，都是脱氢、失去电子或与氧直接化合，并释放被氧化物质内部的能量。然而，生物氧化是在生活细胞内，在常温、常压、接近中性的酸碱度和有水的环境下，在一系列酶以及中间传递体的共同作用下逐步地完成的，而且能量是按着生物体代谢的需要逐步释放的，其在生物体的宏观表现是生命的存在，即呼吸现象。这就是它与非生物氧化的不同。生物氧化的表现形式之一是电子传递和氧化磷酸化。

②电子传递系统（呼吸链）的概念和组成 HMP循环产生的NADPH的部分，在一定的条件下，才经转氢酶催化生成NADH，这就是HMP循环途径形成

的NADH。HMP循环途径和EMP－TCA循环途径中形成的NADH或FADH，还要经过一系列传递，最后才能和游离氧结合生成水，这就是呼吸作用形成的水。由于氢原子包括质子和电子，氢的传递主要是其电子的传递，因此，这个过程称为电子传递。参加传递的物质，有多种氢传递体和电子传递体，它们按照氧化还原电位高低的一定顺序排列在线粒体内膜上，组成电子传递链，一般称这种电子传递链为呼吸链（图4–5）。最后的电子传递体是$Cyta_3$又称细胞色素氧化酶，因为它能把接受来的电子直接传给游离O_2，使O激活，1个O原子接受2个e^-后，它就与介质中的$2H^+$结合生成1molH_2O。

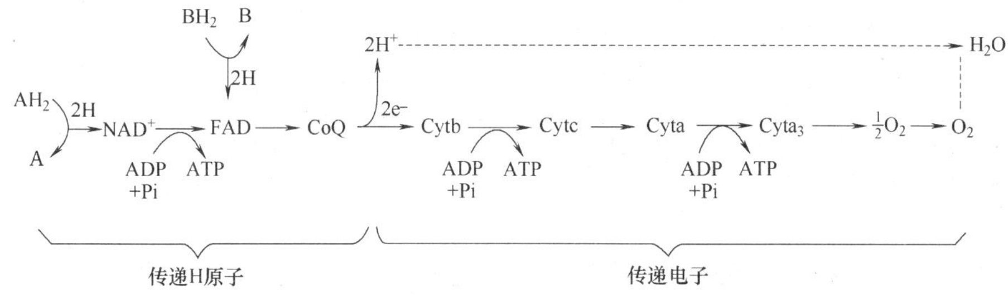

图4–5　电子传递和氧化磷酸化

AH_2和BH_2代表呼吸代谢中间产物　CoQ为辅酶Q　Cyt为细胞色素

③氧化磷酸化　在电子传递过程中，有的步骤放出的能量推动ADP＋Pi磷酸化为ATP，从而把有机物中的化学能部分地转移到ATP中，供生命活动需用。这种伴随由呼吸基质脱下的氢，通过电子传递到达氧的过程所发生的ADP＋Pi磷酸化为ATP的作用，称为氧化磷酸化作用，即呼吸链上电子传递放能与ADP＋Pi磷酸化成ATP贮能相偶联的反应。据测定，从NADH每传递1对H到O_2，能产生3mol氧化水平ATP；FADH能产生2mol氧化水平ATP，这就是呼吸作用所放出的可利用能（图4–5）。

（5）影响呼吸作用的因素

呼吸作用是生物有机体内进行的复杂的物质和能量代谢的过程，因而不可避免地要受到各种各样的因素影响，包括来自生物体内部的因素和来自外界环境因素的影响。

1）呼吸作用的生理指标　呼吸速率是表示呼吸强弱的定量指标，是指单位时间内、单位植物材料所放出CO_2量或吸收O_2量。常用的单位：CO_2（或O_2）μmol干重g^{-1}（或鲜重100g^{-1}）·h^{-1}；其中时间为h；气体用μmol（或mg、μL）；植物材料用干重（或鲜重、面积）。

不同种植物，同种植物的不同器官或不同发育时期，呼吸速率不同。通常，花的呼吸速率最高；依次是萌发的种子、分生组织、形成层、嫩叶、幼枝、根尖和幼果等；而处于休眠状态的组织和器官的呼吸速率最低。

2）外界条件对呼吸速率的影响

①温度　温度对呼吸速率的影响，主要是影响呼吸酶的活力。在一定范围内，呼吸速率随温度的增高而加快，超过一定温度，呼吸速率则会随着温度的升高而下降。温度对呼吸作用的影响体现在最低点、最适点和最高点这温度三基点上。

②水分　植物细胞含水量对呼吸作用的影响很大，因为原生质只有被水饱和时，各种生命活动才能旺盛地进行。在一定范围内，呼吸速率随着组织含水量的增加而升高。

风干的种子不含自由水，呼吸作用极为微弱。当含水量稍微提高一些时，它们的呼吸速率就能增加数倍。到种子充分吸水膨胀时，呼吸速率可比干燥的种子增加几千倍。因此，种子含水量是制约种子呼吸强弱的重要因素。

③O_2　O_2是植物进行正常呼吸的必要因子。它直接参与生物氧化过程，O_2不足，不仅可以影响呼吸速率，而且还决定呼吸代谢的途径（有氧呼吸或无氧呼吸）。

大气中氧含量比较稳定，约为21%，对于植物的地上器官来说，基本能保证氧的正常供应。当氧含量降低到20%以下时，呼吸开始下降。氧含量降低到5%～8%时，呼吸作用将显著减弱。但是，不同植物对环境缺氧的反应并不相同。比如，水稻种子萌发时缺氧呼吸本领较强，所需的氧含量仅为小麦种子萌发时需氧量的1/5。

植物根系虽然能适应较低的氧浓度，但氧含量低于5%～8%时，其呼吸速度也将下降。在农业生产中，作物处于水淹等土壤通气不良条件时，根系则处于缺氧甚至无氧环境。作物长时间地进行无氧呼吸，必然导致伤害或死亡。

④CO_2　CO_2是呼吸作用的产物，当环境中CO_2浓度增大时，三羧酸循环运转会受到抑制，因而影响呼吸速率。当CO_2浓度升高到1%以上时，呼吸作用受到明显抑制。

⑤机械损伤　机械损伤会显著加快组织的呼吸速率。由于正常生活着的细胞有一定的结构，其某些氧化酶与底物是隔开的，机械损伤破坏了原来的间隔，使底物迅速氧化，加快了生物氧化的进程；其次，机械损伤使某些细胞转化为分生组织状态，形成愈伤组织去修补伤处，这些分生细胞的呼吸速率当然比原来休眠或成熟组织的呼吸速率快得多。机械刺激也会引起叶片的呼吸速率发生短时间的波动，因此在测定植物样品的呼吸速率时，要轻拿轻放，避免因机械刺激带来的误差。

需要指出的是，以上所讨论的各种影响条件仅是就其单一因素而言。实际上，各种因素是相互作用的，植物接受到的最终影响是诸因素综合作用的结果。例如，植物组织含水量的变化对于温度所发生的效应有显著的影响，小麦种子的含水量从14%增至22%时，在同一温度下，呼吸速率相差甚大。一般地说，任何一个因子对于生理活动的影响都通过全部因子的综合效应而反映出来的。当然，就处在某一环境中的植物来说，影响呼吸作用的诸因素中必然有其主要因素。在生产实践中要善于找出主要因素，采取最有效的措施，收到最显著的效果。

4.4.4 拓展知识

（1）呼吸作用生理意义的具体说明

呼吸作用是植物维持正常生命活动所不可缺少的生理过程，是与植物生命活动联系在一起的，是植物生命存在的标志（图4–6）。

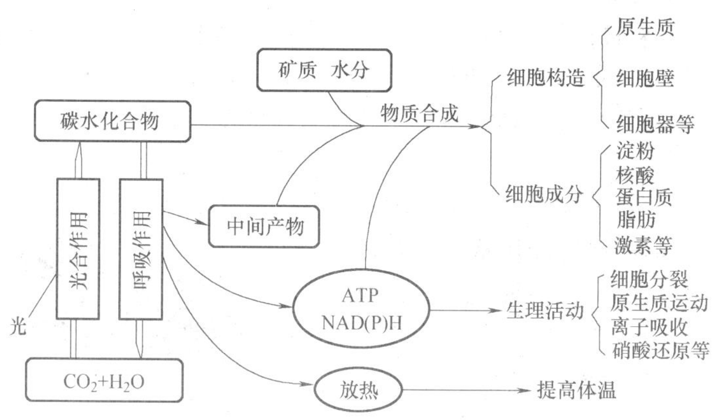

图 4–6　呼吸作用的主要功能示意图

1）为植物生命活动提供能量　呼吸作用为一切生命活动提供能量。绿色植物细胞可直接利用光能进行光合作用外，而大部分的生命活动需要能还得靠呼吸分解功能期已过的同化物质来提供。非绿色生物的生命活动需要能全部依赖于呼吸作用。因为呼吸作用在将有机物质进行生物氧化过程中，把其中贮存的化学能以可利用能形式，并以不断满足植物体内各种生理过程对能量的需要的速度释放。如以热的形式释放就是用来满足植物生长发育的宏观活动、物质转化过程中的分子运动和维持植物体温。

2）中间产物参与植物体内的有机物合成　呼吸作用的底物氧化分解经历一系列的中间过程，进而产生一系列的中间产物，这些中间产物不稳定，成为合成各种重要有机物质如蔗糖与淀粉、氨基酸与蛋白质、核苷酸与核酸、脂肪酸与脂肪等的原料。各种物质的代谢也通过这些中间产物建立起联系。

3）利于植物体抗病免疫　呼吸作用在植物抗病免疫方面有着重要作用。在植物和病原微生物的相互作用中，植物依靠呼吸作用氧化分解病原微生物所分泌的毒素，以消除其毒害。植物受伤或受到病菌侵染时，也通过旺盛的呼吸，促进伤口愈合，增强植物的免疫能力。尽管呼吸作用对植物的生活是非常重要的，但呼吸作用也引起有机物的消耗。据测定和推算，植物的光合产物约有1/5～1/3被呼吸消耗掉，热带的森林甚至消耗了3/4。如果条件不利，再加上光呼吸消耗的部分，则更惊人。所以，在满足植物生活对能量需要的情况下，设法降低呼吸消耗，已成为当前提高农业产量的重要环节。

（2）呼吸作用场所（线粒体）的介绍

植物呼吸作用是在细胞质内线粒体中进行的。由于与能量转换关系更为密切的一些步骤是在线粒体中进行的，因此，常把线粒体看成是细胞能量供应中心和呼吸作用的主要场所。线粒体普遍存在于植物生活细胞里。

1）线粒体的形态　线粒体一般呈线状、粒状、杆状。长1～5μm，直径0.5～1.0μm。线粒体的形状和大小受环境条件的影响，pH、渗透压的不同均可使其发生改变。一般细胞内线粒体的数量为几十至几千个。如玉米根冠细胞有100～3000个。细胞生命活动旺盛时线粒体的数量多，衰老、休眠或病态的细胞线粒体数量少。

2）线粒体的结构　在电子显微镜下可见线粒体是由双层膜围成的囊状结构。它由外膜、内膜和基质三部分组成（图4–7）。

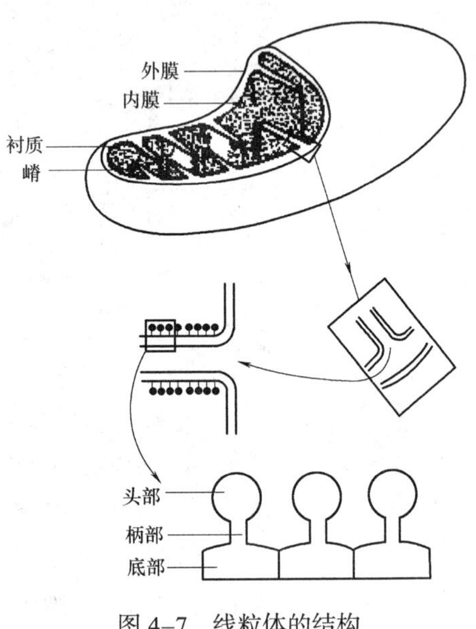

图 4–7　线粒体的结构

①外膜　外膜表面光滑，上有小孔，通透性强，有利于线粒体内外物质的交换。

②内膜和嵴　线粒体的内膜向内延伸折叠形成片状或管状的嵴。内外两层膜之间的空腔6～8nm，称为膜间隙；嵴内的空腔称为嵴内腔。膜间隙和嵴内腔中充满着无定形的液体，其液体内含有可溶性的酶、底物和辅助因子。其中的标志酶是腺苷酸激酶。内膜的透性差，对物质的透过具有高度的选择性，可使酶存留于膜内，保证代谢正常进行。嵴的出现增加了内膜的表面积，有效地增大了酶分子附着的表面。内膜的内表面上附着许多排列规则的基粒，它可分为头部、柄部和基片三部分。它是偶联磷酸化的关键装置。

③基质（衬质）　线粒体嵴间也就是线粒体的内部空间，称为嵴间腔，其内充满了基质。基质内含有脂类、蛋白质、核糖体及三羧酸循环所需的酶系统。此外，还含有DNA、RNA纤丝及线粒体基因表达的各种酶。基质中的标志酶是苹果酸脱氢酶。

3）线粒体的功能　植物各种生命活动需要能量主要依靠线粒体提供。催化这些供能生化过程所需要的各种酶多分布在线粒体中。细胞内有机物质在线粒体中释放的能量，40%～50%储存在ATP分子中，随时供生命活动需要；另一部分以热能的形式散失。

（3）三羧酸循环的特点和生理意义

1）TCA循环释放CO_2中的氧是来自被氧化的底物和被消耗的水　循环每运行一次，丙酮酸的三个C原子便彻底被氧化，放出3mol CO_2。由于1mol葡萄糖能产生2mol丙酮酸，因此，两个循环就把葡萄糖的6个C原子全部氧化，放出6mol CO_2，这就是呼吸作用放出的CO_2。当环境中CO_2浓度增高时，脱羧反应减慢，呼吸作用便受抑制。

2）TCA循环水的加入相当于氧，脱下的氢在分子氧的轨道上被氧化　丙酮酸并不是直接和氧结合而氧化，而是通过逐步脱氢而氧化。一次循环脱下5对H原子，但丙酮酸只含4个H，另外6个H是从每次循环净消耗的3mol水中来的，即步骤②⑥⑧各加进1mol水，其中⑥是由磷酸化时产生的水加进循环的。若由葡萄糖算起，则1mol葡萄糖通过两次三羧酸循环共脱下10对H。脱下的H也不能直接和氧结合，其中8对被NAD^+所接受，生成8mol NADH，2对被FAD所接受，生成2mol $FADH_2$。

3）TCA循环中底物水平磷酸化只发生一步　循环中唯一直接生成ATP的部位是步骤⑥，它属于底物水平磷酸化，1mol葡萄糖通过三羧酸循环则直接生成2mol ATP。

4）TCA循环是糖、脂肪、蛋白质三大类物质的共同氧化途径　TCA循环的起始底物乙酰CoA也是这三大类物质的代谢产物。三羧酸循环中有许多中间产物，可用于合成体内的其它有机物。因此，通过呼吸作用可以把碳水化合物、脂肪、蛋白质的代谢联系起来，呼吸作用成为植物体内物质代谢的中心环节。

（4）磷酸戊糖循环及其特点和生理意义

1）磷酸戊糖循环　植物在正常生长的条件下，EMP－TCA循环是主要的呼吸降解途径。这一途径包括糖酵解、三羧酸循环、电子传递和氧化磷酸化三大过程。其中糖酵解是在细胞质中进行的，三羧酸循环、电子传递和氧化磷酸化则是在线粒体中进行的。在1954～1955年间人们研究表明，EMP－TCA循环途径并不是高等植物有氧呼吸的唯一途径。后经试验发现，与EMP－TCA循环途径不一致的是葡萄糖并不预先分解为2mol的丙糖分子，而是磷酸化为磷酸葡萄糖后，直接氧化成磷酸葡萄糖酸，再降解为戊糖以至丙糖。由于在这个循环中，葡萄糖被氧化时产生磷酸戊糖，继而称为磷酸戊糖循环。又因为葡萄糖在反应开始时，直接被氧化脱氢，所以又称为葡萄糖的直接氧化途径（简称HMP循环）。而磷酸戊糖途径所占的几率较小（一般小于30%）。催化磷酸戊糖途径各反应的酶和催化糖酵解各反应的酶都存在于细胞质中，因此，两大途径的各过程进行的部位一样都是在细胞质中。

具体过程是：呼吸基质葡萄糖预先吸收1mol的ATP，磷酸化成磷酸葡萄糖（被活化），再在一系列酶作用下，经脱氢、脱羧转变成磷酸葡萄糖酸及磷酸戊糖。然后，磷酸戊糖经一系列糖分解与重组的循环变化，再一次转化成磷酸葡萄糖。这就完成了一个循环转化，并产生2mol NADPH和放出1mol CO_2。即为呼吸作用放出的CO_2。在实际降解过程中，1mol葡萄糖若彻底氧化分解需要6mol葡萄糖同时参加反应，产生6mol磷酸戊糖，再转变为5mol磷酸葡萄糖，则共产生12mol NADPH和6mol CO_2。

2）磷酸戊糖循环的特点和生理意义

①HMP循环是一条“代行”之路　因为EMP－TCA循环中的主要脱氢辅酶是NAD，而HMP循环中的脱氢辅酶则必须是NADP。两种脱氢辅酶在细胞质中同时存在，则二者的浓度与活力就决定了葡萄糖的降解途径。这两种途径在葡萄糖降解中所占的比例，随植物的种类、器官、年龄和环境而异。如以植物种类来说，HMP循环途径所占的比例：蓖麻大于玉米；以器官来说，茎的大于叶，叶大于根；以年龄来说，在年幼组织中比在年老组织中所占的比例较小。植物干旱或受伤时，染病时，HMP循环途径比例较大。因此，当EMP－TCA循环途径受阻时，HMP循环途径可替代正常的有氧呼吸。

②HMP循环与C_3循环密切相联　HMP循环中的糖分子重组阶段的中间产物和酶类均与卡尔文循环中的相同。

③HMP循环途径的中间产物为生物合成提供原料　HMP循环途径形成的中间产物在生理活动中十分活跃，与其它代谢建立联系，并沟通各种代谢反应。此外，这一系列中间产物与细胞壁结构物质如木质素的合成有关。

④HMP循环为生物合成提供NADPH来源　在许多生物合成中以NADPH作为还原剂，如非光合细胞的硝酸盐、亚硝酸盐的还原以及氨的同化和脂肪酸和固醇的生物合成等。因此，油料作物在种子成熟期，其代谢途径从以EMP－TCA循环途径为主转为以HMP循环途径为主。

⑤HMP循环的存在提高了植物的抗病力和适应力　植物在干旱、受伤和染病等逆境条件下，HMP循环途径十分活跃。研究表明，凡是抗病力强的植物或作物品种，HMP循环途径较为发达。因此，HMP循环途径有助于提高植物的抗病力。处于逆境时，内外因素不利于EMP－TCA循环途径的循环，但磷酸戊糖途径却依然畅通，甚至还能加强，因而提高了植物的适应力。

（5）呼吸作用过程中底物转化的化学历程

1）糖酵解的生化转化历程

糖酵解途径包括许多步骤（图4–8），可分为下列几个阶段：

已糖的活化（①～⑨）已糖（葡萄糖）经过活化，以提高分子的能量。就是葡萄糖在ATP和已糖激酶催化下（步骤①、⑤、⑦依降解的底物不同，其中一个酶参加六碳糖的活化，消耗1mol的ATP），磷酸化为6–磷酸–葡萄糖，再经

④、⑥步的变位、异构成为6–磷酸–果糖；再经⑧步一次磷酸化，消耗1mol的ATP，生成1,6–二磷酸–果糖。己糖的活化共消耗2mol的ATP。

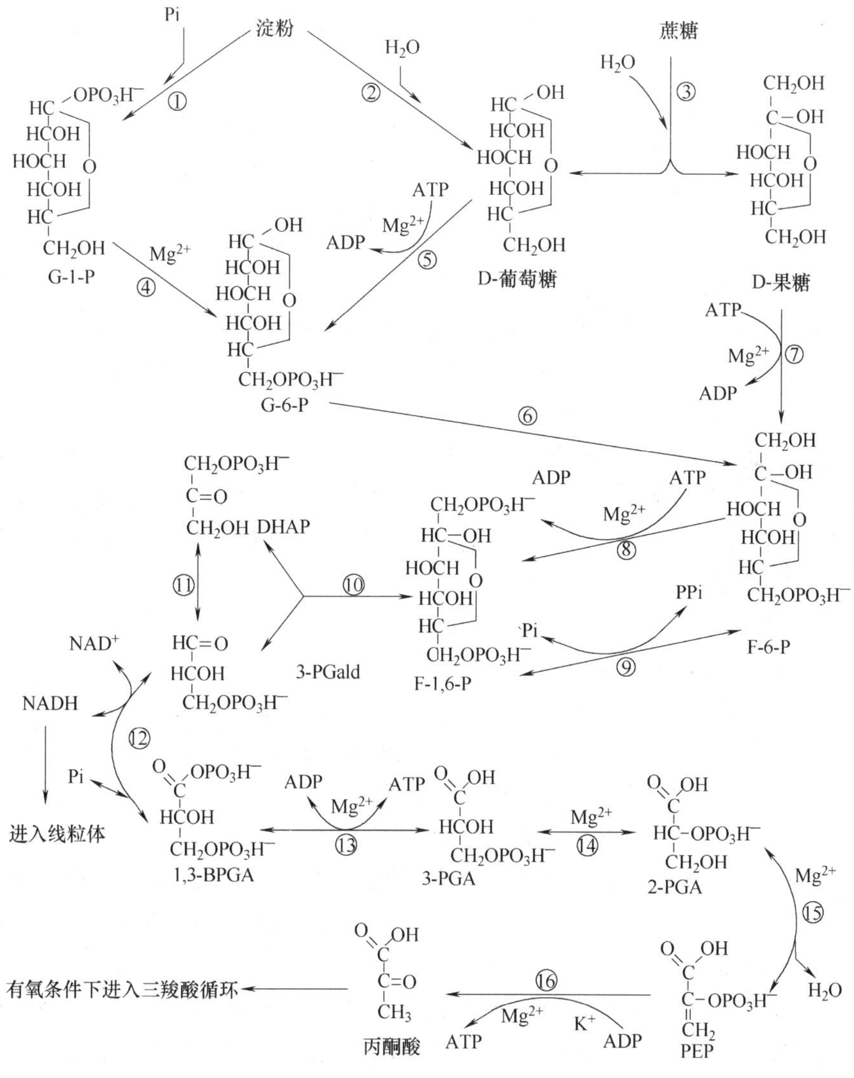

图 4–8　糖酵解途径

①淀粉磷酸化酶　②淀粉酶　③蔗糖酶　④磷酸葡萄糖变位酶　⑤己糖激酶　⑥磷酸己糖异构酶
⑦果糖激酶　⑧ATP–磷酸果糖激酶　⑨焦磷酸–磷酸果糖激酶　⑩醛缩酶　⑪磷酸丙糖异构酶
⑫3–磷酸甘油醛脱氢酶　⑬磷酸甘油酸激酶　⑭磷酸甘油酸变位酶　⑮烯醇化酶　⑯丙酮酸激酶
（金属离子是各有关酶的促进剂。~表示高能磷酸键）

己糖裂解（⑩~⑪）　在⑩步醛缩酶的作用下，1,6–二磷酸–果糖裂解为3–磷酸甘油醛和磷酸二羟丙酮，二者经⑪步可以互相转化，但最后均转化为3–磷酸甘油醛，进入氧化阶段。即1mol的葡萄糖裂解为2mol磷酸丙糖。

丙糖氧化阶段（⑫～⑯） 3–磷酸–甘油醛在脱氢酶作用下，经过⑫脱氢并磷酸化成为1,3–二磷酸–甘油酸，这一步就是基质的最初氧化步骤。脱下的一对氢（2H）被辅酶Ⅰ（NAD^+）所接受，生成还原态的辅酶Ⅰ（$NADH + H^+$）（H^+游离在介质中）。

随后，1,3–二磷酸–甘油酸在甘油酸激酶作用下经⑬步脱磷酸转化为3–磷酸–甘油酸，脱下的磷酸使ADP磷酸化为ATP，从而产生一个高能键。3–磷酸–甘油酸经⑭步变位转变为2–磷酸–甘油酸，再经⑮步脱水成为磷酸烯醇式丙酮酸。最后，在丙酮酸激酶作用下，磷酸烯醇式丙酮酸经⑯步脱磷酸转变为丙酮酸，脱下的磷酸也使ADP磷酸化为ATP，从而又产生一个高能键。至此，1mol葡萄糖经过糖酵解，就分解成为2mol丙酮酸。归纳糖酵解过程，可以看到（①⑤⑦选一）、⑧步骤各消耗了1个ATP；⑬、⑯步骤又各产生1个ATP。由于一个葡萄糖分子能产生2mol 3–磷酸–甘油醛，因此，由葡萄糖到丙酮酸净产生了（4–2 = 2）2molATP；⑬、⑯步骤是在基质（或称底物）氧化时直接发生的ADP磷酸化为ATP的过程，称为底物水平磷酸化作用。另外，步骤⑫还脱下一对氢（2H），由此产生1mol $NADH + H^+$。若按1mol葡萄糖计算，则糖酵解共产生2mol $NADH + 2H^+$，净得2mol的ATP。

2）三羧酸循环的生化转化历程

TCA循环途径的主要生化转化历程（图4–9）共有9步反应。

反应①：丙酮酸在丙酮酸脱氢酶（是一种多酶的复合体）和几种辅助因子的参与下，进行一次氧化脱羧和脱氢，放出1mol CO_2和一对氢（2H），并和辅酶A（CoASH）结合，生成乙酰CoA，这是连接EMP与TCA的纽带。放出的2H经FAD传递后，被NAD^+接受而成NADH。反应②：乙酰CoA（$CH_3CO \sim SCoA$）实际上是一个“活化乙酸”，含有一个高能键，在它的推动下和在柠檬酸合成酶催化下，乙酰CoA与草酰乙酸缩合生成柠檬酸，并放出CoASH，这步要消耗1mol水。此反应为放能反应，$\Delta E = 32.22 KJ \cdot mol^{-1}$。反应③：柠檬酸经顺乌头酸酶催化脱水变成顺乌头酸，再加水变成异柠檬酸。反应④：异柠檬酸在异柠檬酸脱氢酶催化下，经脱羧和脱氢，放出1mol CO_2和2H，转变成α–酮戊二酸，放出的2H也被NAD^+所接受而成NADH。反应⑤：α–酮戊二酸在α–酮戊二酸脱氢酶复合体催化下，又经脱羧和脱氢，并和CoA结合生成琥珀酰CoA和NADH，并释放CO_2。反应⑥：含有高能硫脂键的琥珀酰CoA在琥珀酸硫激酶催化下，经脱去CoA转变成琥珀酸，同时利用高能硫脂键水解释放出的能量，推动ADP + Pi的磷酸化，ADP + Pi磷酸化缩合出的水，用于硫脂键水解，从而产生1mol ATP。该反应是TCA循环途径中唯一的一次底物水平磷酸化。反应⑦：琥珀酸在琥珀酸脱氢酶催化下，经脱氢生成延胡索酸，这里脱下的2H是被FAD所接受，生成$FADH_2$。反应⑧：延胡索酸经延胡索酸酶催化，加水转变成苹果酸。反应⑨：苹果酸在苹果酸脱氢酶催化下，脱去2H（被NAD^+所接受，生成NADH）又转变成草酰乙酸，草酰乙酸又可和乙酰CoA结合，从而开始新一轮TCA循环。

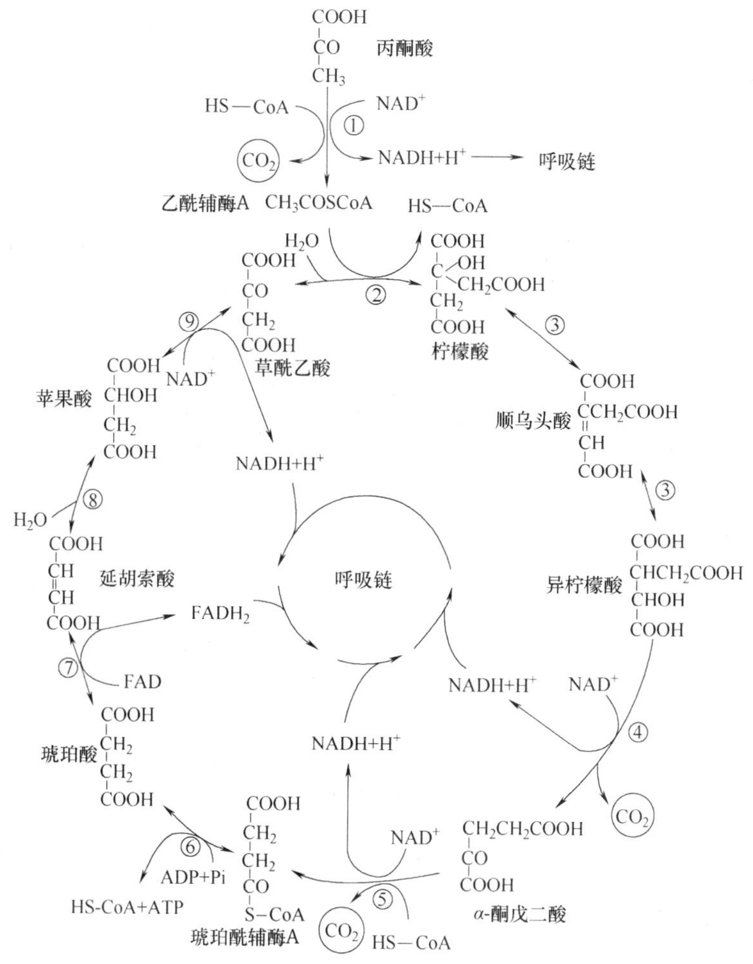

图 4-9　三羧酸循环的反应过程

①丙酮酸脱氢酶复合体　②柠檬酸合成酶或称缩合酶　③顺乌头酸酶　④异柠檬酸脱氢酶　⑤α-酮戊二酸脱氢酶复合体　⑥琥珀酸硫激酶　⑦琥珀酸脱氢酶　⑧延胡索酸酶　⑨苹果酸脱氢酶

步骤①④⑤为不可逆反应，其余为可逆反应

3）磷酸戊糖循环的生化转化历程

磷酸戊糖循环途径是指葡萄糖在细胞质内直接氧化脱羧，并以磷酸戊糖为重要中间产物的有氧呼吸途径。该途径可按两个阶段进行（图4-10）。

a. 葡萄糖氧化脱羧阶段　反应①：葡萄糖被活化　葡萄糖在步骤①己糖激酶催化下，预先吸收1mol的ATP，被磷酸化成6-磷酸-葡萄糖（被活化）。反应②：脱氢反应　6-磷酸-葡萄糖在步骤②6-磷酸-葡萄糖脱氢酶催化下，转变成

6–磷酸–葡萄糖酸内脂。此酶的脱氢是以$NADP^+$为氢受体，生成NADPH。反应③：水解反应 6–磷酸–葡萄糖酸内脂在步骤③6–磷酸–葡萄糖酸内脂酶催化下，被水解为6–磷酸–葡萄糖酸。反应是可逆的。反应④：脱氢脱羧反应 6–磷酸–葡萄糖酸在步骤④磷酸葡萄糖酸脱氢酶催化下，氧化脱羧生成5–磷酸–核酮糖。这次脱氢也是以$NADP^+$为氢受体，产生NADPH，并释放CO_2。这就是呼吸作用中放出的CO_2。

b. 分子重组阶段 6mol的5–磷酸–核酮糖，经过一系列糖之间的转化，最终可转变为5mol的6–磷酸–葡萄糖（步骤⑤～⑫），进而完成了磷酸戊糖循环途径的转化历程。从整个磷酸戊糖循环途径的转化历程来看，步骤②、④中的辅酶脱下了氢，并共产生2mol NADPH和放出1mol CO_2。可见，在实际降解过程中，1mol葡萄糖若彻底氧化分解得需要6mol的葡萄糖同时参加反应，按上述则产生12mol NADPH和6mol CO_2。这里生成的NADPH和由其进入呼吸链所产生的ATP，就是呼吸作用所放出的可利用能。

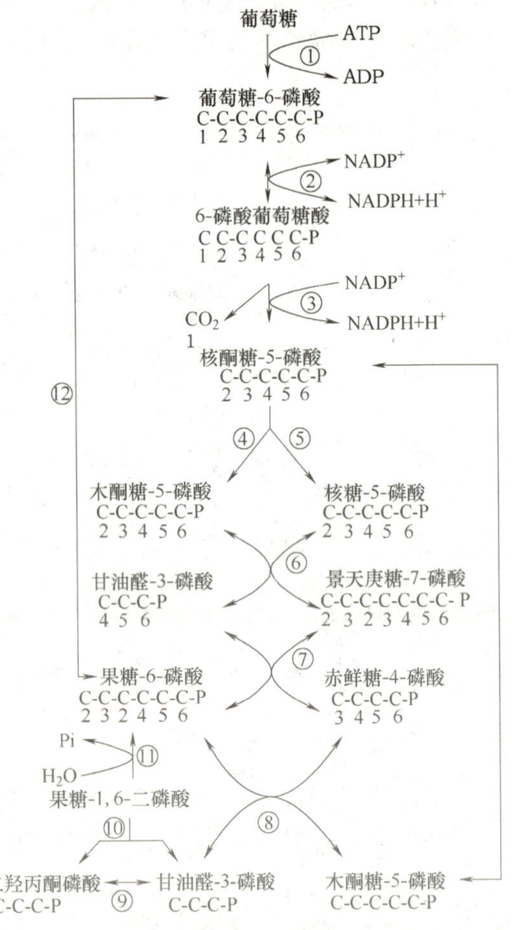

图 4–10 磷酸戊糖途径简图

①己糖激酶 ②6–磷酸–葡萄糖脱氢酶 ③6–磷酸–葡萄糖酸内脂酶 ④磷酸葡萄糖酸脱氢酶 ⑤磷酸核酮糖异构酶 ⑥磷酸核糖异构酶 ⑦转酮醇酶 ⑧转醛醇酶 ⑨磷酸丙糖异构酶 ⑩醛缩酶 ⑪磷酸果糖激酶 ⑫磷酸己糖异构酶

4.4.5 任务实施方法与步骤

（1）实验操作和收集素材

1）空白测定 先拔出玻璃棒，用碱式滴定管向呼吸瓶中准确加入0.05mol·L^{-1} Ba（OH）$_2$溶液20mL，再用玻璃棒塞紧。充分摇动广口瓶几分钟，待瓶内CO_2全部被吸收后，拔出玻璃棒，加入酚酞指示剂3滴，把酸式滴定管插入孔中，用0.0225mol·L^{-1}草酸溶液进行空白滴定，直到红色刚消失为止，并记下草酸溶液用量，即为空白滴定值。

2）准备测定样品　打开橡皮塞，倒出废液，用无CO_2蒸馏水（煮沸过的水）洗净后，塞紧橡皮塞，拔出玻璃棒，用碱式滴定管加入20mL$Ba(OH)_2$溶液，立即插紧玻璃棒，然后称取待测材料5～10g，装入小篮子中，打开橡皮塞，迅速挂于橡皮塞下面的小钩上，放入呼吸瓶内，塞紧橡皮塞，开始记录时间。

3）样品测定　经30min（期间轻轻摇动数次，使溶液表面的$BaCO_3$薄膜破坏，有利于CO_2充分吸收）轻轻开塞，把装有样品的小篮子迅速取出，立即用橡皮塞塞紧，充分摇动2min，使瓶内CO_2被完全吸收，拔出玻璃棒，加入3滴酚酞指示剂，立即插入酸式滴定管，用0.0225$mol\cdot L^{-1}$草酸滴定至无色，记下草酸用量即为样品滴定值。

4）结果计算

$$\text{呼吸速率}（mgCO_2\cdot g^{-1}m\cdot h^{-1}）=\frac{(V_A-V_B)\times m'}{m\times t} \tag{4-9}$$

式中：V_A—空白滴定值，mL　V_B—样品滴定值，mL　m'　—每毫升草酸相当的CO_2质量（mg），值为1　m—组织鲜质量，g　t—测定时间，h

（2）小组讨论与成果展示、巩固训练

学生对照课文，思考问题，能口头讲述植物呼吸作用的概念、意义、类型、过程及外界条件对其影响。

课后反复阅读课文，将问题解答在作业本上。将实验操作结果记录在技能报告上，并计算出呼吸速率。

任务4.5　影响光合作用与作物产量的因素、叶面积系数的测定

4.5.1　知识和技能要求

• 能叙述外界条件对光合作用的影响，构成作物产量的因素，提高光能利用率的方法。

• 能熟练地使用卷尺、米尺等测定工具准确测定农业栽培植物的叶面积系数。

4.5.2　情境（情景）设计

（1）问题的提出

1）说明光照强度是怎样影响光合作用的，生产中应采取什么措施进行协调。

2）叙述CO_2浓度对光合作用的影响，温室和大田中提高CO_2浓度的方法。

3）说出构成作物产量的因素。

4）阐述光能利用率，分析作物光能利用率不高的原因，指出整改措施。

（2）实验器材的准备 折尺、粗天平、剪子、方格板、打孔器、旧报纸。田间栽培植物（玉米）。

4.5.3 支撑知识

（1）光合速率及表示单位

植物的光合作用和其它生命活动一样，也经常受着外界条件和内部因素的影响而不断地发生变化。要了解内、外因素对光合作用影响的程度，就得找一个指标来作为衡量。光合作用的指标是光合速率。光合速率通常是以每小时、每平方分米叶面积所同化的CO_2质量（mg）来表示，即（$CO_2 mg \cdot dm^{-2} \cdot h^{-1}$）。一般测定光合速率的方法都没有把叶子的呼吸作用考虑在内，所以测定的结果实际是光合作用减去呼吸作用的差数，称为净光合速率。如果要测真正的光合速率，应该把净光合速率加上这段时间内的呼吸速率。

真正的光合速率 = 净光合速率 + 呼吸速率

（2）影响光合作用的内部因素

人们可以调整的，在植物体上可以宏观体现的内部因素有叶绿素的含量、叶片的发育和结构、光合产物的积累与输出和不同生育期。由于不同植物的内因各有差别，因此，在相同的外界条件下进行比较，不同植物的光合速率差异很大。如玉米为$60mg \cdot dm^{-2} \cdot h^{-1}$，甘蔗为$49mg \cdot dm^{-2} \cdot h^{-1}$，稻、麦等为$20mg \cdot dm^{-2} \cdot h^{-1}$左右。同一作物不同品种之间，光合速率也有差异，例如玉米杂交种的光合速率，显著高于亲本，因此，我们应注意选育光合能力较强的品种。

（3）影响光合作用的外界条件

1）光照强度 光照强度的单位为勒克斯（lux简称lx），可用照度计来测量，一般夏季晴天中午，地面的光照强度约为100klx，阴天时光照只有10～20klx。

①光饱和点 植物在很低的光照强度下就可进行光合作用，但光合速率很低，随着光照的增强，光合速率也增强，达到一定光强时，光合速率便达到最大值。以后，即使继续增加光强，光合速率也不再增加，这种现象称为光饱和现象。开始达到光饱和现象时的光照强度，称为光饱和点（图4–11）。各种植物的光饱和点不同。

②光补偿点 当光照强度较高时，植物的光合速率要比呼吸速率高若干倍。当光照强度下降时，光合速率和呼吸速率均随着下降，但光合速率下降得较快。当光照降低到一定数值时，光合吸收的CO_2就与呼吸放出的CO_2相等，也就是净光合速率等于0，这时的光照强度称为光补偿点（图4–11）。在光补偿点时，植物叶内的有机物不但没有积累，相反由于其它器官的呼吸消耗，则对整株植物来说，消耗大于积累，这对植物生长发育非常不利。一般喜光植物的光补偿

点为500～1000lx，耐阴植物为100lx。补偿点的高低对栽培植物很重要。如温室冬季光照强度很低，尤其是阴天，在这种情况下，为使植物生长良好，就应避免温度过高，以降低光补偿点。大田作物生长后期，下层叶片的光照强度常处于补偿点以下，在生产中常采取整枝，去老叶等措施，来改善光照，减少消耗，增加光合产物的积累。

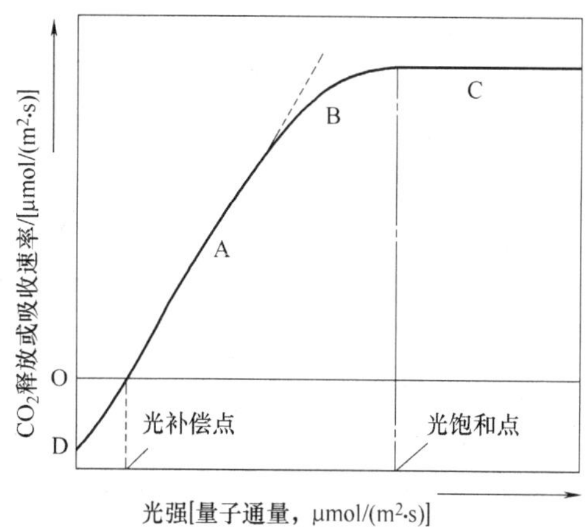

图4-11　光饱和点和光补偿点示意图

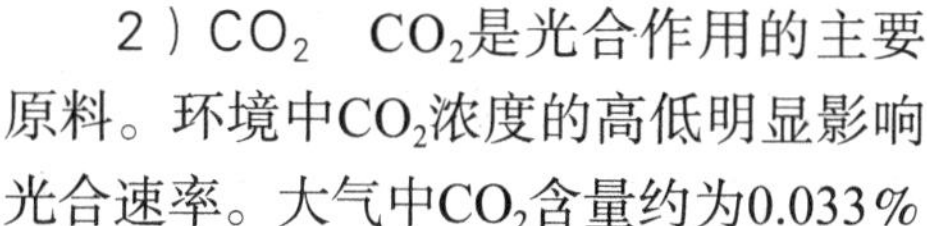

2）CO_2　CO_2是光合作用的主要原料。环境中CO_2浓度的高低明显影响光合速率。大气中CO_2含量约为0.033%（即330μL/L）。

①CO_2补偿点　植物光合作用吸收CO_2和呼吸作用放出CO_2相等时，环境中的CO_2浓度，为CO_2补偿点。

②CO_2饱和点　当空气中CO_2浓度超过CO_2补偿点以后，随着CO_2浓度的增高，光合速率也不断增强。当CO_2浓度增加到一定限度，植物的光合速率便不再增强，这时环境中的CO_2浓度，为CO_2饱和点。

植物在光合作用时吸收CO_2量是很大的，一般作物每天每平方米叶面积吸收20～30g CO_2，每天每667m^2要吸收40～60kg CO_2。所以增加空气CO_2含量会提高作物产量。

3）温度　温度对光合碳同化酶系活力的影响很大，当温度增高时，叶绿体内基质中的酶促反应速度会增强，但同时酶的变性或破坏速度也加快，所以光合碳同化与温度的关系也和任何酶促反应一样，有最高、最低和最适温度。

昼夜温差对光合净同化率有很大的影响。日光充足的白天温度高，利于光合作用进行；夜间温度相对降低，则降低了呼吸消耗。可见，在植物生长允许的温度范围内，昼夜温差大，利于光合积累。

4）水分　叶片接近水分饱和时，才能进行正常的光合作用。而当叶片缺水达20%左右时，光合作用受到明显抑制。虽然水是光合作用的原料，但光合作用所利用的水比起植物所吸收的水来，只占极小的比例，不到1%，所以水分作为光合作用的原料是不会缺乏的。当土壤干旱和大气湿度较低时，就直接影响叶片组织的含水量。

5）矿质元素　矿质元素直接或间接影响光合作用。氮、镁、铁、锰等是叶绿素生物合成所必需的矿质元素，钾、磷等参与碳水化合物代谢，缺乏时便影响糖类的转化和运输，这样也间接影响了光合作用；同时，磷也参与光合作用中间产物的转化和能量传递，所以对光合作用影响很大。在一定范围内，营养元素越多，光合速率就越大。

以上是分别叙述各个因素对光合作用的影响。实际上各个因素对光合作用的影响是相互联系、相互影响的。例如，CO_2供应不足时，植物就不能充分利用日光能。

在上述诸因素中，如果某一因素处在最低量下，它就成为当时的限制因素，限制着其它因素发挥作用。当改善这个因素时，就会使光合速率显著提高。例如，在低光强度下，光照不足是限制因素，这时即使增加CO_2量，光合速率也不会增加。

因此，在分析各种因素对光合作用的影响时，必须考虑多种因素的相互关系和综合影响，并从中找出限制因素，采取有效措施加以解决，以提高植物产量。

（4）生物产量的构成因素

作物一生中由光合作用所合成的有机物质的数量，决定于光合面积、光合速率和光合时间这三个因素。植物的光合产物减去呼吸消耗和脱落（统称为有机物消耗），剩下的干重（包括根、茎、叶、果实、种子等器官）称为生物产量。

生物产量 = 光合面积 × 光合速率 × 光合时间 – 有机物消耗

在生物产量中，直接作为收获物的，经济价值较高的这部分的产量，如稻麦的籽粒、甘薯的块根、果树的果实、林木的木材等，称为经济产量。经济产量占生物产量的比值，称为经济系数。它们的关系如下：经济产量 = 经济系数 × 生物产量［或经济产量 = 经济系数 ×（光合面积 × 光合速率 × 光合时间 – 有机物消耗）］

可见，构成作物经济产量的因素有五个：光合面积、光合速率、光合时间、有机物消耗和经济系数。通常把这五个因素合称为光合性能。一切农业措施，归根到底，主要是通过协调和改善这五个因素而起作用。

（5）植物对光能的利用

植物对光能的利用情况是以光能利用率体现的。光能利用率是指照射到地面上的日光能，被光合作用转变为化学能而贮藏于有机物质中的百分数。栽培植物光能利用率不高的原因有漏光的损失、光饱和现象的限制、环境条件的影响等。据估计，呼吸消耗一般占光合作用15%～20%，在不良条件下可达30%～50%或更多。

（6）提高植物光能利用率以提高产量的途径

提高植物光能利用率，旨在使植物转化更多光能成为植物体内可贮藏的化学能，即提高产量。因此，在农业生产上，在考虑摆脱栽培植物光能利用率不高的原因的基础上，应尽力调节影响生物产量的几大因素。

1）提高作物群体的净同化率　大田作物是由许多个体组成的，但它并不是个体的简单总和，而是具有许多特点。因此，必须把大田作物作为一个整体来看待，称为作物群体。作物群体比个体能够更充分地利用光能，因为在群体的结构中，叶片彼此交错排列，多层分布，上层叶片漏过的光，下层叶可以利用，各层叶片的透射光和反射光，可以反复吸收利用，光照越强，透射光和反射光也越强，就可使中下层叶子得到更多的光照。所以群体对光能的利用率较高，例如，水稻群体光饱和点可达$7 \times 10^4 \sim 9 \times 10^4$lx。

但群体对光能的利用，与群体的结构特别是叶面积的大小有关。如果作物过度密植，叶片过于郁闭，就会使群体下部光照不足，光合作用下降，而呼吸消耗仍在进行，致使整个群体积累减少。所以，只有在合理密植的情况下，才能使群体净同化率提高。

2）增加光合面积　光合面积是植物绿色面积，主要是叶面，它是对产量影响最大、同时又是可控制的一个因子。通过合理密植或改变株型等措施，可增大光合面积。

①叶面积系数　体现作物群体光合面积大小的指标是叶面积系数，它为作物的种植密度提供根据。所谓叶面积系数，是指作物叶片总面积与所占土地面积的比值。

$$植株叶片总面积 = 叶面积系数 \times 所占土地面积$$

作物的叶面积系数，在一定范围内，数值越大，光合积累有机物越多，产量便越高。但叶面积系数也不能太大，超过一定范围，由于光照条件变坏，反而影响产量。不同作物的最适叶面积系数不同，根据现有资料，各种作物的最大叶面积系数为：水稻7、小麦5、玉米5或大于5。同一作物不同生育期的最适叶面积系数也不同，例如水稻一般品种，生育前期最适叶面积系数是2.5～3.5，中期是4～6，孕穗至抽穗期间是6～8，抽穗以后稳定在4～5，最适叶面积系数不是固定不变的，选择适于密植性状的品种，最适叶面积系数就有可能提高。

②合理密植　合理密植是提高作物产量的重要措施之一，因为只有足够的种植密度才能充分吸收和更好地利用落在地面上的阳光能。合理密植的主要原则是处理好群体和个体之间的关系。群体和个体既是统一的，又是矛盾的。当群体生长到后期，矛盾往往更为突出。因此，密植是否合理，关键就看能否改善群体后期的通风透光条件。

③改变株型　近年来，国内外培育出的水稻、小麦、玉米等高产新品种，大多为矮秆、叶挺而厚的。种植此类品种可增加种植密度，提高叶面积系数，减少漏光损失，并具有耐肥、抗倒伏作用，因而能提高群体的光能利用率。

3）延长光合时间

①提高复种指数（间套复种）　复种指数就是全年内农作物的收获面积占耕地面积的比例。提高复种指数就相当于增加收获面积，延长单位土地面积上作物的光合时间。

间套复种就是将不同作物，按一定顺序进行交错循环种植，科学搭配，组成一个不同生长周期内，由多种作物参与的、多层次的、合理的复合群体结构。它利用不同农作物生育期长短的时间差和植株高矮的空间差以及不同农作物根系分布的层次差和对土壤条件利用的营养差，在地力、时间、空间、光和热能资源上得到充分利用，有效地提高了光能利用率，从而获得更大的经济效益。

②延长生育期　这里的延长生育期是指在年度内，延长有限土地内的绿色植物的生长时期。充分利用保护地的生产资源，在不影响耕作制度的前提下，适当延长生育期能提高产量。如在保护地内对番茄、茄子、辣椒等蔬菜和水稻等农作物的提前育苗移栽，而后再在陆地定植，这就是延长生育期的措施之一。再有，不同地区，由于一年中气候不一，有的季节无作物生长，有的存在作物换季空闲，人造林地也有砍伐和重植空闲等。若能正确利用这一空闲，提高了光能利用率，利于提高光合产量。

4）提高光合速率　在已确定了光能利用率的品种的前提下，调控好栽培植物的光、温、水、肥和CO_2等条件都可以提高光合速率。

①选育光能利用率高的品种　光能利用率高的品种应具有的特征是：生育期比较短，矮秆抗倒，叶片分布合理，叶片较短较直立，耐阴性较强适合密植。

②调整栽培环境　植物光合作用的CO_2最适浓度为1000μL/L（即0.1%）左右，远超过大气中的正常含量。据报道，在温室中把大气中CO_2浓度提高到900～1800μL/L时，黄瓜可增产36%～69%，菜豆增产17%～82%。

目前，采取CO_2施肥法以增加空气CO_2含量。在温室，CO_2施肥可用干冰（固体CO_2），它在常温下升华为气态；也可用液化石油气燃烧以增加CO_2浓度。在小型温室中，可结合糖化饲料发酵，或用水缸盛着厩肥发酵，通过不时搅拌，即可增加室内CO_2浓度。在大型温室中，可取附近工厂烟道排出的废气，只要滤去CS_2、CO等有毒物质，就是CO_2最经济的来源，同时又降低了空气污染。

在大田中进行CO_2施肥，目前采取的办法，增施有机肥料，促进微生物活动，分解有机物放出CO_2；深施碳酸氢氨肥料，此肥除含氮素外，还含有50%左右的CO_2。这些CO_2一部分可溶解于土壤溶液中，由根部吸收，另一部分可扩散到空气中，供叶子吸收；在果树行间铺上稻、麦等茎秆，经微生物分解后，可直接增加空气中CO_2含量，另有抑制杂草生长，减少地面水分蒸发等作用，使果树产量有所提高。

③补充人工光照　在自然光线弱、气温低的季节里，利用人工光照栽培，可增加温室或塑料大棚内的光照强度和室温，以提高作物的光合速率。人工光照栽培（最好用日光灯，因为日光灯的光谱与日光近似）现已广泛应用于蔬菜或瓜果生产。当晚秋季节，将露地培育的幼苗移栽到温室中，不仅可使其生长发育良好，并能获得高产，以满足淡季蔬菜、瓜果的需要。

④加强田间管理　加强田间管理可给作物创造一个适宜的环境条件，如合理施肥、灌溉、及时中耕除草、防治病虫害等，能提高光合作用，减少呼吸消耗和脱落，并能使光合产物更多的运送到产品器官内；整枝、修剪可改善通风透光

条件，减少有机物的消耗，调节光合产物的运输，这些措施都有良好的增产效果。

除高等植物外，人们还可利用广阔的海面湖泊，种植海带、紫菜等藻类，以充分利用日光能。

4.5.4　拓展知识

（1）影响光合作用的外部因素

1）光照强度　光是光合作用能量的来源，又是叶绿素形成的条件，光照还影响气孔的开闭，进而影响CO_2的进入。此外，光照还能影响大气温度和湿度的变化。因此，光照条件对光合速率关系极为密切。

在光饱和点以上的光照，植物不能利用是非常可惜的，如若提高植物的光饱和点，将是发挥光合潜力的一个方面。光饱和现象产生的主要原因有二：①光合色素和光反应来不及利用过多的光能。②CO_2的固定及同化速度较慢，不能与光反应的速度相协调。通过合理密植，加强田间管理，如肥水条件较好，使气孔开度增大，CO_2进入叶细胞多；或者增施CO_2等是可以提高植物光饱和点的。

2）CO_2　各种植物CO_2补偿点不同，玉米等C_4植物为0～10μL/L，称为低补偿点植物。小麦等C_3植物为40～100μL/L，称为高补偿点植物。低补偿点植物在空气CO_2浓度很低时均能利用，说明它比高补偿点植物利用CO_2能力强。在光饱和点时，CO_2低补偿点植物的光合速率可达到高补偿点植物的二倍。

各种植物CO_2饱和点，在50～100lx条件下，大多处于800～1800μL/L。CO_2浓度超过饱和点后，将引起气孔保卫细胞原生质中毒，导致气孔开度减小，阻力增大，直至气孔关闭，阻止了CO_2向叶肉扩散，从而抑制了光合作用。因此，有CO_2饱和现象。CO_2浓度和光强度对植物光合速率的影响是相互联系的。植物的CO2饱和点是随着光强的增加而提高的；光饱和点也随着CO_2浓度的增加而增高。

3）温度　热带植物在低于5～7℃下，即不能进行光合作用，而温带和寒带植物在0℃以下，都能进行光合作用。光合作用的最适温度也因植物而不同。C_3植物一般在10～35℃下可正常进行光合作用，最适温度为25～30℃。到35℃以上时，光合作用就开始下降，在40～50℃时，光合作用几乎停止。C_4植物则不同，它们光合作用的最适温度一般在40℃左右。低温之所以影响光合作用，主要是因为酶促反应受到抑制。高温对光合作用的不利影响是多方面的。它可使酶钝化，也可使叶绿体的结构破坏；失水过多，减小气孔开度，CO_2向叶肉细胞的供应减少；呼吸最适温高于光合最适温，于是呼吸速率的增加幅度大于光合。因此较高温度利于呼吸则不利于光合。

4）水分　叶片组织缺水时，对光合作用影响是多方面的，表现为：气孔关闭，CO_2不能进入叶肉细胞，叶肉细胞内淀粉的水解作用加强，光合产物运出较缓慢，结果糖分累积，这些都会影响光合作用，使其减弱。小麦在土壤湿度为

1.0%时，下午就会萎蔫。在这种状态下，整株小麦的光合作用比水分充足时要低35%～40%。所以叶片缺水过多，会严重损害光合作用的进行。

(2) 经济系数

经济系数是由光合产物分配到不同器官的比例决定的。一般说来，经济系数是品种比较稳定的一个性状，但栽培条件和管理措施也可改变经济系数。因此，在经济产量形成的关键时期，必须有针对性地加强田间管理，使同化产物尽可能多地输入经济器官贮存起来。在农作物栽培中，人们为了提高经济系数，减少倒伏，增加密度，越来越多地采用了半矮秆、矮秆品种。当然矮秆也不是越矮越好，茎秆过矮会恶化叶片的通风透光条件，干物质积累减少，结果经济系数虽然提高了，但经济产量反而下降。

(3) 密植程度的表示方法

密植程度常用播种量、基本苗数、总分蘖数、总穗数、叶面积系数等表示。最好的表示方法是叶面积系数，但生产上通常用基本株数表示。基本株数也有一定幅度，但随着栽培条件和品种的改进也有增加的趋势。例如，稻、麦的密度一般由原来的每667$m^2$10多万株增加到25～30万株或更多；玉米由每667$m^2$1000多株增加到4000～5000株。国外近年育成直立叶杂交玉米，每667m^2保苗16000～18000株，每667m^2产量可达1000kg以上。

(4) 在叶面积系数测定中关于果树的取样与计算

1）在选定的树上，根据枝类，分长枝、中长枝、中枝、短枝和叶丛枝等，每类枝条各选20根，分别测定每根枝条叶片总面积，求出每类枝每根枝条的平均总叶面积。

20个枝条叶片总面积（m^2）＝20个枝条叶片纸样重/1m^2面积的纸重。

2）计算整棵树上各类枝的数目。以各类枝每根枝条平均总叶面积乘以各类枝的数目，即为各类枝的总叶面积。各类枝总叶面积之和，为全树总叶面积。

3）求叶面积系数　叶面积系数＝全树总叶面积（m^2）/树体所占土地面积（m^2）。

(5) 叶面积的测定方法

1）称重法　取质地均匀一致的纸一张，裁下一定的单位面积（如1dm^2），称其重量，可得单位面积的纸重。然后将待测的所有叶片平铺在同样质地的纸上，用铅笔准确画下所有叶片的轮廓，仔细剪下称重，再按“叶面积＝全部叶片图样的纸重/单位面积的纸重”求出叶面积。

2）方格法　用一块玻璃板，上面划成许多1cm^2的小方格，测定时把玻璃板压在叶片上，然后计算叶子所占有的方格数，边缘部分不满一格的可估计。叶子占有的方格数总和即为叶片面积。

3）利用折算系数　取一叶片，量叶基到叶尖的长度，再量中部的宽度，两者相乘得该叶片的粗略面积A_a，再用求积法，又可用称重法测该叶片的真正面积

A_b。A_b/A_a则为折算系数C，一般求100叶片的平均折算系数。则正式测定时的叶面积＝长×中部宽×C。

注：玉米（小麦等）折算系数的计算方法：

把玉米（小麦等）叶片按叶长截分为三等分，它的面积为：

真正面积A_b＝（长×宽）/3＋（长×宽）/3＋（长×宽）/（3×2）

＝（长×宽）×2/3＋（长×宽）/6＝（长×宽）×5/6

粗略面积A_a＝长×宽；折算系数$C = A_b/A_a = 5/6 = 0.83$

4）利用质量换算系数　选具有代表性（包括各部位及各种叶龄）的叶子至少100片，用已知面积的打孔器打下几百片，然后测鲜重或干重。以总叶面积除以质量，即得换算系数D（每克质量的面积）。禾谷类作物可切取一定长度的近于长方形的部分，把所有长方形排列整齐后，量其总宽度，乘以长度，即为总面积，再除以质量，即得换算系数D。测定时把所要测的叶子放在一起，求其总鲜重或干重，然后乘以换算系数，

总叶面积：叶面积＝鲜重或干重（g）×换算系数

此法不必分别测量每一叶片，且对不规则叶片也可应用，也适用于大量测定。

注1：禾本科植物绿色茎面积＝长×中部圆周；麦秆中空，为简便计算，可把中部压扁，量其宽×2，以代替圆周。

注2：有条件的情况下，可用求积仪、电光扫描叶面积仪等测定叶面积。

4.5.5　任务实施方法与步骤

（1）完成理论素材收集

（2）完成实验素材收集

1）调查种植密度　学习委员和班长持大米尺，顺垄量10m长，数其株数（株/垄·10m）；再横垄量20m长，数其垄数（垄/20m）。两者积为种植密度（株数/m^2）。

2）取样　在测定地块，选取有代表性（四角加中央）的五个方位，每方位取有代表性的10株，为一个小组的素材收集点。

3）测定　按植株的自然生长顺序分别测量每株每叶从叶基到叶尖的长度，再量中部的宽度，两者相乘得该叶片的粗略面积A。所测数据全部填入叶面积系数测定记载表。

4）局部叶面积系数的计算　各组按技能报告中叶面积系数测定记载表上的数据，计算每株每叶的粗略面积A_a，然后求10株平均叶面积，即为单株平均叶粗略面积。接下来按真正面积$A_b = A \times C$（注：C为玉米的折算系数，约等于0.83），计算出单株平均叶面积。则小组测得的局部叶面积系数＝单株平均叶面积×种植密度。

5）测定地块叶面积系数的计算　求五点局部叶面积系数的平均数。

附加提示：在单位土地面积上，总的叶面积与土地面积之比，称为叶面积系数。总的绿色面积与土地面积之比称为光合面积系数。果树的叶面积系数则可计算一棵树的总叶面积与它所占有的土地面积之比。

（3）完成实验数据处理与成果展示、巩固训练

学生对照课文，反复思考问题，能讲述外界条件对光合作用的影响，构成作物产量的因素，提高光能利用率的方法。

课后反复阅读课文，将问题解答在作业本上。将实验操作所有数据记录在技能报告上，并运算出测定地块的叶面积系数。

项目5　生产中生理现象的分析

教学目标

- 能正确分析环割实验现象；叙述粮食、种子和果蔬的贮藏条件；说明植物的营养生长状态；解释植物开花规律及落花、落果的生理原因。
- 能叙述同化产物运输形式、途径、速度和分配规律，粮食、种子和果蔬在成熟和贮藏过程中的生理变化，植物营养生长的特性及其成花的光温条件。

任务5.1　同化产物的运输、分配及相关生理现象的分析

5.1.1　知识和技能要求

- 能正确叙述同化产物运输形式、途径、速度和分配规律。
- 能结合课文内容分析案例，正确解释环割实验现象，长小蒜、小菜和“蹲棵”的原因。

5.1.2　情境（情景）设计

（1）问题的提出

1）说出同化物运输的两大系统、两种形式及两大途经。

2）植物叶片就是植物代谢源吗？说明理由。

3）讲述“库–源”单位。

4）述说调整植物体内同化物运输以提高产量的措施。

（2）分析案例材料的准备　切口上部长出瘤状物的环剥枝条、内长小蒜的大蒜瓣、叶基部长小菜的大白菜。

5.1.3　支撑知识

（1）光合作用产物

光合作用的产物主要是碳水化合物，包括单糖（葡萄糖、果糖）、双糖（蔗糖）和多糖（淀粉），其中以蔗糖和淀粉为最普遍。有些植物如洋葱、大蒜的光合产物则是葡萄糖和果糖。用示踪原子^{14}C标记的$^{14}CO_2$进行实验的结果表明，蛋白质、脂肪和有机酸也都是光合作用的产物。但大多数蛋白质、脂肪和有机酸是通过碳水化合物代谢的中间产物再度合成的。以上述光合产物为基础，通过中间代谢，还可以形成种类繁多的次生产物，例如生长素、维生素、木质素、各种有机酸、植物碱和类萜化合物等。上面所述的同化产物，均属于有

机物。

（2）植物体内同化物的运输

1）同化物运输的系统和途径　共质体和质外体是高等植物体的两大运输系统。在高等植物中，同化物的运输主要采用在细胞内或细胞间进行的短距离运输和通过专门的输导系统进行远距离运输两种形式。木质部和韧皮部都有运输功能。同化物在木质部中运输只能随木质部液流向上作单向移动。在木质部和韧皮部之间，靠维管射线进行少量同化物的横向运输。韧皮部中同化物的运输可上可下，即作双向运输，它是同化物运输的主要途径。

①短距离运输　短距离运输分为细胞内运输和细胞间运输两部分。

a. 细胞内运输　细胞内运输主要指细胞内各细胞器间的物质交换。如分子自由运动、分子扩散推动原生质的环流，细胞器膜内、外的物质交换，以及囊胞的形成与囊胞内含物的释放等。

b. 细胞间运输　细胞间运输是指细胞间通过质外体、共质体以及质外体与共质体之间的短距离运输。

②长距离运输　近代采用示踪原子法，进一步证明同化物是靠韧皮部进行长距离运输的。用$^{14}CO_2$饲喂叶片，进行光合作用后，就发现在叶柄或茎内含^{14}C的光合产物主要积累在韧皮部。

2）同化物运输的形式与速度　对韧皮部运输物质的试验证明：韧皮部中运输的物质90%以上是糖，其中主要以蔗糖为主，此外，还有少量的棉子糖、水苏糖、甘露糖醇或山梨糖醇等。含氮化合物的运输，主要是以氨基酸和酰胺的形式进行。

有机物在韧皮部中的运输速度随植物的种类而异。用放射性同位素示踪法测得：玉米为每小时15～660cm，向日葵为30～240cm，甘薯为30～72cm，榆树为10～120cm，松树为6～48cm。一般为每小时65cm左右。

（3）植物体内同化物的分配

1）源与库的概念及相互转化

①代谢源与代谢库的概念　所谓“源”是指制造养料为其它器官提供营养的部位和器官，主要是成长着的功能叶片，“库”则是消耗养料或贮藏养料的部位和器官，如幼嫩的叶、茎、根、花、果、种子等。同化物质的分配运输是一个比较复杂的生理过程，这个生理过程有它的规律性。这个规律在植物外观体现为同化物供求上的两器官（或两部分）的对应关系，那就是“库－源”单位。如菜豆某一复叶的光合同化物主要供给着生此叶的茎及其腋芽；再如结果期的番茄植株，通常每隔三叶着生一果穗，其果穗及其以下三叶便组成一个“库－源”单位。

②代谢源与代谢库的相互转化　“源”和“库”的概念是相对的，它随生育期的不同而变化，如幼叶就无养料的输出而是消耗养料的器官，它不

是“源”而是“库”，但随叶片的成长就会输出有机物，由“库”转变为“源”。“库－源”单位的概念也是相对的，它会随着生长条件而变化，并可人为地改变。如将番茄植株上的某一果穗摘除，该“库－源”单位的三张叶片制造的光合产物也可以向其它果穗输送。

明确“源”、“库”概念和“库－源”单位，为人们实际生产中的作物整枝、摘心、疏果等栽培技术奠定了生理理论基础。

③代谢源与代谢库关系的三种类型

a.“源”限制型　这是一种“源”小“库”大的类型，叶片产生的同化物满足不了“库”的需要，限制产量形成的主要因素是“源”的供应能力。这一类型的植物，若为棉花、果树等，往往由于“库”数目过多，把“源”的同化物源源不断地调入时，时常导致叶片早衰和花、果实的脱落；而水稻等，结实率低，空壳率高。

b.“库”限制型　这是属于“源”大“库”小的类型，限制产量形成的主要因素是“库”的接纳能力。这一类型的作物，单位叶面积的载花量小。因此，结实率高且饱满，但整个产量不一定高。

c.“库－源”互作型　这是一种过渡状态的中间类型。不论是定“源”增“库”，还是定“库”增“源”，产量均随之增加。此种类型的产量是由“库”、“源”协同调解的，因此，在生产上，要把栽培植物不同时期的叶面积系数的大小，作为高产栽培、合理施肥的重要指标，对于制定栽培措施有更重要的实践意义。

实践证明，“源”是“库”的供应者，而“库”对“源”具有一定的调解作用，“源”“库”两者相互依赖，相互制约。在实际生产中，必须根据植物生长的特点，以及人们对植物的要求，确定适宜的“源”、“库”量。栽培技术上采用去叶，提高CO_2浓度，调节光强等处理可以改变“源”的供应能力；而采用去花、疏果、变温，使用呼吸控制剂等处理，可以改变“库”的贮运能力。

2）同化物质的分配规律　植物体内同化物的分配是动态的，总规律是由“源”到“库”，现归纳为以下几点：

①优先运向生长中心　生长中心是指正在生长的主要器官或部位，其特点是代谢旺盛，生长快，对养分的吸收能力强。但生长中心往往随植物生育期的不同而变化，因此同化物的分配也相应转移。比如，植物前期以营养生长为主，因此根、茎、叶是生长中心；随着生殖器官的出现，植物的生长由营养生长转入生殖生长，这时生殖器官就成为生长中心，因而也成为分配中心。如禾谷类作物在成熟时几乎有1/3～1/2的同化物集中到籽粒中，而茎秆内剩下的同化物极少。再比如，不同器官吸收养料能力不同，同化物分配中心也发生变化。在营养器官中，茎、叶吸收养料的能力大于根，特别是当光合产物较少时，就常优先分配到地上器官，很少运至根部，这样会造成根系发育不良；在生殖器官中，果实吸收

养料能力大于花，如大豆、棉花等植物开花结实后，当干旱或者光照不足，降低叶的光合作用时，光合产物就优先运入果荚或棉铃中，使花蕾得不到足够的同化物而脱落。

人们在农业生产实践中，对棉花、番茄、果树进行摘心、整枝、修剪等办法，就是改善光合条件和调整有机养料的分配，促进同化物的积累以提高座果率和果实产量。

②就近供应　叶片所形成的光合产物主要运至邻近的生长部位。一般说来，植物茎上部叶片光合产物主要供应茎顶端及其上部嫩叶的生长；下部叶则主要供应根和分蘖的生长；处于中间的叶片，它的光合产物则上、下部都供应。当形成果实时，所需的养分主要靠和它最邻近的叶片供应。例如，大豆的叶腋出现豆荚后，这个叶片的光合产物，主要供应这个豆荚，当这个叶片受到损伤，或者光合作用受阻时，由于这个豆荚得不到养料就会发生脱落。棉花也类似，如叶片受伤，同节上的蕾铃就容易脱落。因此，保护果枝上的叶片正常地进行光合作用，是防止棉花蕾铃脱落的方法之一。

果树营养枝的光合产物的分配也随距离的加大而减少，所以营养枝在树冠中均匀的配置，对调节营养，均衡树势，保证器官建成，高产稳产，有重要意义。

由于果实的位置在不同植物上不相同，所以对果实产量影响最大的叶位也不一样。例如，稻、麦主要为旗叶（穗下叶），其次为第二叶；玉米为穗位叶，其次为上、下部二片叶；棉、豆类为果实附近的叶片。根据这一规律，要注意保护花、果附近的叶片，并使其有较好的光照条件，促进光合积累以供应较多的同化物。

③纵向同侧运输　用放射性同位素^{14}C供给向日葵叶子，发现只有与这叶片处于同一方向的子实里才有放射性^{14}C，这是由于输导组织纵向分布所致。在纵向运输畅通的情况下，往往只运给同侧的花序或根系，而水和无机盐也是由同一方位的根系供给相同方位的叶片和花序。

总之，同化物分配规律虽很复杂，但其基本原则是：首先，“源”本身制造养料能力要超过其自身的消耗，有多余才能输出；其次，分配到哪里和分配多少，决定于接受器官之间的竞争能力，也就是哪个器官生长势强，以及部位靠近，哪个器官就分配得多。因此在生产管理上，尤其在生殖器官形成时期，要改善田间光照条件和水肥措施，既要保证功能叶高效的光合能力，又要促进接受养料器官的生长优势。近年来，用激素类物质如萘乙酸、赤霉素等来处理生殖器官，发现不但可以促进其生长，而且能增强其争夺养料的能力。

3）同化物的分配与再利用　所有生物在其生命活动中，都存在着合成、分解的代谢过程，该过程循环往复，直至生命终止。植物体除了已经构成植物骨架的细胞壁等成分外，其它的各种细胞内含物在该器官或组织衰老时都有可能被再度利用，即被转移到另外一些器官或组织中。植物种子在适宜的温度、水分、氧气条件下，就能生根、发芽，这一自养阶段的过程就是同化物再分配与再利用的过程。

许多植物的器官衰老时，大量的糖以及可再度利用的矿质元素如氮、磷、钾都要转移到就近新生器官中。植物在生殖生长时期，营养体细胞内的内含物向生殖器官转移的现象尤为突出。就是在生殖器官内部，许多植物的花在完成受精后，花瓣细胞中的内含物也会大量转移到种子中，以致花瓣凋谢。

细胞内含物质的转移与生产实践密切相关，只要我们明确原理，采取一定的调控手段，就能得到良好的效果。如小麦叶片中细胞内含物过早转移，会引起该叶片的早衰；过迟转移则会造成贪青迟熟。小麦在灌浆后期，如遇干热风的突然袭击，不仅叶片很快失水枯萎，同时，该叶片的大量营养物质不能及时转移到籽粒中。再如突然的高湿或低温也会发生类似现象。农产品的后熟、催熟、贮藏和保鲜等与物质再分配关系同样密切相关。

4）同化物质的分配与产量 要达到提高产量的目的，必须促使更多的同化物运往经济器官中。然而，在栽培上就得设法，让栽培植物提高以下三项指标：

①源的输出能力 功能叶的光合强度一般与同化产物的输出速率存在着显著的正相关。某些试验表明，随着光合强度的增强，运输速率随之加快。试验还发现，光照强度不仅通过光合作用间接影响光合产物的运输过程，还直接影响光合产物从叶内输出。

②库的拉力 输入器官“库”的拉力是指对灌浆物质的吸取能力。据沈允钢试验表明，稻穗是灌浆期间吸取能力最强的输入器官。

③输导组织的分布 受精后胚囊之所以能成为吸收中心，与囊内激素的含量较多有直接的关系，尤其生长素含量。同时也证明，与输导组织的分布状况同样有直接的关系。有机物是在筛管内运输的，并由韧皮部薄壁细胞从能量上给以支持，而这些能量来自于呼吸作用。因此，一切不利于输导组织呼吸的因素均会减缓有机物质的运输。

5.1.4 拓展知识

（1）细胞间的物质运输

1）质外体运输 质外体运输是物质在质外体中的运输。由于质外体中液流的阻力小，所以物质在质外体中的运输速度较快。但质外体内没有外围的保护，运输物质容易流向体外，同时运输速率也受外力的影响。

2）共质体运输 物质在共质体中的运输称共质体运输。与质外体运输相比，共质体中原生质的黏度大，运输阻力大，但共质体中的物质有质膜的保护，不易流失到体外。一般而言，细胞间的胞间连丝多，孔径大，同化物存在的浓度梯度大，有利于共质体的运输。

3）质外体与共质体之间的运输 质外体与共质体之间的运输为物质通过质膜的运输。它包括三种形式：第一，顺浓度梯度的被动转运。包括自由扩散和通过通道或载体的协助扩散。第二，逆浓度梯度的主动转运。包括一种物质伴随另一种物质进出质膜的伴随运输。第三，以小囊泡方式进出质膜的膜动转运。包括内吞、外排和出胞等。

(2)影响和调节同化物运输的环境因素

植物体内同化物质的运输和分配受温度、水分、光照和营养元素等影响。

1)温度　温度影响同化物的运输速率。不同温度处理植株的试验表明，低温抑制同化物运输，20～30℃时的运输量最大，温度再升高，运输又下降。温度也影响同化物的分配方向。例如，当土温高于气温时，光合产物向根部运输的比例大，当气温高于土温时，光合产物向冠部运输比例大。

昼夜温差对同化物分配有很大影响。在生理温度允许的范围内，昼夜温差大有利于同化物向籽粒分配，也有利于块根、块茎的生长。

2)水分　水既是同化物质的运输介质，又是光合作用的原料，所以水分不足必定影响同化物的运输与分配。其原因为：

①水分不足，气孔关闭，光合速率降低，使得叶肉细胞内可运态蔗糖浓度降低，结果从源叶输入到韧皮部内的同化物质减少。

②在缺水条件下，筛管内集流运动的速度降低。

3)营养元素　对同化物运输影响最大的营养元素有氮、磷、钾和硼。

①氮　供氮必须适量，使C/N比维持在适宜的比例。如氮素过多，导致植物营养生长过于旺盛，光合产物用于生长多，用于茎鞘贮藏较少，进而减少再度向籽粒的分配。然而氮素过低，容易引起功能叶片早衰。

②磷　磷参与同化物的形成，是光合循环不可缺少的重要元素。它以高能磷酸键形式贮存和利用能量，广泛参与植物的代谢，促进光合速度。所以磷有促进同化物质运输的作用。因此，在作物产量形成后期，适当追施磷肥有利于同化物质向经济器官内运输，提高产量。如在棉花开花期喷施磷肥，也能达到减少蕾铃脱落的目的。

③钾　对同化物运输与分配的影响表现在两个方面：一是促进碳水化合物的运输；二是促进运入库中的蔗糖转化为淀粉，以利维持韧皮部两端的压力势差。

④硼　硼对同化物的运输具有明显的促进作用。一方面，硼能促进蔗糖的合成，提高可运态蔗糖所占比例；另一方面，硼能以硼酸的形式与游离态的糖结合，形成带负电的复合体，容易透过质膜。因此，在作物灌浆期，叶面喷施硼肥有利于光合产物输入籽粒，具有增产效果。

5.1.5　典型案例分析

(1)环剥试验现象

1)环剥试验　环剥就是把植物树干或枝条上形成层以外的组织，主要是将韧皮部剥去一窄圈。

2）环剥试验现象　如果环剥较宽，切口上部组织增生，时间一长就会形成愈伤组织，长成瘤状物（图5–1）。

3）环剥试验现象原理　环剥后同化物往下运输的通道被切断，养分就积累在环剥口以上的部分，促使切口上部愈伤组织长成瘤状物。

4）环剥试验的生产意义

①可以促进花芽和果实的生长。例如，苹果树在开花前于侧枝基部进行环剥，有防止落花落果、增大果实和提高果实含糖量的效果。

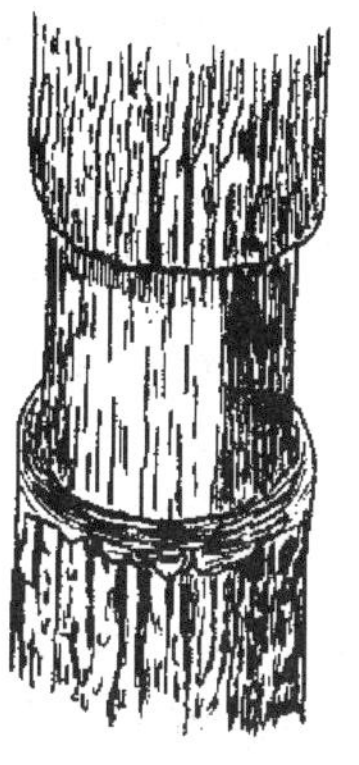

刚环割

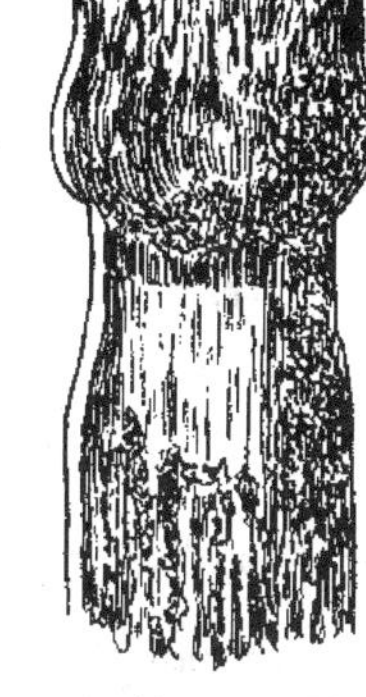

环割后一段时间形成瘤状物

图 5–1　木本枝条的环割

②提高果树高空压条成活率。荔枝在扦插前采用环剥，切口上部产生瘤状物后可促进不定根的产生，此时切下进行扦插可大大提高成活率。

5）环剥试验的危险　在主干上进行环剥时，如果环剥较宽，当年不能形成愈伤组织，根系就会饥饿至死，这就是所谓的“树怕剥皮”。

6）环割试验的证明　环割试验用事实证明，韧皮部是植物进行长距离地向下运输同化物的主要途径。

（2）大蒜瓣内长小蒜，大白菜叶基部长小菜的现象

冬贮大蒜、大白菜到春天时常见到大蒜瓣内长小蒜、大白菜叶基部长小菜的现象。已收获的大蒜、大白菜在贮藏过程中，其蒜瓣或外叶不断枯萎，内部有机物不断分解，转化出的同化物质和矿质元素再度利用到小蒜和小菜中，这种再度利用是植物体的营养物质在器官间进行再分配、再利用的普遍现象。这说明植物器官在离体后仍能进行同化物的转运。

（3）“蹲棵”的措施

北方农民在严重霜冻来临之际，为减轻植株茎叶的冻害，把玉米连秆带穗一同拔起并堆在一起的生产措施为“蹲棵”。由于这种措施大大地减轻植株茎叶的冻害，使茎叶的有机物继续向籽粒转移，所以一般可增产5%～10%。水稻、小麦、芝麻、油菜等收获后堆在一起，并不马上脱粒，对提高粒重效果同样比较明显。

5.1.6　任务实施方法与步骤

（1）完成展示活动的素材收集

（2）小组讨论与成果展示、巩固训练

学生对照课文，反复思考问题，能讲述同化产物运输形式、途径、速度和分配规律。结合典型案例，能独立解释环割试验现象，长小蒜、小菜和“蹲棵”的原因。

课后结合课文，将问题解答在作业本上；将分析案例结果记载在作业本上。

任务5.2 粮种蔬菜贮藏条件的拟定及呼吸作用的实践应用

5.2.1 知识和技能要求

• 能正确叙述粮食、种子和果蔬在贮藏过程中，其生理变化过程。

• 能结合生产中农产品贮藏的案例分析，自行拟定适合粮食、种子和果蔬贮藏的条件。

5.2.2 情境（情景）设计

问题的提出

1）解释呼吸作用对植物生长的影响。

2）叙述粮食和种子贮藏期间发生的主要生理变化。

3）讲述贮藏粮食和种子的目的、条件和原则。

4）说明果蔬贮藏原则及肉质果实贮藏期间的生理变化。

5.2.3 支撑知识

（1）呼吸作用与作物栽培

哪里有生命活动，哪里就有呼吸。呼吸作用作为植物的代谢中心，不仅影响作物的无机营养与有机营养，而且影响物质的吸收、转化、运输与分配，最终影响细胞的分裂、组织的产生、器官的形成和植株的长大。

（2）呼吸作用与农产品贮藏

1）呼吸作用与粮食和种子的贮藏

①粮食和种子贮藏期间的生理变化　粮食的贮藏与呼吸作用密切相关，种子是有生命的机体，不断地进行呼吸。当种子的含水量低于一定限度时，其呼吸极低，若含水量超过一定限度，则呼吸急剧增强。这是由于含水量少时，种子内的水分都呈束缚水状态存在，它与原生质胶体牢牢地结合在一起，因此，各种代谢活动包括呼吸作用都不活跃；当种子含水量增高超过一定限度时，细胞内就出现了自由水，各种酶的活力大大增高，呼吸作用便急剧增强。

呼吸过程引起有机物质消耗转化，呼吸放出的水分会使粮堆湿度增大（粮食“出汗”），呼吸放出的热量使粮温升高，这些都促使粮食呼吸增强，最后导致粮食发热霉变，使贮藏种子的质量发生变化，或品质下降，严重时失去利用价值。因此，在贮藏过程中必须降低粮食的呼吸速率，确保安全贮藏。

②粮食和种子贮藏的目的　a. 使商品粮不发霉变质，不降低商品价值；b. 使

作为种植资源的种子保持生命活力，尽量延长寿命。

③贮藏种子必须考虑的外界条件　温度、水分、氧气以及微生物和仓虫等。

④贮藏种子的原则　低温、干燥、少氧、通风。

2）呼吸作用与果蔬贮藏

①果蔬贮藏原则　肉质果实和蔬菜含水分较多，贮藏前不能干燥，因为干燥会造成皱缩，失去新鲜状态。在尽量避免机械损伤的基础上，控制温度、湿度和空气成分，降低呼吸消耗，推迟呼吸高峰的出现。使肉质果实、蔬菜保持色香味等新鲜状态。

②肉质果实贮藏期间的生理变化　果实生长时期，呼吸作用逐渐降低。但有些果实在生长结束、成熟开始时会出现呼吸突然升高的现象，称为呼吸高峰或呼吸跃变期。有呼吸跃变期的果实，如：苹果、梨、番茄、西瓜、香蕉、草莓、桃、李、杏、白兰瓜、哈密瓜、芒果等。有些果实没有明显的呼吸高峰，如：葡萄、瓜类、柑橘、橙、樱桃、无花果、柠檬、凤梨等。呼吸高峰一般在贮藏期间发生，但长久留在树上的果实也有呼吸高峰出现。目前一致认为，呼吸高峰的出现与乙烯产生有关。在果实呼吸高峰出现前，均有较多的乙烯生成。一般说来，当果实、蔬菜中乙烯浓度达到0.1μL/L时，便会诱导呼吸高峰的出现，因此发现腐烂果应及时拣出。出现呼吸高峰时，呼吸强度可比以前高出五倍以上，果实食用的品质最好；过此高峰，品质下降，且逐渐不耐贮藏。

3）呼吸作用与块根、块茎的贮藏

与果实蔬菜不同的是，块根、块茎贮藏期间是处于休眠状态而非成熟过程中，它们没有呼吸高峰。但块根、块茎一般都具有皮薄、水分含量多等特点，贮藏时与果实、蔬菜有许多相似之处，如避免机械损伤，需要较低的温度、一定的湿度和气体成分。

5.2.4　拓展知识

（1）呼吸作用与植物抗病

一般情况下，寄主植物受到病原微生物侵染后呼吸速率会增强。这是因为：第一，病原菌本身具有强烈的呼吸作用，致使寄主植物表观呼吸作用上升；第二，病原菌侵染后，寄主植物细胞被破坏，导致底物与酶相互接触，呼吸的生化过程加强；第三，寄主植物被感染后，呼吸途径发生变化，糖酵解–三羧酸循环途径减弱，而磷酸戊糖途径加强。此外，含铜氧化酶类活力升高，例如，棉花感染黄萎病后，多酚氧化酶与过氧化物酶的活力增强，小麦感染锈病后，多酚氧化酶和抗坏血酸氧化酶的活力提高。有时氧化与磷酸化解偶联，引起感染部位的温度升高。

植物感病后，呼吸加强使植物具有一定的抗病力。植物的抗病力与呼吸上升的幅度和持续时间密切相关。凡是抗病力强的植株感病后，呼吸速率上升幅度大，持续时间长，抗病力弱的植株则恰好相反。

呼吸速率上升幅度大，持续时间长有利于：

①消除毒素。有些病原菌能分泌毒素致使寄主细胞死亡，如番茄枯萎病产生镰刀菌酸，棉花黄萎病产生多酚类物质。寄主植物通过加强呼吸作用，或将毒素氧化分解为CO_2和水，或转化为无毒物质；

②促进保护圈的形成。有些病原菌只能在活细胞内寄生，在死细胞内则不能生存。抗病力强的植株感病后呼吸剧增，细胞衰死加快，致使病原菌不能发展，而这些死细胞反而成为活细胞和活组织的保护圈；

③促进伤口愈合。寄主植物通过提高呼吸速率，加快伤口附近形成木栓层，促使伤口愈合，从而限制病情发展。

（2）贮藏粮食和种子的一般常识

种子含水量在4%～14%范围内，（在自然条件下风干或在低于40℃条件下风干）每降低1%可使种子寿命延长一倍。温度在0～50℃范围内，每降低5℃种子（风干后的）寿命延长一倍。例如，葱属的大多数种子，在室温条件下不到三年便失去生活力；若将种子含水量降至6%，贮于5℃以下的环境，20年后仍能萌发。水稻种子在14～15℃库温条件下，贮藏2～3年，仍有80%以上的发芽率。要使种子安全贮藏，在进仓前一定要晒晾干，达到安全含水量，又称临界含水量。当种子含水量超过安全含水量时，呼吸速率会急剧上升。可见，在粮食的贮藏中，控制水分含量和尽可能地降低贮藏温度极为重要。

（3）贮藏粮食和种子的方法

种子呼吸吸收氧，放出二氧化碳。若能适当增高二氧化碳含量，降低氧含量，便可减弱呼吸作用，延长贮藏时间。近年来，有些部门使用化学保管法，即以磷化氢（H_3P）气体抑制粮食长霉和发热。也有的采用脱氧保管法，即向粮堆内充入低氧含量的空气，降低种子的呼吸速率。也有用充氮保管法保管大米，即抽出粮堆（用塑料密封）的空气，再充入氮气，以抑制大米呼吸，可保持大米的新鲜度。

（4）贮藏肉质果实和蔬菜的两种方法

近年来，国外试验成功了高湿贮藏法，即利用98%～100%的高湿，降低在低湿（90%～95%）中贮藏的甘蓝、胡萝卜、花椰菜、韭菜、马铃薯以及苹果的腐烂率。在高湿中贮藏的产品，水分丧失减少，保持了蔬菜的鲜嫩度。特别是对于许多叶菜类，能保持鲜嫩的颜色，并且延长了蔬菜的贮藏寿命。

“自体保藏法”是一种简便的果蔬贮藏法。由于果实、蔬菜本身不断呼吸，放出二氧化碳，在密闭环境里，二氧化碳浓度逐渐增高，抑制呼吸作用（但容器中CO_2浓度不能超过10%，否则果实中毒变坏），可以延长贮藏期。如能密封加低温（1～5℃），贮藏时间更长。自体保藏法现已广泛被利用。四川南充果农将广柑贮藏于密闭的土窖中，贮藏时间可以达到四、五个月之久；哈尔滨等利用大窖套小窖的办法，使黄瓜贮存三个月不坏。

5.2.5　典型案例分析

（1）浸种催芽过程中，每隔一定时间要浇水和翻堆

分析：浸种催芽是促使种子萌发的过程。其过程主要的生理变化是有氧呼吸作用。浇水是为种子呼吸供应足够的水分，翻堆是为保证种子吸氧、放二氧化碳、散发种子呼吸放热。防止因呼吸放热而温度过高，同时避免无氧呼吸的发生。

（2）与呼吸有关的几个栽培措施

水稻育秧通常采用湿润育秧；早稻育秧在寒潮过后，适时排水；水稻的搁田、晒田，旱田作物的中耕松土，黏土的掺砂；湖洋田、低洼地的开沟排水，降低地下水位等。

分析：这些措施都是改善土壤的通气条件，增加土壤透气性，使根系得到充分的O_2。有效地抑制无氧呼吸，促进作物根系良好生长发育。

（3）温室栽培、薄膜育苗时适时揭开薄膜，果树夏剪中去萌蘖

分析：高温、光照不足利于植物呼吸消耗，不利于植物光合积累，所以培育出的幼苗不健壮。温室栽培和利用薄膜育苗时，适时揭开薄膜通风降温是解决高温和光照不足的矛盾，以降低呼吸消耗，培育出健壮的幼苗。果树夏剪中去萌蘖，有利于果树的通风透光。通风可以降低果树树冠内温度，控制呼吸，降低耗能。

（4）作物栽培中与呼吸有关的几个生理障碍

涝害淹死植株，干旱和缺钾导致植物生长不良甚至死亡，低温导致烂秧。

分析：涝害淹死植株，是因为无氧呼吸进行过久，累积酒精而引起中毒。干旱和缺钾能使作物的氧化磷酸化解偶联，导致生长不良甚至死亡。低温导致烂秧，原因是低温破坏线粒体的结构，呼吸“空转”，缺乏能量，引起代谢紊乱。

5.2.6　任务实施方法与步骤

（1）完成展示活动的素材收集

1）贮藏粮食和种子适宜条件的拟定　种子必须风干，含水量一般在8%～16%（因种子而异），如表5–1为国家规定入库种子的安全含水量。贮藏温度与种子安全含水量有关。安全含水量越高，贮藏温度要求越低。不过，种子含水量高而处在低温条件下则易受冻害。贮藏期间，必须防治害虫。

应用通风和密闭的方法以减少呼吸作用。通风的目的是散热、散湿。冬季或晚间开仓，西北冷风透入粮堆，降低粮温。密闭方式必须以粮食干燥、无虫为基础。在春末初夏的梅雨季节，进行全面密闭，防止外界潮湿空气侵入。

表5-1　　　　种子贮藏期的安全水分标准

作物种子	贮藏安全水分/%	作物种子	贮藏安全水分/%
籼稻	13.5	大豆	12
粳稻	14.0	蚕豆	12 ~ 13
小麦	12.0	花生（仁）	8 ~ 9
大麦	13.5	棉子	9 ~ 10
粟	13.5	菜子	9
高粱	13.0	芝麻	7 ~ 8
玉米	13.0	蓖麻	8 ~ 9
荞麦	13.5	向日葵	10 ~ 11

2）贮藏肉质果实和蔬菜适宜条件的拟定　柑橘、白菜、菠菜等贮藏前可轻度晾晒风干，以降低呼吸和微生物活动。

呼吸高峰的出现和温度关系很大。例如苹果，在22.5℃贮藏时，其呼吸高峰出现早而显著，在10℃左右就不那么显著，而在2.5℃以下几乎看不出来。所以贮藏果实时，主要是降低温度。但低温不能低到使组织受冻的程度。每种果实蔬菜都有其适宜贮藏温度。大多数果实贮藏温度在0 ~ 1℃，苹果为0 ~ 5℃，不可高于6℃。橙柑则以7 ~ 9℃为宜，梨为10 ~ 12℃，香蕉要在12 ~ 14.5℃，荔枝不耐贮藏，在0 ~ 1℃只能贮存10 ~ 20d，若改用低温速冻法，使荔枝几分钟之内结冻，即可经久贮藏。贮藏期间要保持一定的湿度，以防止果实萎蔫、皱缩，一般相对湿度在80% ~ 90%。

3）贮藏块根、块茎适宜条件的拟定　入窖前要晾1 ~ 2d，稳定呼吸，减少水分含量。甘薯贮藏温度为9 ~ 14℃最适温度为11 ~ 13℃。马铃薯在1℃以下易受冻变质，4℃以上时间长了会发芽产生有毒的龙葵素。2 ~ 3℃为最适温度。贮藏块根、块茎的相对湿度以85% ~ 90%为宜，低于80%则失水导致呼吸增强。

空气的控制方面，不要过早封闭窖口。入窖之初，由于气温较高，薯块呼吸旺盛，如果封窖过早，会使窖内缺氧，进行无氧呼吸，大量产生酒精，引起中毒、腐烂。因此，应该适当通风透气，随着气温的下降，逐步封闭窖口。

（2）小组讨论与成果展示、巩固训练

学生反复阅读课文，能叙述粮食、种子和果蔬在贮藏过程中其生理变化过程。反复思考典型案例，能独立拟定适合粮食、种子和果蔬贮藏的条件。

课后将对典型案例分析的结果和结合课文对问题的解答，记载在作业本上。

任务5.3　植物的营养生长及其状态分析

5.3.1　知识和技能要求

• 能正确地叙述高等植物生长的区域性、周期性和生长大周期及相关生长。

• 能结合对周边相关生产案例的分析，说明植物的营养生长与果实、种子产量的关系。

5.3.2　情境（情景）设计

问题的提出

1）介绍植物生长的区域，叙述植物的周期生长。

2）说明植物生长大周期现象。

3）解释“根冠比”大，根是否一定长得好；说明影响根冠比的条件。

4）描述植物的相关生长。

5.3.3　支撑知识

（1）植物生长的区域性和周期性

1）植物生长的区域性

①茎的顶端生长　茎的顶端生长锥是高等植物营养器官和生殖器官的发源地，营养体向生殖体的转变是在这里进行的；叶在茎上的排列顺序（对生或互生），花序的形状都是在生长锥中首先形成的器官原基时就已经确定的。植株地上部分各生长区的分生组织都是由这里衍生出来的。茎的顶端生长，在进入穗分化之前，一般可以维持无限的生长，它在植株生长势上占有最大优势，随时控制与调节着其它生长区（如在它下部的侧芽）的生长。

②根的顶端生长　根的顶端生长和茎的顶端生长不同，它不形成任何侧生器官，具有顶端生长优势，可以控制侧根的形成。一旦根尖折断，更多的不定根可从生长部位长出来。由于根受到土壤的阻碍，它的生长区要比茎的短得多。

③其它生长区　除了植物的顶端以外，植物各部分还分布一些其它的生长区。例如居间、侧生分生组织等所在部位，还有些内部生长区经常处在潜伏或抑制的状态。只有在适当时机或受到一定刺激后才活跃起来。它们不仅发源于顶端生长，同时，它们的活动也受顶端生长的控制。

2）植物生长的周期性　植物器官或全株的生长速度按其昼夜或季节发生着有规律的变化，这种现象称为植物生长的周期性。植物生长周期性变化与环境条件的变化紧密相关，而植物内部因素，在多种周期性变化中，也起着重要作用。

①生长的昼夜周期性　引起植物生长昼夜周期性的原因，主要是温度、光照和植物体内水分状况。在一天的过程中，昼夜光照强度不同，温度高低变化也很显著，因此，植物生长就产生周期性。一般植物的生长在夜间要比白天快，因为光抑制植物的生长，同时夜间土温较高。

②生长的季节周期性　植物生长的季节周期性总是和它原产地的季节变化相符的。这是长期在同一环境的影响下，植物形成了特定的遗传本性（内因）所致。在温带，春季芽的萌发、夏季的茂盛生长、秋季的落叶、休眠等现象，都是受到四季的温度、水分和日照等条件通过其内因引起的生长季节周期性

变化。

（2）植物生长大周期

植物的全株或个别器官在整个生长过程中，其生长速度都表现出“慢–快–慢”的基本规律，开始时生长缓慢，以后逐渐加快，达到最高点后，生长速率又减慢以致停止。我们把植物生长的三个阶段总和起来称为生长大周期。生长最快的阶段称为大生长期。用坐标表示，则生长大周期呈S形曲线。

（3）植物生长的相关性

植物各器官既有精细的分工，又是一个完整的统一体。因此，植物各部分间的生长有着极为密切的关系。植物体各器官间的相互制约与协调的现象，称为相关性。农业生产上为了获得高产优质的产品，经常利用水肥管理、施用药剂或整枝、修剪、密植等技术来调整各部位间的生长关系。

1）地下部（根）与地上部（茎、叶）的相关性　农业生产实践中总结出“根深叶茂”、“育苗先育根”等宝贵经验。为什么只有根生长得好，地上部分才能很好地生长呢？一方面，地下部生长所需要的大量碳水化合物和蛋白质等是由茎、叶提供的，而根系供应地上部分水和无机盐。另一方面，很多生理活性物质，如某些维生素、生长素等是在叶中合成后供应给根的，而近来研究证明，根的伤流液中含有多种氨基酸以及细胞分裂素、赤霉素和植物碱等，这些物质沿导管向上输送给茎、叶。这些物质的相互交流，才使根和茎、叶分别获得了自己不能满足而生长又必需的物质，从而得以正常生长的。上述表明根和茎、叶之间是处于相互依赖和相互促进的关系之中。植物的根和茎、叶所处的环境不同，二者所要求的条件也不完全相同，当环境条件发生改变时，往往对于茎、叶及根的影响也不一致，使这两部分的关系除了相互促进外，也经常处于矛盾和相互抑制中。这可以从根冠比（根干重/茎、叶干重）的变化中看出来。

当土壤比较干燥，氮肥供应适宜，能增大根冠比；相反，当土壤水分较多，氮肥过量，能降低根冠比。当然，根冠比的大小和光照、温度以及磷、钾肥的状况等也都有直接关系。应当注意的是，根冠比只是一个相对值，不表示根和茎、叶的绝对量的大小。所以，根冠比大的根，它的绝对量不一定大，很可能是由于地上部分生长太弱引起的。因此，在生产上应防止对根冠比的片面理解。

2）主茎与分枝、主根与侧根的相关性（顶端优势）　主茎的顶端生长而抑制侧芽生长的现象，称为顶端优势。不同植物顶端优势表现不同。树木中松柏杉等，草本植物中的向日葵、烟草、黄麻、高粱等，顶端优势都较强；只有当顶端去掉，邻近的侧枝才加速它们的生长。而小麦、水稻、芹菜等则比较弱，它们在营养生长期就可以产生大量的分枝（即分蘖）。

农业生产中，顶端优势具有广泛的作用，例如，果树整形修剪，棉花的打顶、去群尖，都是抑制顶端优势，控制营养生长，促进花果生长和减少脱落的有效措施；对于用材树木，为了得到挺直的树干，则必须去掉一部分侧枝，以保持顶端优势。

主根与侧根也存在顶端优势的关系，在树木、蔬菜移栽时，往往切断主根，以促进侧根的生长，这对培育壮苗是很重要的。

3）营养器官和生殖器官的相关性 营养器官和生殖器官的生长之间，基本上是统一的。生殖器官生长所需要的养料，大部分是由营养器官供应的，一些地区作物产量不高的原因，主要是水肥不足，营养体生长太差的结果。但是，营养器官和生殖器官生长之间也存在矛盾。当营养器官生长过旺，消耗较多的养分，便会影响到生殖器官的生长。例如，小麦、水稻前期肥水过多，造成茎叶徒长，就会延缓幼穗分化过程，显著增加空瘪粒；后期肥水过多，造成贪青晚熟，影响粒重。又如果树、棉花等枝叶徒长，往往不能正常开花、结实，甚至茬、果脱落严重。因此，增施磷、钾肥，适当供应氮肥和减少水分的供应，有利于生殖器官的生长。

5.3.4 拓展知识

（1）植物生长、分化和发育

任何一种生物个体，总是要有序地经历发生、发展和死亡等阶段，人们把一个生物体从发生到死亡所经历的过程称为生命周期。种子植物的生命周期，要经历胚胎形成、种子萌发、幼苗生长、营养体形成、生殖体形成、开花结实、衰老和死亡等阶段。习惯上把生命周期中呈现的个体及其器官的形态结构的形成过程，称为形态发生或形态建成。在生命周期中，伴随形态建成，植物体发生着生长、分化和发育等变化。

1）生长 生长指在生命周期中，由于细胞的分生和增大，引起细胞、组织、器官以及整个植株的体积和重量发生不可逆增加的过程。如植物器官体积扩大或干重增加都是典型的生长现象。通常将营养器官的生长称为营养生长，繁殖器官的生长称为生殖生长。

2）分化 分化指在植物的生长过程中，其细胞、组织、器官在形态、机能和化学构成上发生异质化的过程。例如，从受精卵细胞分裂转变成胚；从生长点转变成叶原基、花原基；从形成层组织转变成输导组织、机械组织、保护组织等。这些转变过程都是分化。正是由于这些不同水平上的分化，植物的各个部分才具有不同的形态结构与生理功能（异质性）。因为细胞与组织的分化通常是在生长过程中发生的，因此，分化又为“变异生长”。

3）发育 在植物的生命周期中，由于生长和分化，使其组织、器官以及整个植株在形态、结构和生理功能上发生有序转变的过程。从广义上讲，它泛指生物的发生与发展。例如，从叶原基的分化到长成一片成熟叶片的过程是叶的发育，同理有根的发育，花的发育、果实的发育等。狭义的发育是指生物从营养生长向生殖生长的有序转变过程，其中包括性细胞的出现、受精、胚胎形成以及新的繁殖器官的产生等。

4）生长、分化与发育的相互关系　根据它们的性质和表现区别为：生长是量变、基础；分化是质变；发育则是器官或整体有序的一系列的量变与质变。一般认为，发育包含了生长和分化。如花的发育，包括花原基的分化和花器官各部分的生长。可见发育只有在生长和分化的基础上才能进行。即没有营养物质的积累、细胞的增殖、营养体的分化和生长，就没有生殖器官的分化和生长，就没有花和果实的发育。但同时，生长和分化又受发育的制约。植物某些部位的生长和分化往往要通过一定的发育阶段后才能开始。如水稻幼穗的分化和生长必须在通过光周期的发育阶段之后才能进行，这就表明不同的发育阶段有不同的生长数量和分化类型。也可以说生长和分化构成了发育；在发育过程中，贯穿着生长和分化。

植物的发育是植物的遗传信息在内、外条件影响下有序表达的结果。

（2）顶端优势现象的产生

主要是生长素的作用。茎尖产生的生长素，在植物体内是由形态学的上端往其下端运输，使侧芽附近的生长素浓度加大，而侧枝对生长素比顶端更敏感，浓度稍大便被抑制，因此顶芽的存在会抑制侧芽的生长。另一方面，生长素含量高的顶端，成为营养运输的“库”，有机物质多运往顶端，从而也造成了顶端优势。近年来证明，细胞分裂素有解除侧芽的抑制作用，因此，认为顶端优势对侧芽的抑制作用，应包括来自顶端的生长素和来自根系的细胞分裂素的竞争作用，通常情况下，茎顶端生长素起主导抑制作用。

5.3.5　典型案例分析

（1）菜豆叶子白天呈水平状，而晚上则呈下垂状

人们发现，这种运动即使在外界连续光照或连续黑暗及恒温条件下也较长时间地保持，因此称为休眠运动。人们认为它是一种内源性节奏现象，并把在生物体内存在的这种内源性节奏现象称为生物钟。生物钟的现象在生物界广泛存在，包括植物、动物和人类。植物方面的例子很多，如荷花在清晨开放而在傍晚关闭等。

（2）果树或茶树育苗时，必须在果苗生长前期，加强水肥管理

这是植株生长最快的时期到来之前，加强水肥管理的实例。只有这样才能积累多量的光合产物，树苗生长良好，形成大量枝叶，使果苗生长健壮。如果在树苗生长后期才加强水肥管理，会使生长期延长，枝条幼嫩，树苗脆弱，抗寒力低，易受冻害。禾谷类等作物，也应在前期加强水肥管理，否则会造成贪青晚熟，降低产量和品质。

（3）调整植物根、冠相关生长的两项生产措施

1）大田作物苗期和果、蔬的育苗中，常控水蹲苗

大田作物整个苗期和果、蔬育苗后期，常常控制对植株根系的供水，以提高根系的环境温度及氧气含量，促进根系的呼吸代谢，使根系向深处良好地生长、发育。以提高根冠比，获得壮苗。这就是生产中蹲苗的办法。

2）甘薯类作物栽培中，前期施氮肥，保水分，后期增施磷、钾肥，减氮肥

以地下根为收获物的甘薯类作物，在生育前期地上部分多积累养分，生长充分发展，是为后期结薯块打基础；结薯期则要求有比较发达的根系，才能结出又多又大的薯块。在生产上，前期不仅要注意施用氮肥，而且还要有充足的土壤水分，而在后期应使氮肥减少，并增施磷、钾肥（磷使糖向根运输，钾使淀粉积累），有利于块根的形成。以根冠比为指标，一般在甘薯生长前期，根冠比值应控制在0.2左右，接近收获期应在2左右，这样就可以夺得丰收。

（4）生殖器官和营养器官相关生长的现象

试验证明，在番茄开花结果时，如让花果自然成熟，营养器官生长就日见衰弱，最后衰老、死亡。如果把花果不断摘除，营养器官就继续繁茂生长。竹子营养生长可维持几十年，但一旦开花，往往由于旺盛的结实，就会造成全片竹林枯萎死亡。多年生的果树，大量结实后，会使树势衰弱，影响花芽的形成，使次年产量降低，造成所谓的大小年现象。适当供应水、肥，合理修剪或适当疏花、疏果能克服以上现象。这主要是果实消耗大量营养物质，即生殖生长限制营养生长。

对于以营养器官为收获物的植物，如茶树、桑树、麻类及蔬菜中的叶菜类，则可通过供应充足的水分，增施氮肥，摘除花或花芽和修剪等措施来控制生殖器官的生长。

（5）葡萄、茶、杨、柳等扦插时顺插和嫁接时接穗与砧木同向才容易成活

葡萄、茶、杨、柳等扦插繁殖和甘薯等育苗及嫁接时接穗的成活，利用的就是植物的再生作用；扦插时必须顺插和嫁接时接穗与砧木同向才容易成活，利用的就是植物的极性原理。植物各器官的生长虽然有相关性，但也有它们的独立性。植物体形态学两端各具有不同生理特性，即形态学下端总是长根，上端总是长芽的现象，称为极性。因此，也可以说，极性是各部分的独立性。植物具有恢复植物体与植株分离了部分的能力的现象，称为再生作用。

5.3.6　任务实施方法与步骤

（1）完成展示活动的素材收集

（2）小组讨论与成果展示、巩固训练

学生反复阅读课文，能叙述高等植物生长的区域性、周期性和生长大周期及相关生长。反复思考典型案例，能解释农业生产中生物钟现象和蹲苗、块

根、块茎的增产、生殖与营养相关生长的调整及顺向扦插和同向嫁接能成活等一些栽培措施的原理。

课后将对典型案例分析的结果和结合课文对问题的解答，记载在作业本上。

任务5.4　植物的成花生理及相应生产措施的生理分析

5.4.1　知识和技能要求

• 能说出春化作用、光周期现象及植物成花的规律。

• 能结合光、温对植物开花影响的案例分析，说明植物成花理论在生产上的应用。

5.4.2　情境（情景）设计

问题的提出

1）说明"温度是植物感受春化的唯一条件，种子是唯一时期。"是否正确。

2）讲述光周期、光周期现象，植物对光周期的反应和光周期诱导及植物感受光周期的部位和开花刺激的传导。

3）解释长日、短日植物的差别，是否为它们所受光照时数的绝对值。

4）说明光期与暗期对植物成花的作用。

5.4.3　支撑知识

（1）温度对植物开花的影响（春化作用）

春化作用是许多温带植物发育过程中表现出来要求低温的特性。但是一些喜温作物，如水稻、棉花等的发育过程中，开花并没有对温度的严格要求，这些植物可能不存在春化现象。

1）低温和春化作用　人们很早就注意到，冬小麦必须在秋季播种，出苗后经过冬季低温的作用，次年夏初才能抽穗开花。如果将冬小麦改在春季播种，它便只繁茂生长枝叶，不能开花结实。对冬小麦来说，秋末冬初的低温就成为花诱导的必需条件。这种需要一定时间的低温使植物开花的现象，称为春化作用。人工给予低温来处理萌动的种子，使它完成春化作用，就称为春化处理。应当注意的是，"春化"一词不仅限于种子对低温的要求，也包括其它时期植物对低温的感受。

各种植物春化所要求的温度不同，这种特性是该种植物在系统发育中所形成的。根据春化过程对低温要求的不同，可将植物分为冬性、半冬性和春性类型。不同类型所要求的低温范围和时间也不同，一般说来，冬性越强，要求的春化温度越低，要求的春化天数也越长（表5–2）。

表5-2　　各类型的小麦通过春化需要的温度和天数

类型	春化温度范围/℃	春化天数/d
冬性	0 ~ 3	40 ~ 45
半冬性	3 ~ 6	10 ~ 15
春性	8 ~ 15	5 ~ 8

植物的春化过程对开花只起诱导作用，低温本身并不引起植物开花，在春化过程完成以后，花原基仍不出现，只有经过以后的阶段，植株在较高温度下才能分化出花来。一些二年生植物，如芹菜、胡萝卜、萝卜、白菜、荠菜、甜菜和天仙子等也都有春化现象，第一年形成丛生叶的植株，在冬季中满足了低温的条件，第二年才抽薹开花，其春化所需的低温略高于0℃，时间从几天到几周不等。

温度是春化作用的主要条件，除此还要求适量的水分、养分和充足的氧气。

2）春化作用进行的时期和部位　低温对花诱导的影响，一般可在种子萌发或在植株生长的任何时期中进行，也可在苗期进行，其中以三叶期最快。少数植株如甘蓝（圆白菜、菜花等）、月见草、胡萝卜、洋葱等，则不能在萌发种子状态进行春化，只有在绿色幼苗长到一定大小，才能进行春化。

接受低温影响的部位是茎尖端的生长点。如芹菜种植在高温的温室中，由于得不到花芽分化的低温，不能开花结实。但是，如果用橡皮管把芹菜的顶端缠绕起来，管内不断通入冰冷的水流，使茎的生长点获得低温，就能通过春化，在长日照下开花结实。反过来，如把芹菜放在冰冷的环境中，而使茎生长点处于高温下，就不能开花结实。此方法用甜菜进行试验，也得到同样的结果。但也有的实验表明，离体叶片或根系，获得春化所需温度后，它们再生出来的植株也可开花。因此，可以说，不论在植物体的什么部位，凡是正在进行细胞分裂的组织，都可以接受春化处理。

3）春化作用完成后植株的生理变化　植物经过春化作用后，在外形上没有明显的差异，但内部生理过程却发生了深刻的变化。一般是，蒸腾作用增强，水分代谢加快；叶绿素含量增多，光合速率加快，许多酶的活力增强，呼吸增高。由于春化后植物的代谢旺盛，因而抗逆性特别是抗寒性便显著降低。

（2）光照的影响（光周期现象）

所谓光周期就是一昼夜间光照与黑暗的交替（昼夜的相对长度）。很多植物在开花之前，有一段时期，要求每天有一定的光照或黑暗的长短，才能开花，这种现象称为光周期现象。

1）光周期现象及植物对光周期的反应　植物开花有明显的季节性，现在知道这种开花的季节性与光周期有密切关系。根据植物开花对光周期的不同反应，一般可将植物分为三种主要类型，即短日植物、长日植物、日中性植物。

①短日植物　这类植物要求每天日照时数小于一定限度（或每天连续黑暗

大于一定限度）才能开花。而且在一定范围内，黑暗时间越长，开花越早。但短日植物每天日照太短，也会由于光合时间太短，基本营养不足，而不能开花甚至死亡，一般每天光照时数不能低于6h。秋季日照逐渐缩短时开花的植物，多属此类。如大豆、紫苏、晚稻、玉米、高粱、甘薯、烟草、大麻、红麻、黄麻、菊等。

短日植物每天要求的最长日照时数也因植物不同，在12～17h（表5–3）。这个引起短日植物开花最大日照长度，称为临界日长。短日植物只有在日照长度小于临界日长时才能开花。若日照超过临界日长，便延迟开花或不开花。

②长日植物　这类植物要求每天日照时数大于一定限度（或黑暗时数短于一定限度）才能开花，而且每天日照越长，开花越早。在连续光照或夜间增加灯光照射时，就能提早开花，反之，则延迟开花或不开花。

温带地区初夏日照逐渐加长时开花的植物，多属此类，如小麦、燕麦、油菜、萝卜、甜菜、菠菜、豌豆、亚麻等。

长日植物要求的最短日照时数因植物而不同，一般在9～14h（表5–3），每天短于这个日照时数，便不能开花或延迟开花，我们把这个引起长日植物开花的最小日照长度，又称为临界日长。长日植物只有在日照长度大于临界日长时才能开花。

③日中性植物　这类植物对每天日照长短要求不严格，只要其它条件适宜时，在任何日照条件下都能开花。如番茄、茄子、辣椒、菜豆、黄瓜等多种蔬菜，以及向日葵、花生、大豆的极早熟品种和双季稻的早稻等。

由此可见，长日植物和短日植物的区别，不在于它们要求多长和多短的日照时数才能开花，而在于它们对日照的要求有一个最低或最高的极限。长日植物对日照的要求有一个最低的极限，它们只能在此极限以上的日照下才能开花，而短日植物对日照的要求有一个最高的极限，它们只能在低于此极限的日照下才能开花。如表5–3所示，长日植物冬小麦的最低极限为12h，而短日植物烟草的最高极限为14h。这样，在13h的条件下，二者都能开花。因此，长日植物和短日植物的差别，主要的不是它们所受光照时数的绝对值上，而是在于超过还是短于其临界日长时开花。

表5–3　　一些长日植物和短日植物的临界日长

长日植物	24h周期中临界日长/h	短日植物	24h周期中临界日长/h
冬小麦	12	美洲烟草	14
白芥菜	14	草莓	10.5～11.5
菠菜	13	菊花	16
甜菜（一年生）	13～14	苍耳	15.5
毒麦	11	浮萍	14
木槿	12	裂叶牵牛	14～15
琉璃繁缕	12～12.5	红叶紫苏	14

续表

长日植物	24h周期中临界日长/h	短日植物	24h周期中临界日长/h
景天属	13	大豆 早熟种	17
天仙子	11.5（28.5℃下）	大豆 中熟种	15
	8.5（15.5℃下）	大豆 晚熟种	13～14

2）光周期诱导　植物只要得到足够日数的适合光周期，以后可以在任何日照长度下开花，这种现象称光周期诱导。光周期诱导日数随植物而不同，一般植物光周期诱导的天数为一至十几天。例如，短日植物大豆需2～3d，水稻1d，大麻4d，菊花12d；长日植物菠菜、油菜1d，甜菜15～20d等。

通常植物必须长到一定大小，才能接受光周期诱导，以晚稻来说，植株达到5～6片叶时才开始。冬性作物需经春化作用后才能接受光周期诱导。植物除开花具有光周期现象外，树木的秋季落叶、芽的休眠以及地下贮藏器官（块根、块茎、鳞茎等）的形成也都有光周期现象。

3）光期与暗期的生理意义　在自然环境中，植物是处于24h的光暗循环中，若使长日植物和短日植物受到不同于24h的循环，证明了植物开花对暗期的反应比对光期更明显。就是说，短日植物是在超过一定暗期时开花，而长日植物是在短于一定暗期时开花。但如果在长暗期的中途，用闪光（短暂的灯光照明小于30min）打断暗期的连续性，就会产生与短夜一样的效果，即短日植物不能开花，而长日植物开了花。如果反过来，用短暂的黑暗打断光期，则不论对长日植物或短日植物开花都没有影响（图5–2）。

由此看出，诱导植物开花的关键在于暗期的作用。为此，现在认为把短日植物称为长夜植物，把长日植物称为短夜植物，更为确切。同时，常常也用临界夜长（或临界暗期）来表示对暗期需要的极限。临界夜长和临界日长是相对应的，对于长日植物，临界夜长是指能够引起开花的最大暗期长度，对于短日植物，则是指能够引起开花的最小暗期长度。

由于暗期闪光可促进或延迟开花，在选育上如要促进长日植物小麦、油菜等开花，无需补充光照，只要在半夜闪光即可。如要延迟晚稻、棉花等短日植物开花，也不必用补充光照的办法，只要半夜照光5min即可达到目的。

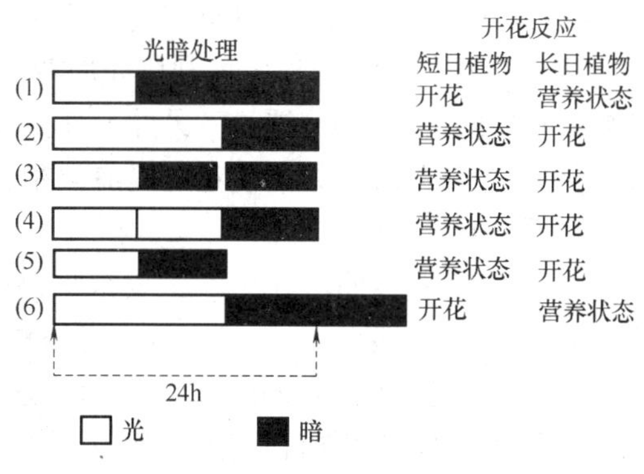

图 5–2　暗期间断对开花的影响

生产上用闪光打断暗期抑制开花的办法已在甘蔗种植中试用，由于半夜闪光抑制了甘蔗开花，使之继续营养生长，从而使茎秆产量提高。

暗期虽然对光周期更重要，但

并不是否定光期。事实上，只有在适当的暗期并在昼夜光暗交替作用下，植物才能正常开花。试验证明，暗期长度决定花原基的发生，而光期长度决定花原基的数量，如果没有光期光合作用，花原始体的分化就没有养分来源。

4）感受光周期的部位和开花刺激的传导　植物感受光周期的部位是叶片，这已为许多实验所证明，现以菊花的试验来说明，菊花是短日植物，如将菊花下部的叶片给以短日照条件，而把上部去叶的枝条给以长日照条件，不久就可以看到枝上形成花蕾并开花，但如下部叶片给以长日照条件，而把上部去叶的枝条给以短日照条件，则枝条的顶端仍在继续生长而不开花。由此可知，感受光周期刺激的部位是叶片不是分生区。叶片对光周期的感受能力与年龄有关，一般说来，幼嫩和老龄叶片感受能力小或没有，成长的叶片感受能力最强。

叶片是感受光周期的器官，但发生光周期反应的部位是芽的分生区，说明叶片感受的刺激能传导至分生区。如将短日植物大豆做试验，把植株一个枝条作短日处理，另一个枝条去叶后作长日照处理，结果两个枝条都能开花。说明一个枝条接受光周期的诱导后，能把这种刺激转移到另一枝没有叶的枝条上，用各有两个枝条的五株苍耳串联嫁接的实验进一步证明，这种刺激还可以通过嫁接而传导至另一株上。这样转移的物质有人认为是激素类的物质，并且是通过韧皮部的筛管进行传导的。

5.4.4　拓展知识

植物成花理论在农业中的应用

了解植物开花所需要的条件，就能够人为地控制开花，按生产的需要，提前或延迟植物的开花期。具体应用有下列几方面：

1）引种　从远地引进新的作物或品种时需要注意它对光周期的需要。长日植物往北移时，生长季节的日长度比原产地长，发育会提前完成，使生育期缩短。然而，长日植物往南移时，发育期会延迟，有的甚至不能开花结实。同样道理，短日植物往北移，发育延迟，往南移时则提早开花。原产地与引入地区光周期条件差异太大，会造成过早或过晚开花，都会引起减产或无收。

2）育种　育种工作中可利用光周期现象来调节农作物开花期，使父母本植物同时开花，便于杂交授粉。另外，育种所获得杂种后代，需要培育很多代，才能得到一个新品种，如能使花期提前，在一年中就能培育二代或多代，这样可缩短育种年限。

3）确定播种期　在生产中要根据品种的特性来决定适宜的播种期，才能使植株健壮，产量高。例如，冬小麦播种过早，往往在越冬时就已完成春化作用，一遇天气暖和，植株便开始拔节，这时生长旺盛，抗寒能力降低，易受冻害。但播种太晚，麦苗在越冬时细弱，分蘖少，抗寒性也差。

4）提早收获，增加茎、叶收获量　用人工控制温度与光照时间，或改变播种期，可提早或延迟开花，二年生作物可以在当年采收。对于以营养器官为收获物的植物，如能控制开花，就能收获更多的茎、叶或根。例如，麻类、烟草是短日植物，为了使麻或麻茎和烟叶获得高产，一般提早到春季播种，利用夏季以前的长日照条件，抑制开花，促使营养生长，再给以适当的肥水条件，以获得高产。生产上还采用南麻北种的方法以延迟开花，已得到推广并成为增产的有效措施之一。甘蔗如夜间给以短暂的光照，就能抑制开花，维持营养生长，提高产量。

5）调节花卉开放时期　在花卉栽培中利用温度及日照时间等办法控制开花时间，如可使菊花在一年内任何时期开花，供观赏的需要。

5.4.5　典型案例分析

（1）"闷麦法"春播冬小麦

"闷麦法"是把萌动的冬小麦闷在罐中，放在0～5℃的低温处理40～50d，然后春播，便可在当年夏季抽穗结实。这是对冬麦春播进行春化处理的案例。本案例说明低温春化处理的效应已经累积到植物体内，所以冬麦可以在夏季抽穗结实。

这是在我国北方一些高寒地区，因严冬温度太低，无法种植冬小麦，农民在冬小麦种植中创造的"闷麦法"。

（2）甘蓝能在较低温度下的阳畦中培育小苗

我国北方，甘蓝能在阳畦中的较低温度下培育小苗，而不致影响以后叶球的生长。这是由于苗小，外界温度虽低，但并不能使它通过春化。因为甘蓝幼苗茎的直径达0.6cm以上，叶片宽度达5cm以上，才能通过春化。

本案例说明甘蓝不是在萌发种子状态下感受春化，只有在绿色幼苗长到一定大小，才能进行春化。这就说明不同植物感受春化时期不同。

（3）霜打麦子不用愁，一棵麦子九个头

春化后植物的代谢旺盛，抗逆性特别是抗寒性便显著降低。小麦主茎和分蘖的生长有先有后，在通过春化作用时也有先有后。这样，在有晚霜危害和寒潮侵袭时，主茎和完全通过春化的分蘖可能被冻死，而某些未完全通过春化的分蘖，仍具较强的抗寒性。在生产上，受冻的麦株主茎已死，仍要保留，只要加强水肥管理，未冻死的分蘖便可成穗，并可获得较好的收成。"霜打麦子不用愁，一棵麦子九个头"，就是这个意思。

5.4.6　任务实施方法与步骤

（1）完成展示活动的素材收集

（2）小组讨论与成果展示、巩固训练

学生反复阅读课文，能叙述春化作用、光周期现象。反复思考典型案例，分析解释农业生产中"闷麦法"春播冬小麦，甘蓝能在较低温度下的阳畦中培育小苗，“霜打麦子不用愁，一棵麦子九个头”等一些栽培措施的原理。

课后将对典型案例分析的结果和结合课文对问题的解答，记载在作业本上。

任务5.5　种子、果实成熟及其脱落生理原因分析

5.5.1　知识和技能要求

• 能正确叙述种子和果实成熟过程中的生理变化。

• 能结合生产中出现落花、落果现象的案例分析，正确地推断某植物在某生长时期落花、落果的生理原因。

5.5.2　情境（情景）设计

问题的提出

1）分别简述淀粉、脂肪和蛋白质种子成熟时的生理变化。

2）讲述核果成双S形曲线的生长过程。

3）解释肉质果实成熟过程中会由酸变甜，涩味消失的原因。

4）说明营养因素是如何导致植物的花、果脱落的。

5.5.3　支撑知识

受精卵发育成胚，胚珠发育成种子，子房壁发育成果皮，整体形成果实。果实和种子形成时，不只是形态上发生了很大变化，在生理生化上也发生了剧烈的变化。

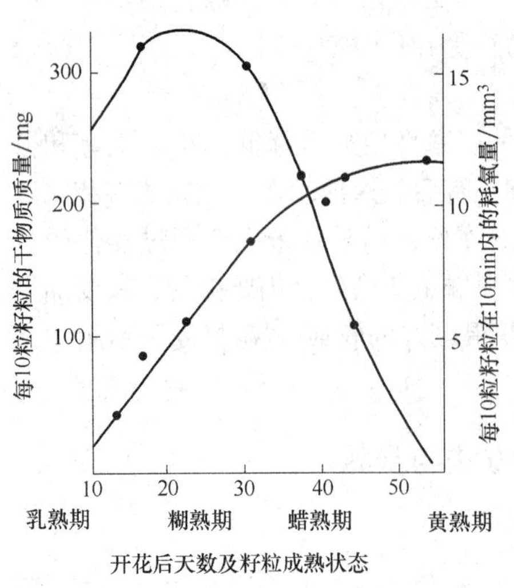

图 5–3　水稻籽粒成熟过程中干物质质量及呼吸作用的变化

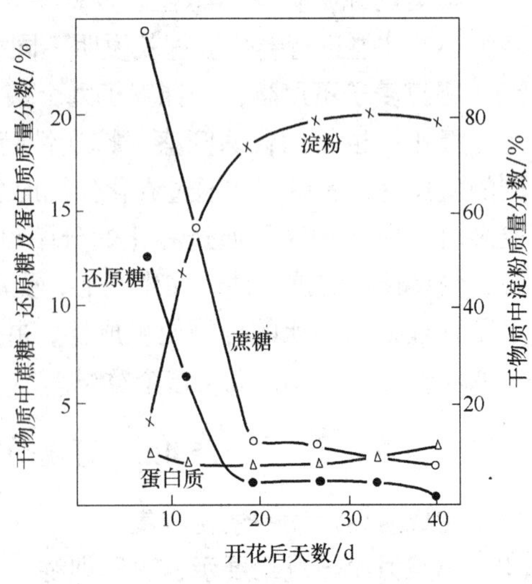

图 5–4　正在发育的小麦籽粒胚乳中几种有机物的变化

（1）种子、果实成熟时的生理变化

1）种子成熟时的生理变化　在种子形成的初期，呼吸作用旺盛，因而有足够的能量供应种子的生长和有机物的转化与运输。随着种子的成熟，呼吸作用便逐渐降低，代谢过程也随之减弱（图5–3）。

种子成熟时，干物质的转化大致和种子萌发时相反。随种子体积的增大，由其它部分运来的有机养料是一些较简单的可溶性有机物，如葡萄糖、蔗糖、氨基酸及酰胺等。这些有机物在种子内逐渐转化为复杂的不溶解的有机物，如淀粉、脂肪及蛋白质。淀粉种子在成熟时，由其它部分运来的可溶性糖主要转化成淀粉，因此，种子内积累有大量淀粉，同时也积累少量的蛋白质和脂肪（图5–4）。另外，种子中也积累各种矿质元素，如磷、钙、钾、镁、硫及微量元素，其中以磷为主。以水稻为例，当稻粒成熟时，植株所含的磷80%转移到籽粒中。

脂肪种子在成熟时，先在种子内积累碳水化合物，包括可溶性糖及淀粉，随着干物质的增加，可溶性糖及淀粉含量逐渐下降，而脂肪随着干物质增加而增加，从这里可以看出，脂肪是由碳水化合物转化而成（图5–5）。此外，在种子成熟初期，先形成游离的脂肪酸，然后再形成不饱和脂肪酸。所以油料种子要充分成熟，才能完成这些转化过程。如种子未完全成熟就收获，不但含油量低，而且油脂质量也差。在油料作物的种子中也含有较多的蛋白质，这是由其它部分运来的氨基酸及酰胺合成的。

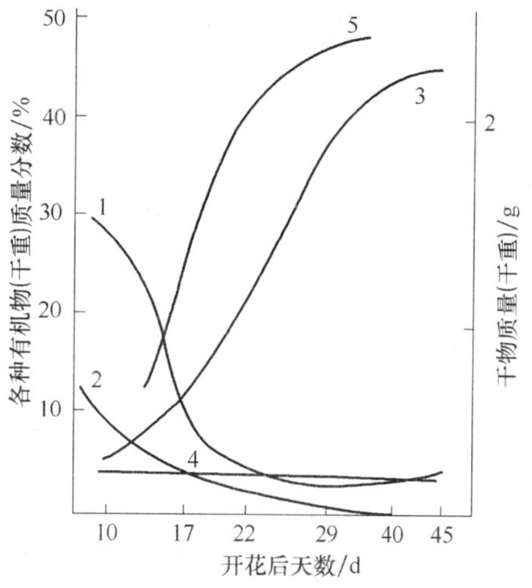

图 5–5　油菜种子成熟过程中各种有机物的变化

1—可溶性糖　2—淀粉　3—不饱和脂肪酸　4—蛋白质　5—饱和脂肪酸

蛋白质种子积累的蛋白质也是由氨基酸及酰胺合成的，豆科植物种子成熟时，先在荚中合成蛋白质，处于暂时贮存状态，以后以酰胺态运到种子中，转变为氨基酸，合成蛋白质（图5–6）。

禾谷类种子中积累的有机物约有2/3或更多是来自开花后植株各部分的光合产物，其中主要是叶的光合产物，极少一部分是茎和穗的光合产物，其余一小部分是来自茎、叶前期所积累的有机物。可见，促进开花以后植株的光合作用，对获得高产十分重要。

2）肉质果实成熟时的生理变化　肉质果实的成熟过程包括生长发育及其内部发生的一系列生理变化。

①肉质果实的生长　果实通常具有S形生长曲线，如苹果、草莓、梨、番

茄；有的果实有双S形曲线，如樱桃、杏、桃、李等（图5–7）。双S形曲线表明在生长中期有一个缓慢期，这是核果的胚、胚乳及硬核迅速增长时期。从表面看，果实的体积增长不大；过此时期，果实生长又表现迅速，体积和重量均明显增加；最后，生长又逐渐缓慢以致停止。

②果实成熟时的生理变化　以肉质多汁的果实为例说明果实成熟时的生理变化。主要变化是：

a. 果实由酸变甜，由硬变软，涩味消失　在果实形成初期，从茎、叶运来的可溶性糖转变成淀粉，贮积在果肉细胞中，果实中还含有单宁和各种有机酸，这些有机酸包括苹果酸、酒石酸等，同时细胞壁和胞间层含有很多不溶性的果胶物质，因此未成熟的果实往往生硬、涩、酸而没有甜味。随着果实的成熟，淀粉再转化可溶性糖，有机酸一部分发生氧化用于呼吸，另一部分转变成糖，因此有机酸含量降低。单宁则被氧化，或凝结成不溶性物质而使涩味消失。果胶性物质则转化为可溶性物质果胶酸等，可使细胞彼此分离。因此，果实成熟时，具有甜味，而酸味减少，涩味也消失，同时由硬变软。

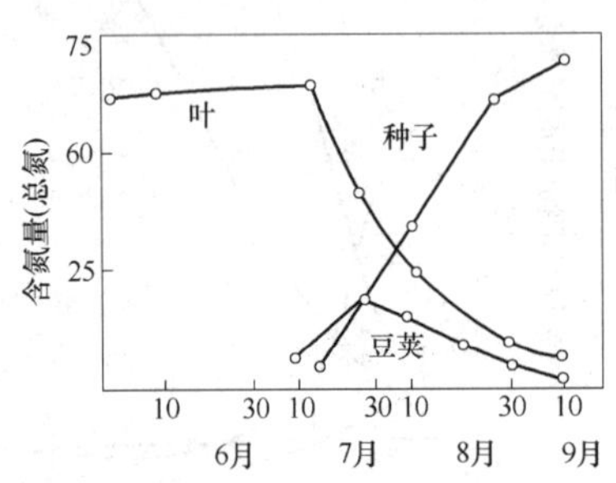

图 5–6　蚕豆中含氮物质由叶运到豆荚，然后又由豆荚运到种子的情况

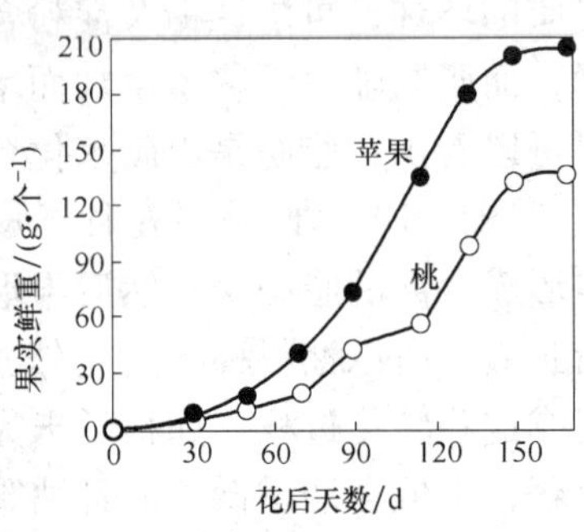

图 5–7　果实的生长曲线模式
（苹果为“S”形桃为双“S”形）

b.香味的产生　果实成熟时还产生微量的具有香味的酯类物质，如乙酸乙酯和乙酸戊酯等，使果实变香。

c.色泽的变化　许多果实在成熟时由绿色逐渐变为黄色、橙色、红色或紫色。这一方面是由于叶绿素的破坏，使类胡萝卜素的颜色显现出来，另一方面则是由于花青素形成的结果。较高的温度和充足的O_2有利于花青素的形成，因此，果实向阳的一面往往着色较好。

d.乙烯的产生　在果实成熟过程中还产生乙烯气体，乙烯能加强果皮的透性，使O_2容易进入，所以能加速单宁、有机酸类物质的氧化，并可加强酶的活力，加快淀粉和果胶物质的分解。所以乙烯能促进果实的成熟。

（2）外界条件对种子、果实成熟时的影响

植物的遗传性规定着植物种子、果实所特有的生物学特性，但外界条件仍能通过基因的调控作用而影响种子、果实成熟过程，从而影响农产品的数量和品质。

1）水分　如小麦种子在成熟过程中若较早时期因缺水干缩，可溶性糖来不及转变为淀粉，被糊精胶结在一起，相互粘结起来，形成玻璃状而不成粉状的籽粒，这时蛋白质的积累过程所受的阻碍较淀粉的要小。因此，风干不实的种子蛋白质的相对含量较高。

2）温度　油料作物种子在成熟过程中，温度对含油量的油分性质的影响也很大，如南京、济南和吉林公主岭的大豆含油量（干重），分别为16.14%、19.0%、19.6%。成熟期中适当的低温有利于油脂的累积。在油脂品质上，在亚麻种子成熟时温度较低而昼夜温差大时，则利于不饱和脂肪酸的形成，所以，最好的干性油是从纬度较高或海拔较高地区的种子中得到的。

3）光照　在成熟过程中，肉质果实果肉的有机物的变化，明显受光照的影响。在夏凉多雨的条件下，果实中含酸量较多，而糖分则相对减少；在阳光充足，气温较高及昼夜温差较大的条件下，果实中含酸量小而含糖量大。新疆吐鲁番的葡萄和哈密瓜特别甜，就是和当地的光照充足、气温较高及昼夜温差大有关。

4）营养　营养条件在种子成熟过程中影响种子的品质。氮是蛋白质的组成成分之一，氮肥能提高蛋白质的含量。钾肥加速糖类由叶、茎运向籽粒或其它贮存器官（如块根、块茎），并加速其转化，增加淀粉含量。钾肥对脂肪形成也有良好的影响，它有助于运输和转化。脂肪的形成过程中需要磷参加，磷肥对脂肪形成有良好作用。

（3）落花、落果的生理原因

在正常条件下，老叶的脱落与成熟果实的脱落是器官衰老的自然特征。但在营养失调、干旱、雨涝及病虫害等因素的影响下，可使器官未长成而提早脱落，如棉花的落蕾、落铃，大豆的落花、落荚，番茄及果树的落花等应设法防止。

1）营养因素

①受精及激素对花、果脱落的影响　对一般植物来说，受精是果实和种子发育的必需条件，如果不受精，花开后便要脱落。所以凡能影响受精的条件，都能使花果脱落。一般认为，受精后子房、胚或胚乳会产生较多促进生长的激素，如细胞分裂素、生长素、赤霉素等，这些激素能促进营养物质向果实和种子运输，因而不但能促进果实和种子的生长，而且有抑制离层形成的作用，因此能防止花、果的脱落；在果实、种子发育的某些时期特别是后期，乙烯和脱落酸的含量增加，脱落酸促进离层的形成，促进器官的脱落，乙烯能促进果实成熟，也能促进脱落。因此，果实的形成与脱落，是各种激素相互作用的结果。

②营养对花果脱落的影响　果实和种子形成需要大量营养物质的供应，如

果实营养不良，果实的发育就受到影响，甚至发生脱落。落果往往是由营养失调引起的。营养失调通常有两种情况。一种情况是由于肥水不足，植物生长不良，不但光合面积小，光合能力也弱，所以光合产物较少，不能满足大量花果生长的需要，这样植株在前期开几个花，结几个果，而以后开的花便大量脱落；另一种情况是水分和氮肥过多，营养生长过旺，光合产物大量消耗在营养生长上，使花果得不到足够的养分，这样使植株前期花果大量脱落，而要等到后期营养生长逐渐缓慢下来时，才能保住几个果。上述两种情况虽然不同，但都是由于营养失调使花果得不到足够的营养造成的。至于干旱、高温、光线较弱、病虫害等造成的落花落果，主要也在于这些因素影响了植物的营养之故。而营养失调则是引起落花、落果的主要原因。

2）外界因素

①光照　光强度减弱时，脱落增加。作物种植过密时，行间过分遮阴，易使下部叶片提早脱落。不同光质对脱落影响不同，远红光促进脱落，而红光延缓脱落。短日照促进落叶而长日照延迟落叶。

②温度　高温促进脱落，如四季豆叶片在25℃下脱落最快，棉花在30℃下脱落最快。在田间条件下，高温常引起土壤干旱而加速脱落。低温也导致脱落，如霜冻引起棉花落叶。

③湿度　干旱促进器官脱落，这主要是由于干旱影响内源激素水平造成的。植物根系受到水淹时，也会出现叶、花、果的脱落现象。涝淹主要通过降低土壤中O_2浓度，限制植物根系有氧呼吸导致影响植物生长发育。淹涝反应也与植物激素有关。

④矿质营养　缺乏氮、磷、钾、硫、钙、镁、锌、硼、钼和铁都可导致脱落，缺氮和锌会影响生长素合成，缺硼常使花粉败育，引起不孕或果实退化。钙是胞间层的组成成分，因而缺钙会引起严重脱落。

⑤O_2　高氧促进脱落，O_2浓度在10%～30%，增加氧浓度会增加脱落率。高氧促进脱落的原因可能是促进了乙烯的合成。此外，大气污染、盐害、紫外辐射、病虫害等对脱落也都有影响。

5.5.4 拓展知识

（1）果实成熟时呼吸强度的变化

果实成熟时，呼吸强度最初有一个时期下降，然后突然上升，最后又下降，此时果实进入完全成熟和衰老。呼吸突然上升称为呼吸跃变期，即呼吸高峰（图5-8）。呼吸高峰的出现与乙烯的产生有密切关系。因此，人工施用乙烯气体（或乙烯利），可以诱导呼吸跃变期的到来，促进成熟。而控制气体成分（降低氧的含量，提高CO_2浓度或充N_2）延缓呼吸高峰的出现，则可以延长贮藏期。

(2)空秕粒形成的生理原因

在植物种子的发育过程中，由于某些内部和外部原因，导致发生空壳秕粒现象。在大田作物生产中，籽粒的空秕对产量和品质有很大影响。

1)空秕粒形成的内在原因　花粉母细胞减数分裂期，遇到不良的环境条件，一部分花粉败育，使花粉数量减少，生活力减弱，甚至完全没有受精能力。有时花粉粒分裂不正常，形成畸形花粉粒，影响受精，形成空粒。受精后子房在中途停止发育，或灌浆过程中胚乳生长停止则形成秕粒。

2)空秕粒形成的外部条件　在花粉母细胞减数分裂时期，对外部条件特别敏感，光照不足，缺氮及干旱等条件下，都是引起花器发育不良、空秕粒增多的原因。受精的子房发育时，需要大量营养物质供应，尤其是碳水化合物。营养不足使得一部分小花和幼果退化，增加秕粒。光照不足情况下，碳水化合物减少，引起秕粒增多。大多数禾谷类作物开花期，缺水或伴随着高温干旱，玉米的花和花柱的寿命缩短，花粉在柱头上萌发困难，引起玉米“秃头”。肥水虽然能防止退化，但是肥水过多并没有好处。氮肥过多，植株徒长郁闭。引起颖花退化和结实率降低，空秕粒增多。

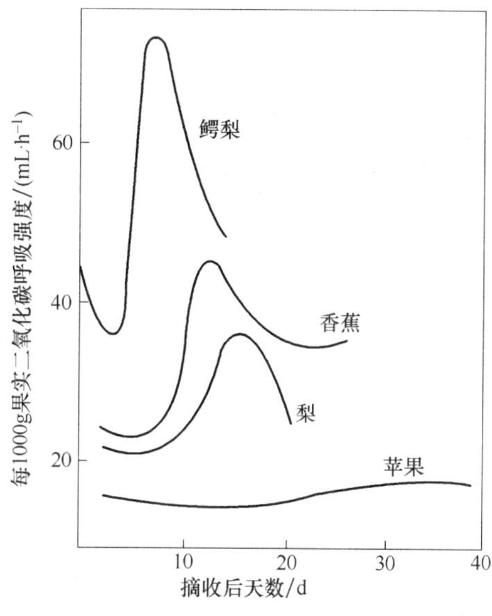

图5–8　几种果实的呼吸跃变期

3)减少大田作物空秕粒的途径

①应当加强水肥管理，使水分和营养充足，而作物又不贪青徒长。

②要合理密植以充分发挥肥水的作用，但又要做到田间通风透光，以保证光合效率和使光合产物及时运到结实器官中。

③延长功能叶片的光合时间以提高光合效率。

④应用某些生长调节剂以促进光合产物向籽粒转运。

5.5.5　典型案例分析

(1)吉林公主岭的大豆含油量高

大豆成熟期中适当的低温有利于油脂的累积。在油脂品质上，温度较低而昼夜温差大时，则利于不饱和脂肪酸的形成，所以，最好的干性油是从纬度较高或海拔较高地区的种子中得到的。

可见，油料作物种子在成熟过程中，温度对含油量的油分性质的影响也很大，如南京、济南和吉林公主岭的大豆含油量(干重)，分别为16.14%、

19.0%、19.6%。

(2)新疆吐鲁番的葡萄和哈密瓜特别甜

新疆吐鲁番地区的光照充足、气温较高及昼夜温差大，这些条件有利于植物对干物质的积累，瓜果类就是对糖的积累，所以，新疆吐鲁番的葡萄和哈密瓜特别甜。

5.5.6 任务实施方法与步骤

(1)完成展示活动的素材收集

(2)小组讨论与成果展示、巩固训练

学生反复阅读课文，能叙述种子和果实成熟过程中的生理变化。反复思考典型案例，分析解释吉林公主岭的大豆含油量高，新疆吐鲁番的葡萄和哈密瓜特别甜的原理。

课后将对典型案例分析的结果和结合课文对问题的解答记载在作业本上。

主要参考文献

[1] 沈建忠．植物与植物生理．南京：江苏科学技术出版社，2006

[2] 陈忠辉．植物与植物生理，2版．北京：中国农业出版社，2007

[3] 陈忠辉．植物与植物生理．北京：中国农业出版社，2001

[4] 王忠．植物生理学．北京：中国农业出版社，2000

[5] 胡宝忠，胡国宣．植物学．北京：中国农业出版社，2002

[6] 卞勇，杜广平．植物与植物生理．北京：中国农业大学出版社，2007

[7] 鞠浩荃．植物及植物生理学，3版．北京：中国农业出版社，1998

[8] 徐汉卿．植物学．北京：中国农业出版社，1996（2000．5重印）．

[9] 郑莉荔．植物及植物生理学，2版．北京：中国农业出版社，1994（9次印）

[10] 李扬汉．植物学．上海：上海科学技术出版社，1978

[11] 姜大源．职业教育学新论[M]．教育科学出版社，2007

[12] 曲波．植物学实验指导．沈阳农业大学基础部植物教研室，1999